ASO软件基础与应用案例

Advanced Simulation & Optimization

祝啸 朱晖 傅秋华◎著

北京理工大学出版社
BEIJING INSTITUTE OF TECHNOLOGY PRESS

图书在版编目（CIP）数据

ASO软件基础与应用案例 / 祝啸，朱晖，傅秋华著. -- 北京：北京理工大学出版社，2024. 8.

ISBN 978-7-5763-4435-6

I. TN929. 53

中国国家版本馆CIP数据核字第2024W7D888号

责任编辑： 钟　博　　**文案编辑：** 钟　博
责任校对： 周瑞红　　**责任印制：** 施胜娟

出版发行 / 北京理工大学出版社有限责任公司
社　　址 / 北京市丰台区四合庄路6号
邮　　编 / 100070
电　　话 /（010）68944451（大众售后服务热线）
（010）68912824（大众售后服务热线）
网　　址 / http://www.bitpress.com.cn

版 印 次 / 2024年8月第1版第1次印刷
印　　刷 / 三河市中晟雅豪印务有限公司
开　　本 / 710 mm×1000 mm　1／16
印　　张 / 15.5
字　　数 / 276千字
定　　价 / 99.00元

PREFACE 前言

工业软件的创新、研发、应用和普及已成为衡量一个国家制造业综合实力的重要标志之一，且已经渗透和广泛应用于几乎所有工业研发领域的核心环节。对企业而言，工业软件服务于研发、生产、销售以及售后服务的全生命周期，为企业提供决策支持，帮助企业降低研发成本、优化研发方案、提高研发效率。计算流体力学（CFD）软件作为工业软件家族中研发设计类的一员，国内的高校院所虽有不少研究，但未能形成推广和商业化，市场上多依赖进口。目前市面上有大量的进口商用CFD软件的相关书籍，但国产CFD软件的相关书籍则寥寥无几。一款软件的精进，更多的是依靠海量用户的长期反馈，厂家的持续跟踪和改进，从而不断地迭代、升级，最终才会蜕变为成熟的商业化产品。国产工业软件如今正迈出走向成熟市场化的第一步。

在2014年，美国国家航空航天局（NASA）发布了CFD行业的2030愿景报告 —— CFD Vision 2030 Study: A Path to Revolutionary Computational Aerosciences，对CFD未来发展的各个方向提出了明确的需求与路线。2021年，美国航天航空学会（AIAA）又根据CFD发展现状，提出了路线调整的进一步规划—— CFD Vision 2030 Road Map : Progress and Perspectives。2019年，中国空气动力学会计算空气动力学专业委员会组织了CFD 2035发展愿景研讨和问卷调查，确定了影响CFD发展的九大重点发展方向，并于2023年出版了《计算流体力学2035愿景》，分析了差距与挑战，给出了CFD仿真技术的发展路线图、措施与建议。CFD的发展方向逐渐变得明确和清晰，且对CFD软件的研发方向具有很强的指导性。

正是基于这样的产业现状与技术背景，恒典信息科技（苏州）有限公司结合了多年来的工程实践和软件研发的经验积累，在国家资金的支持下，自主开发了CFD软件产品——ASO。ASO从最初的软件代码编译求解，逐渐发展出了具有广泛适用性的图形界面，进而扩展到覆盖Windows/Linux和国产麒麟、方德等多个系统平台，在汽车、航空、船舶等多个领域得到了检验和改进。希望本书的出版，能够进一步推动国产工业软件的知名度，吸引更多有识之士加入国产工业软件自主开发的大潮之中，共建国产工业软件生态圈。

本书涵盖了从 CFD 基本概念到 ASO 软件具体应用的广泛内容，确保读者可以在行业应用领域找到可参考的类似案例。本书包括汽车空气动力学到风电、船舶、热流耦合和智能优化等多个关键主题，使读者能够深入了解 ASO 软件的功能在工业仿真中的应用。全书分为两部分，共十八章，内容如下。

第一部分包括第 1~9 章，介绍了 ASO 软件的理论背景和仿真基础知识。第 1 章对流体力学做了全面、系统概述。第 2 章正式引入 ASO 软件，并对其主要特色和图形界面进行了介绍，有助于读者宏观上了解 ASO 软件。第 3~6 章参照 CFD 仿真的常规流程，即“网格处理—边界设置—求解设置—后处理”，分别对 ASO 软件在流程中的详细设置进行介绍。第 7 章介绍了 ASO 软件预置的“汽车空气动力学向导”，在前 4 章的常规流程之外，利用“汽车空气动力学向导”快速完成汽车空气动力学的仿真建模。第 8 章对向导高级配置参数作介绍，帮助读者完成空气动力学仿真的最佳实践。第 9 章介绍了 ASO 软件的运行模式和应用程序脚本，帮助读者完成 ASO 的硬件资源调用和参数研究。

第二部分包括第 10~18 章，为读者提供了一系列在工程实际中可能应用到的案例，按章节顺序依次展示了 DirvAer 标准模型外流场计算、风力机流场仿真、气液两相流仿真、螺旋桨空化仿真、电池包冷却水路仿真、伴随矩阵（拓扑优化）仿真、伴随矩阵（形状优化）仿真、汽车涉水仿真、定制化报告的案例操作。这些案例将帮助读者将 ASO 软件知识转化为实际操作，为读者提供启发，鼓励读者在实际的项目工作中尝试类似的方法。

本书的架构组织和技术应用素材由高旭亮和朱晖总体规划，由祝啸主笔完成，由傅秋华提供 ASO 软件介绍部分的技术支持，衷心感谢同事王欢欢、郭宣伯、庄照稳对案例部分的细致校对，感谢北京理工大学出版社编辑对出版工作提出的专业而严谨的指导意见。由于本书篇幅内容较多，加之 ASO 软件仍在不断地迭代、升级，书中的疏漏和不妥之处在所难免，敬请广大读者批评指正。

作者

2024 年 8 月

Contents 目录

第一部分　软件基础

第1章 计算流体力学（CFD）概述

1.1 计算流体力学基础知识 ······ 002
1.2 计算流体力学的求解过程 ······ 004
1.3 计算流体力学的求解方法与分类 ······ 004
　1.3.1 有限差分法 ······ 005
　1.3.2 有限单元法 ······ 005
　1.3.3 有限体积法 ······ 005
1.4 计算流体力学应用领域 ······ 006

第2章　ASO概述

2.1 ASO的概述 ······ 007
2.2 ASO的特点 ······ 009
　2.2.1 基于伴随矩阵优化的灵敏度分析技术 ······ 009
　2.2.2 模板化定制技术 ······ 011
　2.2.3 模型快速处理 ······ 015
2.3 启动ASO的GUI ······ 015
　2.3.1 命令行参数 ······ 016
　2.3.2 客户端 - 服务器连接设置 ······ 017
　2.3.3 欢迎对话框 ······ 019
2.4 ASO的GUI布局 ······ 019
2.5 创建、打开及保存案例 ······ 020
2.6 显示窗口 ······ 022
2.7 输出面板特征 ······ 023

第3章　网格模块

3.1 创建网格 ······ 027
　3.1.1 网格算法 ······ 027
　3.1.2 基本网格 ······ 028
　3.1.3 几何 ······ 029
　3.1.4 线 ······ 033
　3.1.5 材质点 ······ 034
　3.1.6 高级选项 ······ 034
　3.1.7 网格创建 ······ 035
3.2 几何操作 ······ 035
　3.2.1 通用 ······ 035
　3.2.2 面 ······ 035
　3.2.3 线 ······ 037
3.3 检查网格质量 ······ 037
3.4 近壁面质量 ······ 038
3.5 导入网格 ······ 039
3.6 合并网格 ······ 039
3.7 挤出网格 ······ 039

3.8 拉伸网格 …… 042
3.9 移动网格 …… 042
3.10 分割网格 …… 043
3.11 虚拟化网格 …… 043

第4章 设置模块

4.1 求解设置 …… 046
4.1.1 分离与耦合 …… 046
4.1.2 稳态与瞬态 …… 046
4.1.3 可压缩与不可压缩 …… 047
4.1.4 能量模型 …… 047
4.1.5 多相流 …… 047
4.1.6 伴随矩阵优化 …… 048
4.1.7 标量传输 …… 048
4.2 材料属性设置 …… 049
4.3 模型设置 …… 050
4.3.1 湍流模型选择 …… 050
4.3.2 网格运动 …… 053
4.3.3 动网格细化 …… 058
4.3.4 Boussinesq 近似 / 浮力源 …… 059
4.3.5 辐射模型 …… 059
4.4 外部边界条件 …… 060
4.5 内部边界条件 …… 060
4.6 单元区域设置 …… 062
4.6.1 半隐式动量源 …… 063
4.6.2 平均速度动量源 …… 064
4.6.3 Disk 动量源 …… 064
4.6.4 MRF 动量源 …… 065
4.6.5 GRF 动量源 …… 065
4.6.6 多孔介质动量源 …… 066
4.6.7 固定温度热源 …… 067
4.6.8 指数热源 …… 067
4.6.9 半隐式热源 …… 068
4.6.10 换热器热源 …… 069
4.6.11 湿度源 …… 069
4.6.12 旋转运动 …… 070
4.6.13 旋转步进运动 …… 071
4.6.14 轴旋转运动 …… 072
4.6.15 振荡旋转运动 …… 072
4.7 离散格式设置 …… 073
4.8 求解器设置 …… 073
4.8.1 单区域 SIMPLE 求解器 …… 073
4.8.2 单区域 PISO 求解器 …… 075
4.8.3 单区域 PIMPLE 求解器 …… 075
4.8.4 多区域求解器 …… 079
4.9 运行时控制 …… 079
4.10 写数据 …… 080
4.10.1 导出 EnSight 格式数据 …… 080
4.10.2 导出表面数据 …… 081
4.10.3 导出采样集数据 …… 083
4.10.4 运行期间导出图像 …… 085
4.11 场运算 …… 086
4.12 监视功能 …… 086
4.13 初始化设置 …… 086
4.14 自定义功能 …… 088
4.15 场映射 …… 088

第5章 求解模块

5.1 求解 …… 091
5.2 监视功能 …… 092
5.3 停止及重启运行 …… 093
5.4 运行所有执行程序 …… 093

第6章 后处理模块

6.1 创建对象 …… 096
6.1.1 切片 …… 096
6.1.2 剖分 …… 097
6.1.3 临界点 …… 098
6.1.4 流线 …… 099
6.1.5 等值面 …… 101
6.1.6 矢量 …… 102
6.2 场景 …… 103

第7章 汽车空气动力学向导

7.1 配置……106
7.2 车型……106
7.3 载具几何……107
7.3.1 导入几何……107
7.3.2 删除、移动、替换几何……109
7.3.3 部件分组……110
7.3.4 多孔介质……110
7.3.5 车轮设置……112
7.4 风洞……113
7.5 运行设置……113

第8章 向导高级配置参数

8.1 配置文件说明……115
8.1.1 全局变量……116
8.1.2 车辆程序集设置……117
8.1.3 车轮设置……119
8.1.4 风洞设置……121
8.1.5 网格设置……122
8.1.6 案例设置值……125
8.1.7 自定义设置……130
8.1.8 可变设置……130
8.2 创建新配置……132

第9章 作业执行

9.1 运行模式……133
9.1.1 本地计算……134
9.1.2 分布式计算……134
9.1.3 HPC 与队列系统……135
9.1.4 应用程序脚本……138
9.2 日志……139
9.2.1 开始和停止日志记录……140
9.2.2 日志文件内容……140
9.2.3 运行日志文件……144

第二部分 应用案例

第10章 DrivAer标准模型外流场计算

10.1 问题描述……146
10.2 外流场模板概述……147
10.3 模型导入……149
10.4 外流场模板自定义设置……150
10.4.1 载具几何设置……150
10.4.2 风洞及运行设置……151
10.4.3 运行设置……152
10.5 网格模块……152
10.6 设置模块……153
10.6.1 场运算参数监视……153
10.6.2 数据写入 EnSight 格式……154
10.6.3 升阻力的监控……155
10.6.4 测压点的监控……155
10.7 求解模块……156
10.8 后处理模块……157

第11章 风力机流场仿真

11.1 问题描述……159
11.2 模型导入……160
11.3 网格模块……160
11.4 设置模块……163
11.5 求解模块……168
11.6 后处理模块……168

第12章 气液两相流仿真

12.1 问题描述……171

12.2 模型导入 …… 171
12.3 网格模块 …… 172
12.4 设置模块 …… 174
12.5 求解模块 …… 178
12.6 后处理模块 …… 179

第13章 螺旋桨空化仿真

13.1 问题描述 …… 181
13.2 模型导入 …… 182
13.3 网格模块 …… 182
13.4 设置模块 …… 187
13.5 求解模块 …… 193
13.6 后处理模块 …… 194

第14章 电池包冷却水路仿真

14.1 问题描述 …… 196
14.2 模型导入 …… 196
14.3 网格模块 …… 197
14.4 设置模块 …… 199
14.5 求解模块 …… 203
14.6 后处理模块 …… 204

第15章 伴随矩阵（拓扑优化）仿真

15.1 问题描述 …… 208
15.2 模型导入 …… 208
15.3 网格模块 …… 209
15.4 设置模块 …… 210
15.5 求解模块 …… 214
15.6 后处理模块 …… 215

第16章 伴随矩阵（形状优化）仿真

16.1 问题描述 …… 216
16.2 模型导入 …… 216
16.3 网格模块 …… 218
16.4 设置模块 …… 218
16.5 求解模块 …… 219
16.6 后处理模块 …… 219

第17章 汽车涉水仿真

17.1 问题描述 …… 221
17.2 模型导入 …… 222
17.3 网格模块 …… 222
17.4 设置模块 …… 225
17.5 求解模块 …… 229
17.6 后处理模块 …… 229

第18章 定制化报告

18.1 参数定义 …… 233
18.2 几何图片生成 …… 233
18.3 切面图片生成 …… 234
18.4 流线图片生成 …… 236
18.5 受力图片生成 …… 237
18.6 监测数据自动生成 …… 238

软件基础

计算流体力学（CFD）概述

ASO 概述

网格模块

设置模块

求解模块

后处理模块

汽车空气动力学向导

向导高级配置参数

作业执行

第1章 计算流体力学（CFD）概述

流体力学（fluid mechanics）是力学的一个分支，一般来说，流体包括气体和液体，流体力学主要研究流体的特性及流体间的相互作用力。流体力学中最重要的假设就是连续性假设，即把流体看作由大量的连续质点组成的连续介质，每个质点含有大量分子团，质点之间没有间隙。流体力学按照运动方式可以分为流体静力学和流体动力学，按照流体种类可以分为水力学及空气动力学等。20 世纪 50 年代以来，随着计算机的发展，计算流体力学（computational fluid dynamics，CFD）应运而生，它是介于数学、流体力学和计算机科学之间的交叉学科，主要研究内容是通过计算机和数值方法来求解流体力学的控制方程，对流体力学的问题进行模拟和分析。

本章介绍计算流体力学的一些重要基础知识，包括计算流体力学的基本概念、求解过程、数值求解方法等。了解计算流体力学的基础知识，有助于理解流体仿真软件中相应的设置方法，是做好工程模拟分析的根基。

1.1 计算流体力学基础知识

计算流体力学涉及的应用领域非常广泛，包括航空航天、汽车交通、土木建筑、热力学与热管理、热能工程、水利水电、风力发电、船舶、生物技术等领域，具体的应用领域会在 1.4 节进行详细描述。总之，计算流体力学在工业和国防领域发挥着巨大的作用。

目前，流体力学的研究方法一般可以分为三种：理论分析、实验研究、数值计算。

理论分析的方法是指在对所研究的流动现象有一个简单的基本认识后，通过建立简化流动模型的方法，运用公式形成流动控制方程来表述流动现象，在一定条件下通过必要的假设来推导出线性方程组，从而计算出解析解或简化解。理论分析的方法可以求出较精确的解，特别是可以在某些特定的封闭情况下求出一些普遍性的信息，对于简单的流动问题非常有效。

但是理论分析的问题是控制方程简单，对于复杂流动的非线性控制方程组无能为力，且由于理论分析做了大量的简化和假设，所以无法反映流动的细节。而在工程中，大量的流体力学问题是复杂的非线性问题，基本无法应用理论分析的方法。总的来说，理论分析的方法适用于解决简单的流体问题或对流体力学进行定性分析。

实验研究是解决流体问题最为常用的办法，人类对流体力学问题的实验研究可以追溯到古希腊时代，阿基米德曾通过实验研究建立了包括浮力定律和浮体稳定性在内的液体平衡理论，奠定了流体静力学的基础。流体力学实验研究的核心是利用相对运动的原理，根据相似性准则建立模型，通过诸如水洞、风洞、水槽、激波管等实验设备进行模拟实验，再通过测量设定流动参数，直接或间接获取速度、压力、力矩、温度等相关数据。实验研究方法由于直接测量得到流动参数，所以可以获得比较全面的流动信息，并且可以看出流动现象，比较真实可靠，一直以来都是流体力学研究领域中最重要的部分之一。近年来实验研究的突破主要体现在测量方法及显示技术方面，特别是热线风速仪、激光多普勒测速仪、粒子图像测速仪（PIV）等一批先进实验设备的问世，更是推动了流体力学实验研究的进步。但是，实验研究也存在一定的问题，一般来说，实验研究都是在模拟条件下完成的，特别对于大部分缩比模型实验，实际工况中的流动环境不可能得到完全模拟，并且实验还存在支架、测量设备等在流场中对流动产生的干扰，还有洞壁效应和测量误差的问题，此外实验会受到场地和环境等因素的制约，如建立风洞、水洞需要大场地，则运行成本高。总的来说，实验研究可以很好地获得流动参数，结果可靠性高，但是实验研究的制约因素多，研究周期长并且成本较高。

理论分析和实验研究的方法随着人类对流动的认识而逐步发展，是不可忽视的重要方法。数值计算方法通常称为计算流体力学，是随着计算机技术的进步而发展起来的，特别是近 40 年来的发展更是突飞猛进，已成为一个独立的学科分支，是流体力学研究方法中最有活力的领域。

根据流体力学的知识，流体的运动服从三大守恒定律，即质量守恒定律、动量守恒定律和能量守恒定律，并且由三大守恒定律可以推导出流体动力学的控制方程组。流体力学科学家在 18 世纪初开始创立多种流动控制方程，如经典的欧拉（Euler）方程和 N-S（Navier-Stokes）方程，但是这些方程除在一些特定的流动形式下可以求出解析解外，大部分没有解析解，只能采用数值分析的方法得到近似解，即流体力学数值计算。随着计算机技术的发展，求解的过程通过计算机完成，从而造就了今天的 CFD 技术。数值计算方法相比其他两种方法而言，具有成本低（计算机和人工）、时间短（计算时间一般短于实验时间）、数据提取方便（全流场各点的数据能通过计算机迅速提取）等优点，但也存在一定的缺点，如网格划分的方法没有具体的标准、数值模拟方法对使流动本身产生一定误差等。但是总的来说，CFD 技术的研究方向是未来主流的研究方向，并在不断完善。

1.2 计算流体力学的求解过程

CFD 数值模拟一般遵循以下 5 个步骤。

步骤01： 建立所研究问题的物理模型，再将其抽象成为数学、力学模型，之后确定要分析的几何体的空间影响区域。

步骤02： 建立整个几何体与其空间影响区域，即计算区域的CAD模型，将对几何体的外表面和整个计算区域进行空间网格划分。网格的稀疏和网格单元的形状都会对以后的计算产生很大影响。不同的算法格式为保证计算的稳定性和计算效率，一般对网格的要求也不一样。

步骤03： 加入求解所需要的初始条件，入口与出口处的边界条件一般为速度、压力条件。

步骤04： 选择适当的算法，设定具体的控制求解过程和精度条件，对所需分析的问题进行求解，并且保存数据文件和结果。

步骤05： 选择合适的后处理器读取计算结果文件，分析并显示出来。

以上这些步骤构成了 CFD 数值模拟的全过程。其中，数学模型的建立是理论研究的内容，一般由理论工作者完成。

1.3 计算流体力学的求解方法与分类

在运用 CFD 数值模拟方法对一些实际问题进行模拟时，常常需要设置工作环境、边界条件和选择算法等。算法的选择对模拟的效率及其正确性有很大影响，需要特别重视。要正确设置数值模拟的条件，并了解数值模拟的过程。

随着计算机技术和计算方法的发展，许多复杂的工程问题都可以采用区域离散化的数值计算求解，并借助计算机得到满足工程要求的数值解。数值模拟技术是现代工程学形成和发展的重要动力之一。

区域离散化是用一组有限个离散的点代替原来连续的空间。其实施过程是把所计算的区域划分成许多互不重叠的子区域，确定每个子区域的节点位置和该节点所代表的控制体积。节点是需要求解的未知物理量的几何位置、控制体积、应用控制方程或守恒定律的最小几何单位。一般把节点看成控制体积的代表。控制体积和子区域并不总是重合的。在区域离散化过程开始时，由一系列与坐标轴相应的直线或曲线簇所划分出来的小区域称为子区域。网格是离散的基础,网格节点是离散化物理量的存储位置。

常用的离散化方法有有限差分法、有限单元法和有限体积法。对三种方法的介绍如下。

1.3.1 有限差分法

有限差分法是数值解法中最经典的方法，它是将求解区域划分为差分网格，用有限个网格节点代替连续的求解域，然后将偏微分方程（控制方程）的导数用差商代替，推导出含有离散点上有限个未知数的差分方程组。

这种方法出现得比较早，已发展得比较成熟，较多用于求解双曲线型和抛物线型问题。用这种方法求解边界条件很复杂的问题，尤其是椭圆型问题时，不如有限单元法或有限体积法方便。

构造差分的方法有多种形式，目前主要采用的是泰勒级数展开方法。其基本的差分格式主要有 4 种：一阶向前差分、一阶向后差分、一阶中心差分和二阶中心差分。其中，前两种格式的精度为一阶计算精度，后两种格式的精度为二阶计算精度。通过对时间和空间这几种不同差分格式的组合，可以形成不同的差分计算格式。

1.3.2 有限单元法

有限单元法是将一个连续的求解域任意分成适当形状的微小单元，并在各微小单元构造插值函数，然后根据极值原理（变分或加权余量法）将问题的控制方程转化为所有单元上的有限元方程，把总体的极值作为各单元极值之和，即将局部单元总体合成，形成嵌入指定边界条件的代数方程组，求解该方程组就可以得到各节点上待求的函数值。

有限单元法求解的速度比有限差分法和有限体积法慢，在商用 CFD 软件中应用并不广泛。

1.3.3 有限体积法

有限体积法又称为控制体积法，是将计算区域划分为网格，并使每个网格点周围有一个互不重复的控制体积，将待解的微分方程对每个控制体积积分，从而得到一组离散方程。

有限体积法中的未知数是网格节点上的因变量。子域法加离散就是有限体积法的基本思想。有限体积法的基本思路易于理解，并能得出直接的物理解释。

离散方程的物理意义是因变量在有限大小的控制体积中的守恒原理，与微分方程表示因变量在无限小的控制体积中的守恒原理一样。

通过有限体积法得出的离散方程要求因变量的积分守恒，对任意一组控制集体都得到满足，对整个计算区域自然也得到满足，这是有限体积法吸引人的优点。

有一些离散方法（如有限差分法）仅当网格极其细密时，离散方程才满足积分守恒；而有限体积法即使在粗网格情况下，也能显示出准确的积分守恒。

就离散方法而言，有限体积法被看作有限单元法和有限差分法的中间产物。三者各有所长。有限差分法直观、理论成熟、精度可选，但是不规则区域处理烦琐，虽然网格生成可以使有限差分法应用于不规则区域，但是对于区域的连续性等要求较严。使用有限差分法的好处是易于编程、易于并行。

有限单元法适合处理复杂区域，精度可选。其缺点是内存和计算量巨大，在并行方面不如有限差分法和有限体积法直观。有限体积法适用于流体计算，可以应用于不规则网格，适用于并行，但是精度基本上只能达到二阶计算精度。有限单元法在应力应变、高频电磁场方面的特殊优点正在被重视。

1.4 计算流体力学应用领域

近 10 多年来，计算流体力学有了很大发展，替代了经典流体力学中的一些近似计算法和图解法，过去的一些典型教学实验（如 Reynolds 实验），现在完全可以借助计算流体力学在计算机上实现。

所有涉及流体流动、热交换、分子输运等现象的问题，几乎都可以通过计算流体力学的方法进行分析和模拟。计算流体力学不仅可以作为一个研究工具，还可以作为设计工具，在水利工程、土木工程、环境工程、食品工程、海洋结构工程、工业制造等领域发挥作用。计算流体力学典型的应用场合及相关的工程问题如下。

- 水轮机、航空发动机和泵等叶轮机械内部的流体流动。
- 飞机和航天飞机等飞行器的气动性能设计。
- 汽车流线型外形对气动、热管理性能的影响。
- 河口及海洋波浪的潮流计算。
- 风载荷对高层建筑物稳定性及结构性能的影响。
- 温室、室内的空气流动及环境分析。
- 电子元器件的冷却。
- 换热器性能分析及换热器片形状的选取。
- 河流/大气中的污染物扩散。

对这些问题的处理，过去主要借助基本的理论分析和大量物理模型实验，而现在大多采用计算流体力学的方法进行分析和解决。CFD 技术现已发展到完全可以分析三维黏性湍流及漩涡运动等复杂问题的程度。

第2章

ASO概述

2.1 ASO的概述

ASO（Advanced Simulation & Optimization）作为具有完全自主知识产权的热流体工业仿真软件（见图 2-1），是恒典信息科技（苏州）有限公司的代表产品，具备可压缩流、不可压缩流、多相流、共轭传热等仿真能力，支持 Windows / Linux 等通用操作系统，并同时支持麒麟和方德等国产操作系统。

图2-1 ASO热流体工业仿真软件

ASO 对标国际著名热流体仿真软件，内置 RANS（Reynolds averaged Navier-Stokes）、LES（large eddy simulation）、DES（detached eddy simulation）三大类湍流模型，结合各种稳态 / 非稳态算法，能准确并高效地求解各种工程应用场景及科学研究所涉及的流体力学问题，表 2-1 与图 2-2 列出了各类湍流模型的特点及适用场景。

ASO 的图形用户界面（graphical user interface，GUI）用于完成 CFD 仿真的前处理设置、求解和监控所需的任务。此外，ASO 的 GUI 为设置流程提供了逻辑顺序，并可在用户进行选择时匹配可用选项，以确保兼容性。工作流分为 4 部分，即网格、设置、求解和后处理，如图 2-3 所示。2.3 节会详细介绍 ASO 的 GUI 中选项卡的功能。

表2-1　湍流模型的特点

湍流模型	特点
RANS	预测边界层的分离效果较好 无法预测大尺度涡 丢失流场扰动的细节信息
LES	预测大尺度涡效果较好 网格尺度要求高，计算量大 高雷诺数下的近壁面区域的方程求解极为困难
DES	RANS 与 LES 的结合，在近壁面采用 RANS，在流体分离区采用 LES

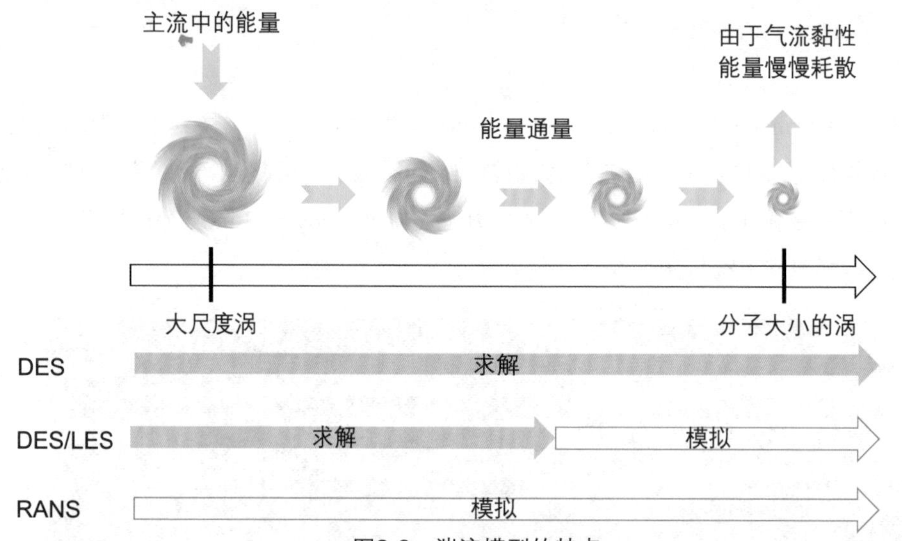

图2-2　湍流模型的特点

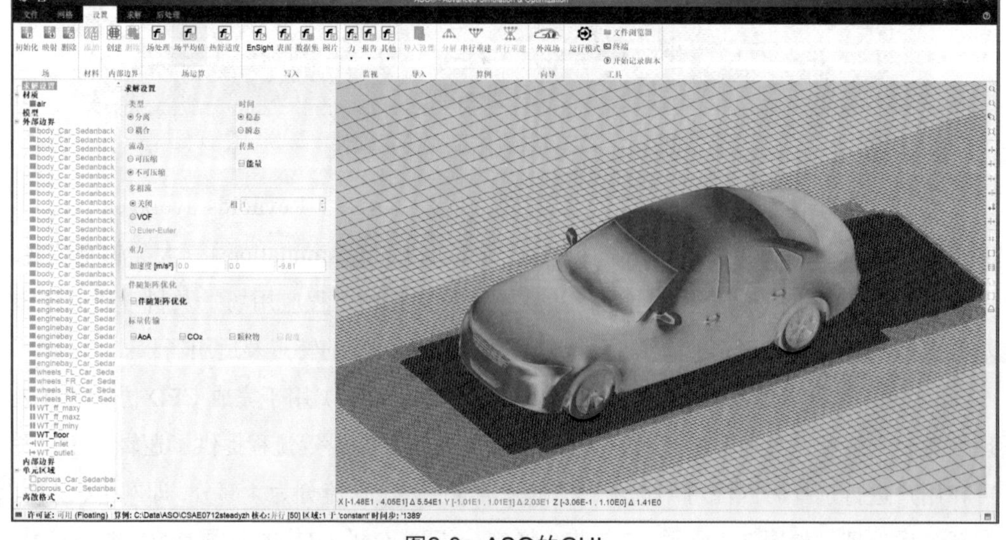

图2-3　ASO的GUI

ASO 的 GUI 的关键特征如下。

- 创建新案例或直接从本机项目文件和文件夹加载现有案例。
- 支持串行和并行执行，包括分布式（远程）计算。
- 创建以六面体单元格为主的高级网格。
- 从第三方工具导入现有网格，并将其与现有网格合并。
- 设置一个仿真，包括不可压缩/可压缩流、单相/多相流、湍流模型、热模型（热辐射、太阳辐射、浮力）、被动标量、湿度传输、材质特性、边界条件、多孔区域、MRF区域、热区域、动态网格运动、求解器控制、监测功能、初始化等。
- 执行求解器，并通过残差和场探查图解表示法来监测解决方案。
- 快速结果可视化或导出到第三方后处理工具。

2.2 ASO的特点

2.2.1 基于伴随矩阵优化的灵敏度分析技术

Adjoint 伴随矩阵是一种用于求解梯度的数学工具，被广泛应用于优化和敏感度分析。它通过建立原问题和伴随问题之间的关联，实现对原问题的梯度计算。

ASO 是基于连续性伴随优化理论而开发的，连续性伴随优化理论的基本原理如下。

连续性方程：描述系统在时间或空间上的连续变化，确保质量、能量或其他守恒量的连续性。

伴随方程：与原始方程（如偏微分方程）相关联的辅助方程，用于计算目标函数对控制变量的敏感度。伴随方程通常是通过拉格朗日乘子法或变分法推导出来的。

优化问题：定义目标函数（如最小化能量损失、最大化效率等）以及约束条件（如连续性方程）。

梯度计算：通过求解伴随方程，可以高效地计算目标函数对控制变量的梯度。这个梯度信息对于优化算法（如梯度下降法、牛顿法等）来说是至关重要的。

在优化流程中，通常希望能找到使某个目标函数最小化或最大化的参数配置。Adjoint 伴随矩阵方法提供了一种有效的方式来计算目标函数关于参数的梯度，从而实现参数的优化过程。设 I 为目标函数，对设计参数 β 进行优化，R 为稳态不可压缩 N-S 方程，则优化问题可用下面这段话来表达：关于 β 的最小化函数 $I(u, p, \beta)$，其约束条件 $R(u, p, \beta)$ 在流体域 Ω 内等于 0。

其中 u，p 是流体域 Ω 内的流变量，目标函数与等式约束可通过拉格朗日函数 L 结合：

$$L = I + \int_{\Omega} \Psi^{\mathrm{T}} R \, \mathrm{d}\Omega$$

其中，ψ是拉格朗日乘子，通常被称为伴随变量。

ASO 软件利用 Adjoint 方程进行伴随优化计算，可以获取设计参数对目标函数的敏感值。

在伴随优化的计算过程中，ASO 的计算内容如下。

常规的 CFD 以流动的初场计算（v 和 p）为主：

$$\begin{aligned}(v\cdot\nabla)v &= -\nabla p + \nabla\cdot(\nu\nabla v) - \alpha v \\ \nabla\cdot v &= 0\end{aligned}$$

伴随CFD流场采用u和q的双场量的方式计算：

$$\begin{aligned}-(\nabla u)v - (v\cdot\nabla)u &= -\nabla q + \nabla\cdot(\nu\nabla u) - \alpha u \\ \nabla\cdot u &= 0\end{aligned}$$

对应的灵敏度计算体现为

$$\frac{\partial J}{\partial \beta} \sim \frac{\partial v}{\partial n}\cdot\frac{\partial u}{\partial n} \quad \text{（面灵敏度计算）}$$

$$\frac{\partial J}{\partial \alpha} \sim v\cdot u \quad \text{（体灵敏度计算）}$$

具体地，以优化减小汽车的风阻系数为例，汽车风阻受汽车表面部位的上百个形状参数影响，如整车的长、宽、高，后视镜、轮胎、尾翼等部件的形状，以及车身表面各部位的曲率等。通过计算这些部位的形状参数变化所导致的风阻变化，可获得一个更优的小风阻设计。

传统的做法：对于影响汽车风阻的上百个形状参数，假设有 n 个可优化变量，那么需要 n+1 轮计算才能完成所有的优化，即每一次都重新计算了 CFD 流场，如图 2-4 所示。

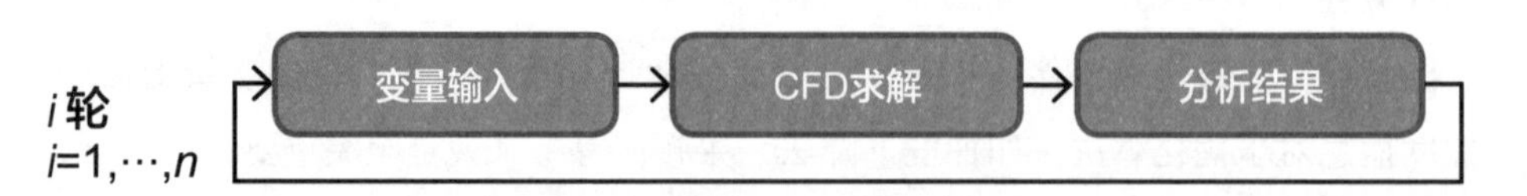

图 2-4　传统的优化流程

按照传统的 DOE（design of experiment）分析，如果每轮计算中变量上下各浮动一次（包括变量的原始 base 数值），则需要 3n 次计算，总计 3n(n+1) 次计算才能完成优化任务。这种优化分析的工作量巨大，即使采用代理模型来进行算法的优化，总体

的计算量也会大于 n 次。

ASO 的做法： 利用 Adjoint 伴随优化算法，通过计算目标函数的导数（也叫梯度）来更新设计标量，即一次 base 的流场计算 +Adjoint 计算即可获取所有计算变量的敏感度结果，如图 2-5 所示，以此获得一个更优的设计。也就是说，在 CFD 仿真结果的基础上，进行 Adjoint 伴随优化仿真计算，可以获取设计参数对目标函数的敏感值。

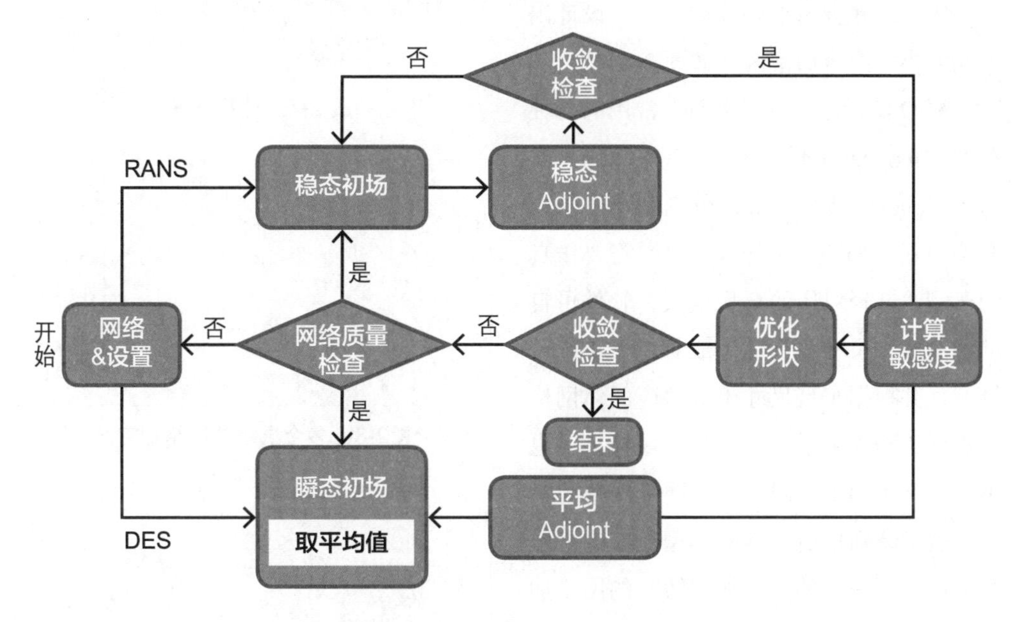

图 2-5　Adjoint 伴随优化算法的流程

以上算法在汽车风阻优化计算中体现为：获取仿真模型表面对风阻的敏感度后，ASO 能将这种敏感度大小以颜色深浅形式展现出来，如图 2-6 所示。

图 2-6　汽车风阻优化结果

（红色表示需要往内压，蓝色表示需要往外扩）

2.2.2　模板化定制技术

传统的仿真分析的步骤为面网格生成、体网格生成、边界条件设置、计算设置和后处理，ASO 将以上步骤简化成 4 步，并实现所有功能。

以汽车风阻仿真流程为例，通过预设的汽车仿真模板界面，简化了专业而烦琐的网格设置、边界条件设置、计算设置和后处理的操作，简化后的步骤为车型类别选择、零部件分类、条件设置和自动后处理，大大减少了使用者的操作步骤，也降低了使用者的操作门槛。未来可以开发更多类型的仿真流程。

1. 选择车型类别

传统的技术：需要手动测量车型尺寸——长（L）、宽（W）、高（H），再按一定的比例，设计出对应计算域所需的长、宽、高，如图 2-7 所示。

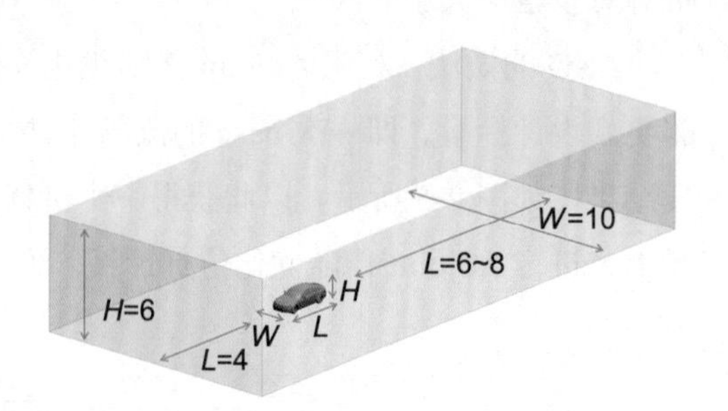

图 2-7　计算域设定

然后，逐步缩小计算域尺寸，设计出不同大小的网格加密区，如图 2-8 所示。

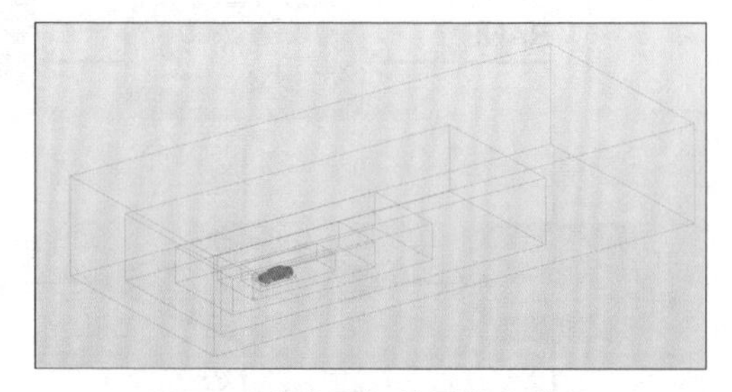

图2-8　多个层级的网格加密区

ASO 的做法：根据市面上常用的几种车型，如 Sedan（轿车）、SUV、Pickup（皮卡）、Truck（货车）等，分别制定了仿真车型模板，如图 2-9 所示。根据需要仿真的车型，选择对应的车型模板，软件可自动测量车型尺寸，自动生成对应大小的计算域，并根据车型尺寸生成对应的体网格加密区，即无须手动画出计算域模型，也不需要逐步画出不同大小的网格加密区。

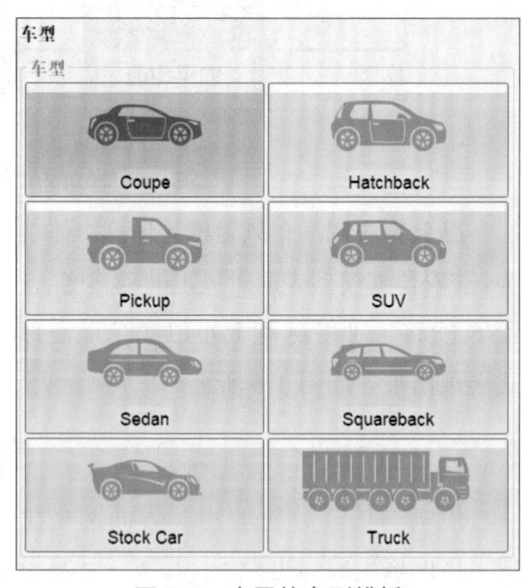

图 2-9　内置的车型模板

这里特别指出，不同车型对应的网络加密区是不一样的，例如，轿车的网络加密区是一个略扁的长方体，而货车的网络加密区是一个狭长的长方体，因此需要预先设置不同车型，来生成不同的网络加密区。

2. 零部件分类

由于汽车的外表面对风阻的影响最大，而发动机舱内部的部件影响相对较弱。因此，需要对外表面的网格进行额外的加密处理，并设置流动边界层网格；而发动机舱内部不需要加密，且不需要设置流动边界层网格。

传统的技术：对汽车不同部件进行逐个归类，以便于生成不同尺寸的面 / 体网格，然后选中影响风阻的关键部件（如外表面），逐个设置大小网格并加密和设置流动边界层网格，此操作非常耗时。

对于轮胎，需手动测量其旋转中心轴坐标，然后设置旋转角速度，旋转角速度 =

车速 / 轮胎半径。前、后轮不同，需各设置两次，操作烦琐。

对于冷却模块，需设置阻力参数。常规做法是根据测试得来的多组压降参数，拟合二次项曲线，然后根据该曲线的二次项和一次项数值，计算出对应的黏性阻力参数和惯性阻力参数，操作烦琐。

ASO 的做法：通过分类的方式，将所有的汽车部件分类，对影响风阻的关键部件如车身、车底，自动设置网格加密并添加流动边界层网格；机舱内的部件，自动设置网格稀疏，无（或较少的）流动边界层网格，如图 2-10 所示。

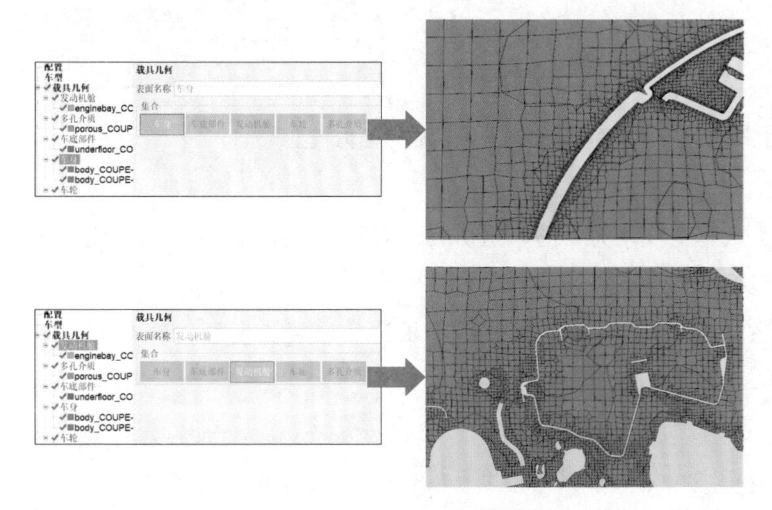

图2-10　不同的归类的网格对比

对于轮胎，通过获取轮胎尺寸参数并计算的方式，自动获取轮胎的旋转轴坐标，如图 2-11 所示。

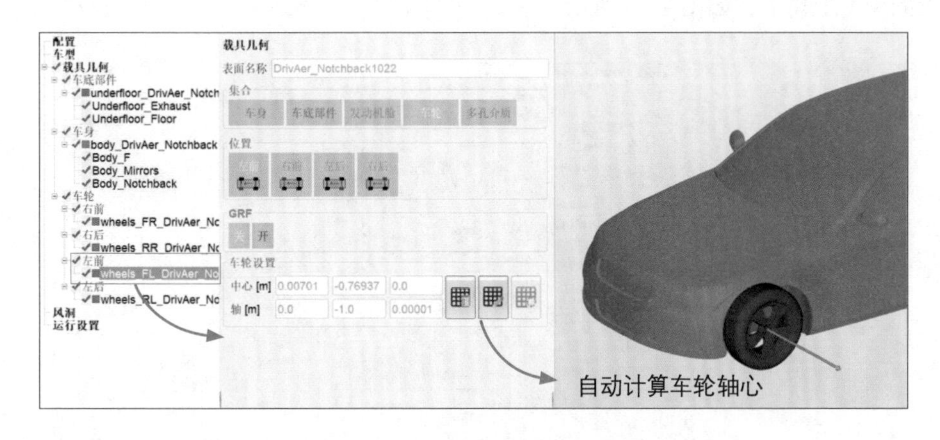

图 2-11　自动计算车轮轴心

对于冷却模块，直接输入速度和压降的参数，ASO 将自动拟合成对应的多孔介质黏性阻力模型，如图 2-12 所示。

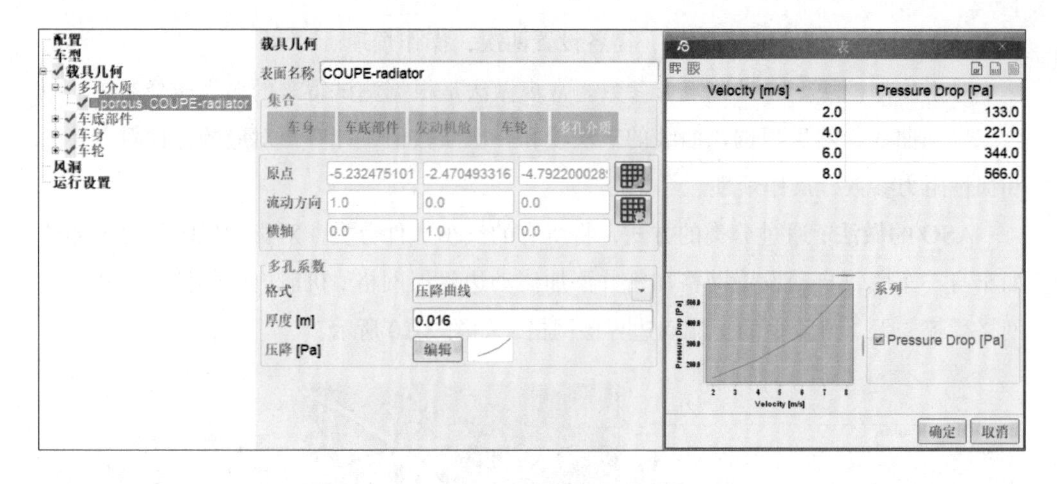

图 2-12　自动拟合多孔介质的黏性阻力模型

3. 条件设置

传统的方法：对于汽车空气动力学的风阻仿真，需对仿真模型进行必要的边界设置和计算求解设置，包括以下几点。

- 仿真物理模型：一般包括三维仿真、不可压流动、湍流模型、瞬态/稳态、求解类型。
- 物性参数：空气的物性参数。
- 计算域边界：入口边界、地面滑移、出口边界。
- 求解设置：网格离散格式、求解步数与保存、参数监控。

ASO的做法：将以上边界设置和计算求解设置的内容集成到模板中，除了入口边界需要手动指定具体值之外，不需要其他设置，即将预置的边界条件自动套入仿真模型，大大减少了工作量，如图 2-13 所示。

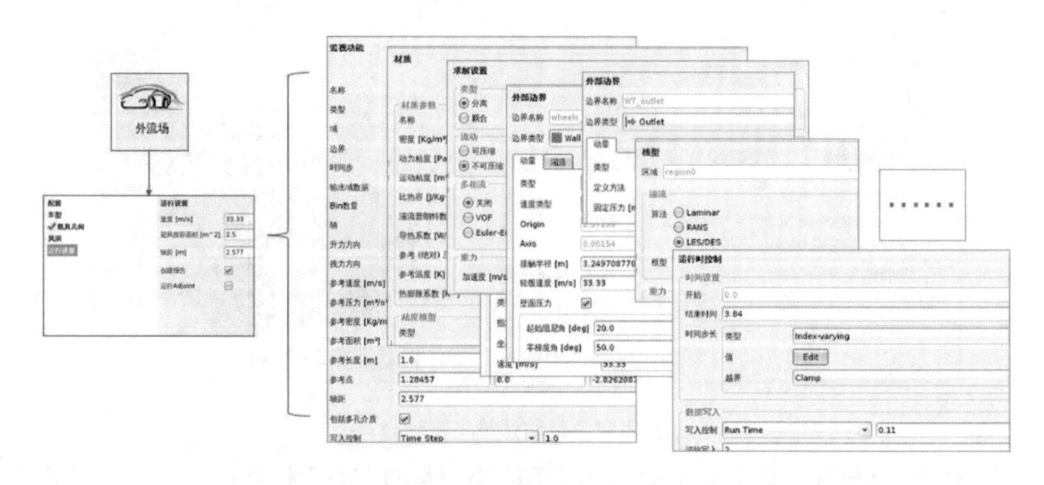

图2-13　外流场模板对复杂的边界条件设置的简化处理

4. 自动后处理

后处理一般包括两种。

- 流场可视化：绘制计算域/边界面形状（填充色）、网格、轮廓线、物理量云图；绘制任意截面（切平面）及其面网格、轮廓线、物理量云图；绘制任意物理量等值面及其面网格、轮廓线、物理量云图；绘制计算域内矢量及矢量线等。
- 数据后处理：基于初等函数和基本运算法则的自定义物理量、面积分、体积分等数据进行后处理与统计分析。

传统的方法：根据坐标位置、物理量、数据值等参数，手动完成流场可视化和数据后处理。其需要使用人员对软件后处理功能比较熟悉，且操作烦琐。

ASO 的做法：编写脚本模板，一键生成流场信息图片和数据后处理报告，如图 2-14 所示。

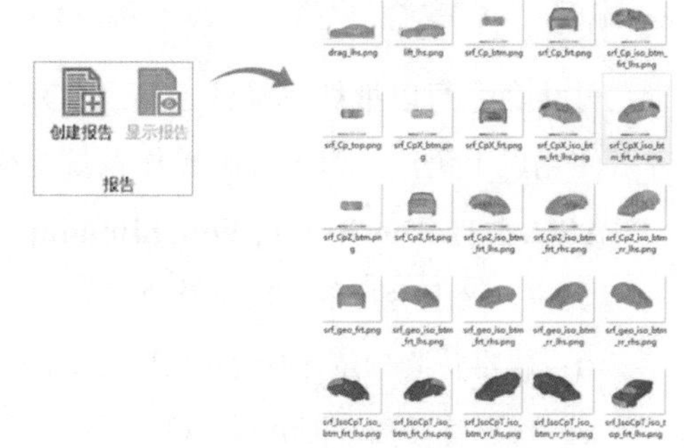

图2-14　一键生成图片及报告

2.2.3　模型快速处理

传统的方法：模型处理耗时费力——传统的处理仿真网格方法中，需要手动处理所有零部件，包括车身、发动机、底盘、外造型、轮胎等，进行几何清理以及网格质量修复工作，这项工作往往耗时数周。

ASO 的做法：利用算法自动缝合模型缝隙，直接生成仿真网格，如图 2-15 所示。相比传统手动处理方法，时间由 10 多天缩短为 1 天。

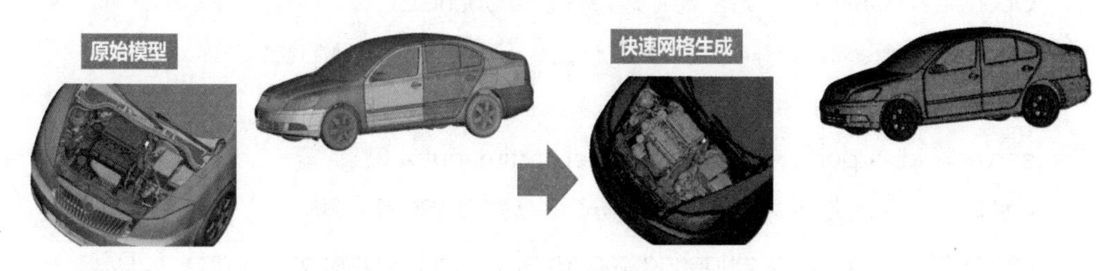

图2-15　模型快速处理

2.3　启动ASO的GUI

在系统中完成 ASO 安装（以 3.3.0 版本为例，包括许可证服务器的正确设置）后进行以下操作。

（1）如需在 Linux 操作系统中启动 ASO 的 GUI，请在终端窗口中输入下列命令：

< 安装目录 >/HLCFD/ASO/v3.3.0/GUI/ASO.sh

用户也可以将位置 < 安装路径 >/HLCFD/ASO/v3.3.0/GUI 添加到 $path 中，然后输入 ASO.sh 命令或创建专用别名以执行 ASO.sh 脚本。

（2）如需在 Windows 操作系统中启动 ASO 的 GUI，请选择“开始”→“所有应用”→“Advanced Simulation & Optimization”→“ASO”命令。也可以在桌面上双击 ASO 快捷图标。

2.3.1 命令行参数

可从命令行以批处理模式运行 ASO 仿真，以执行 ASO 的 GUI 中可用的一系列任务。使用以下语法（以 Linux 操作系统为例）：

ASO.sh [verbosity] [options] [mode] [command]

其中，verbosity参数取值及说明如下。

q：输出仿真细节[Silent静默]。默认选项。

v：输出仿真细节[Error错误]。

vv：输出仿真细节[Info信息]。

V：输出仿真细节[Debug调试]。

VV：输出仿真细节[Trace跟踪]。

options参数取值及说明如下。

help（帮助）：显示帮助屏幕。

case<folder>（案例<文件夹>）：指定针对应用程序的案例目录。

glMode=<mode>（<模式>）：指定3D服务器后端。可用模式：OpenGL1、OpenGL2、OSMesa。此参数可选，默认为OpenGL1。

memory=<size>（内存=<大小>）：设置最大内存，如128 MB或1 GB。

machine（机器）：指定机器详细信息。

server=<id>:<port1>:<port2>:<folder>:<timeout>（服务器=<id>:<端口1>:<端口2>:<文件夹>:<超时>）：设置参数以启动ASO服务器。

server3d=<id>:<np>:<rendering_mode>:<workdir>:<timeout>:<port>（3D服务器=<id>:<np>:<渲染模式>:<工作指令>:<超时>：<端口2>）：设置参数以启动ASO3D服务器。id应与服务器id匹配。

mode参数取值及说明如下。

batch（批处理）：在不启动GUI的情况下运行命令。

server（服务器）：在ASO服务器内部运行命令，以便后期连接GUI。

command参数取值及说明如下。

mesh（网格）：根据system/HexMeshDict文件设置案例并网格化。

setup（设置）：根据system/caseSetupDict文件设置案例。

initialise（初始化）：根据system/caseSetupDict文件对场初始化。

run（运行）：运行ASO求解器。

all（全部）：执行自动运行序列，包括网格生成、边界设置、求解、结果导出。在Linux操作系统中运行ASO.sh -h命令或在Windows操作系统中运行ASO.bat -h命令，也可以看到这些选项。

2.3.2 客户端-服务器连接设置

打开 ASO 可弹出客户端 - 服务器连接对话框；客户端指的是发出请求的机器（可从这里启动 GUI），服务器指的是执行请求的机器。

1. 可用的客户端 - 服务器连接

"ASO- 启动器"对话框提供现有可用客户端 - 服务器连接列表，并允许用户通过 连接 、 新增 、 编辑 、 克隆 、 删除 、 导入 或 导出 按钮，对客户端 - 服务器连接进行操作。第一次启动 GUI 时，可用的默认客户端服务器连接只包括 Localhost，如图 2-16 所示。

图 2-16 "ASO- 启动器"对话框

用户可以利用 网格 和 列表 按钮来更改可用的客户端 - 服务器连接显示效果，或利用 Search 文本框来搜索连接。

如需在本地机器上使用 ASO，只需选择 Localhost 连接并单击 连接 按钮。

2. 客户端 - 服务器连接类型

如需创建新的客户端 - 服务器连接，可单击 新增 按钮，弹出的对话框，如图 2-17 所示。用户可在此对话框中选择本地、远程或提供商客户端 - 服务器连接类型。

本地客户端 - 服务器连接类型表示客户端和服务器位于同一台本地机器上。也就是说，服务器在启动了 ASO 的 GUI 的同一台机器上执行客户端请求。在本地连接下，在 3D 显示器上执行的所有图像渲

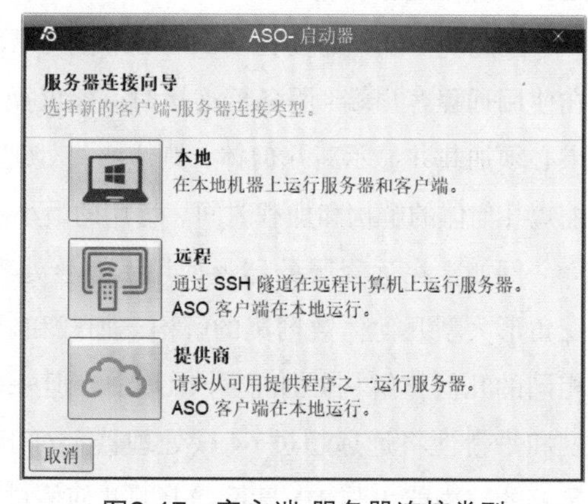

图2-17 客户端-服务器连接类型

染操作均由本地图形卡使用适当的 OpenGL 驱动程序进行管理。

远程客户端 - 服务器连接意味着本地客户端经由 SSH，通过网络连接向远程计算机发送请求。服务器可以是常规机器，也可以是高性能计算（high performance computing，HPC）集群。远程连接下，在 3D 显示器上执行的所有图像渲染操作均由 OSMesa 软件图形库和驱动程序进行管理。有关在远程计算机连接运行应用程序的更多信息，请参阅第 8 章。

提供商客户端 - 服务器连接允许用户在由预设的 HPC 服务提供商按需提供的实例上远程运行 ASO。对此服务感兴趣的用户可联系恒典信息科技（苏州）有限公司以获取更多信息。

3. 显示渲染类型

在选择本地或远程的客户端 - 服务器连接类型时，用户需要设置在 GUI 中使用的 3D 显示渲染的方式。

- [独立]：串行方式完成3D显示渲染。
- [客户端-服务器]：用带用户自定义数量处理器的 OSMesa 软件图形库并行完成3D显示渲染。
- [关闭]：3D显示渲染将关闭，只有数据处理处于活动状态。

在使用含软件渲染的远程客户端 - 服务器连接时，用户必须在客户端 - 服务器连接设置期间选择一个数量合理的处理器，以确保 3D 显示的最低性能。通常，选择的 CPU 内核数量越多，渲染性能就越好，3D 显示操作（如网格显示、创建剖切面、计算流线等）反而越快。

虽然更多的处理器可以为远程客户端 - 服务器连接提供更好的渲染性能，但应该注意的是，在使用软件渲染时，过多数量的 CPU 处理器会对几何数据集的加载速度产生不利影响。这是因为在加载到 GUI 之前，会先对几何数据集进行解构，处理器数量越多，解构过程就越慢。

因此，如果只需要在 GUI 中加载并显示网格和结果，而不需要任何几何体对象，则在使用远程客户端 - 服务器连接时，建议操作过程选择大量处理器进行渲染。相反，如果必须加载并显示新几何体，则应当将处理器数量限制为不超过 128 核，以便尽可能减缩短几何体的解构和加载时间。可用的最小数量处理器内核取决于数据集的大小。

例如，在远程服务器上使用 128 核处理器时，可以在 9 min 内完成包含数千万个三角形大型几何体数据集的解构、加载和显示。使用 64 核处理器时，可在 4 min 内将相同的几何体解构并加载到 GUI 中。但一旦加载结束，128 核处理器的渲染性能的速度和平滑性将远远超过 64 核处理器。对于同样的大型模型，32 核处理器将不能提供足够的渲染能力与 3D 显示器上的几何体进行交互。

2.3.3 欢迎对话框

确定客户端 - 服务器连接（连接到机器）后，将显示欢迎对话框，如图 2-18 所示。用户可在此对话框中利用“新建” 按钮来创建新案例①，利用“打开” 按钮打开现有案例，或选择打开右侧列出的一个最近案例（如 ASO 图标所示）。

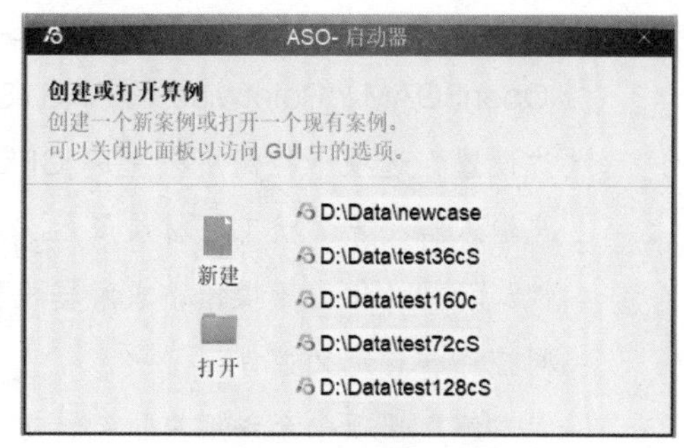

图2-18 欢迎对话框

2.4 ASO的GUI布局

ASO 的 GUI 布局由①模块选项卡、②工具栏、③显示窗口、④对象浏览器、⑤数据面板、⑥输出面板和⑦信息栏组成，如图 2-19 所示。

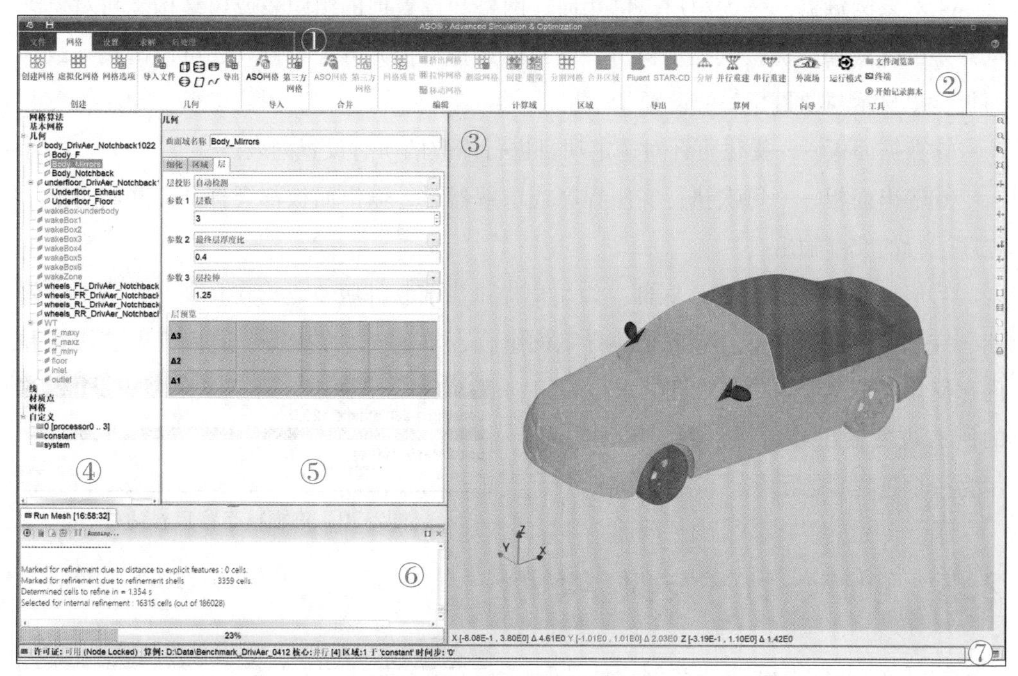

图2-19 ASO的GUI布局

① 模块选项卡具有以下功能。

- “文件”选项卡提供用于保存、打开和创建新案例以及更改首选项的控件。
- “网格”选项卡控制创建六面体单元格主导网格所需的所有步骤。用户

① 本书中“案例”与ASO中“算例”含义相同。

可以以 STL、IGES、STEP 或 OBJ 格式导入表面几何体，或者导入来自 OpenFOAM、Pointwise 或 ANSYS Fluent 等第三方工具的现有网格。

- “设置”选项卡控制用来完成 CFD 案例定义所需的所有设置和参数。用户输入解决方案状态、材质属性、湍流建模、边界条件、源和动态网格属性、场初始化、场操作、求解器设置、数值方案、监控函数对象、运行时间控件和自定义控件。
- “求解”选项卡允许用户执行特定的求解器、监控求解器，并经由第三方软件导出结果以便可视化。
- “后处理”选项卡用于目测观察含流线和等高线等特征的仿真结果。

②工具栏——提供各个选项卡内的具体命令。

③显示窗口——是查看三维显示的窗口，用于显示几何体、网格和数据场。在设置案例时，用户可直接从显示窗口中选择单个或多个零件与几何体交互。这特别有助于定义网格设置或边界条件。

④对象浏览器——为用户提供几何、网格和设置项的组织表或树结构。将对象浏览器中的这些项目链接到显示窗口，以帮助选择特征并分配条件。还可以链接到数据面板，以显示与项目相关的设置。

⑤数据面板——提供可针对选定项目进行修改的所有设置列表。

⑥输出面板——每次执行实用程序或求解器时，输出面板都会打开，并实时显示程序运行的文本输出。

⑦信息栏——位于 GUI 底部，为用户提供当前软件版本、构建日期、许可证有效期、完整案例目录路径、串行 / 并行案例组合、本地 / 远程执行、进程日志▤按钮和内存使用等信息。进程日志存储来自 GUI 的所有进度输出和错误消息。图 2-20 所示为一个进程日志示例。

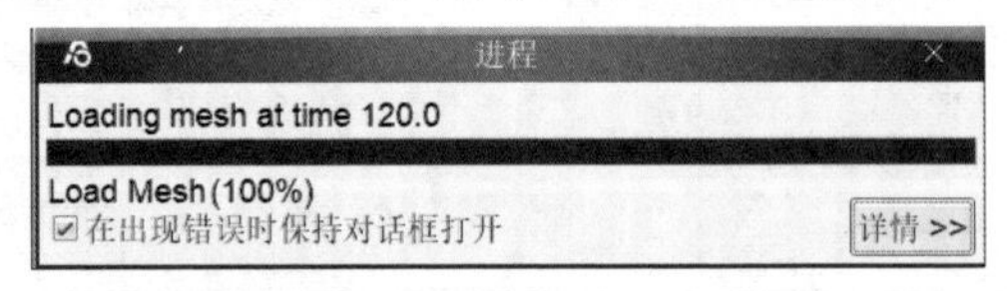

图2-20　进程日志窗口对话框

2.5　创建、打开及保存案例

如需在 ASO 中创建新案例，请选择“文件”选项卡，然后选择 **新建** 命令。此时将出现“创建算例”对话框，如图 2-21 所示。

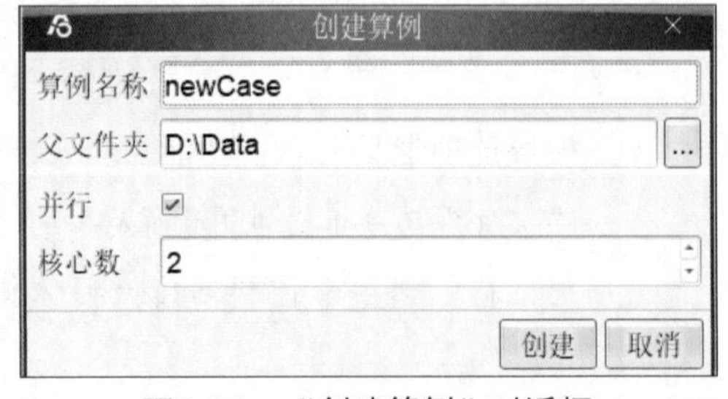

图2-21　“创建算例”对话框

在“创建算例”对话框中，用户应指定案例名称（不支持空格和非常规字符），并使用“浏览”…按钮来选择想要保存案例的父文件夹。对于较大的模型，可以勾选“并行”复选框，并输入处理器核心数，以便使用多个处理器并行运行所有应用程序。这将把仿真域划分为由用户指示的处理器数量。最后单击 创建 按钮，确认所有选择并开始处理案例。

> 注：创建案例将生成一个项目文件夹，其中包含文件夹 0、constant、system。如果勾选了“并行”复选框，还会生成一系列processor文件夹。在这些文件夹中，GUI 创建了所有必要的输入文本文件，用来控制准备、运行及后期处理仿真结果时所需的实用程序和求解器。

如需打开现有案例，请选择“文件”选项卡，然后选择 新建 或 最近 命令。此时会出现“选择文件夹”对话框，如图 2-22 所示。用户可以在“选择文件夹”对话框中导航到所需的项目目录，选择所需的案例，然后单击 打开 按钮将其打开。

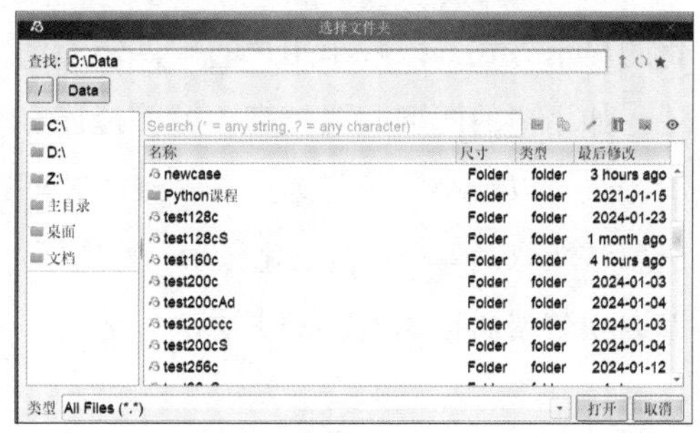

图2-22 “选择文件夹”对话框

> 注：ASO会自动显示当前的可用案例，在其旁边有一个ASO 图标。

加载新案例时，如果有任何案例已在 GUI 中打开，则会提示用户在打开新案例之前关闭此案例。

如需保存案例，请选择“文件”选项卡，然后选择 保存 命令。也可以选择 另存为… 命令将案例保存到其他位置，并利用提供的浏览器选择新名称和文件夹。最后，用户可利用“保存”按钮，将 GUI 中的最新设置覆盖案例目录。

> 注：GUI 中的用户输入将首先存储在计算机内存中，如果执行保存或执行操作（即“保存”“另存为”“创建”“初始化”“运行”或“全部运行”），GUI 才会在案例目录中创建或覆盖文件。这意味着没有撤消或自动保存的功能。因此，用户在退出的时候，若没有进行文件写入操作，则在GUI中所做的任何更改的信息会全部丢失。

最后，如需退出 ASO 界面，用户可以选择“文件”选项卡，然后选择 退出 命令，或者只需单击 GUI 右上角的按钮。系统将提示用户确认 GUI 中的现有内容，可单击“退出”按钮来确认或单击“取消”按钮来拒绝。

案例是几何体文件、网格文件和相关设置的集合。对具有大量零件和精细网格的高保真仿真，几何体和网格文件可能很大。如果每次打开案例时都自动加载这些几何体和网格文件，则会花费很长时间。为了防止这种延迟，可以限制启动时的自动加载项。

在“文件”→“首选项”命令中，可设置“启动时 3D 载入”来指定启动时的自动加载项。这适用于未来的所有案例。默认设置为“启动时载入面网格”。如果勾选了所有选项，启动时将自动加载所有项，这会花费较长时间。如果取消勾选所有选项，则启动时不会自动加载任何项，这是打开案例的最快方式。每次激活或显示对象时，都会重新加载该对象。

在模型拖动的过程中，默认采用轻量化的显示方式，以减小用户的硬件资源消耗。如用户的图形配置较高，可关掉该显示方式，以减小图像延迟。在“3D 渲染”选项区域取消勾选“轻量化显示”复选框。首选项数据面板如图 2-23 所示。

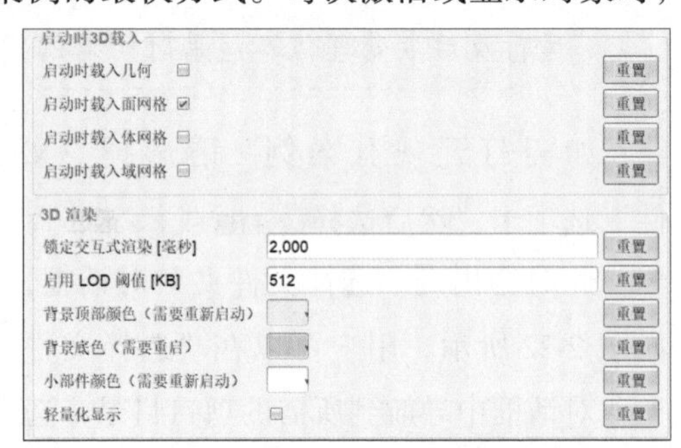

图2-23　首选项数据面板

2.6　显示窗口

可以使用鼠标的 3 个按钮来操纵显示窗口中显示的几何体，如表 2-2 所示。

表2- 2　鼠标操作展示

按钮	单击	单击 + 移动	移动 + Ctrl 键	移动 + Shift 键	滚动
左侧	选择	旋转	拖动	上下左右移动	不适用
中键滚轮	不适用	上下左右移动	上下左右移动	上下左右移动	缩放
右侧	选项	缩放	缩放	缩放	不适用

有多种控制显示窗口中可见内容的方法。

- 在对象浏览器中右击[①]项目，然后利用“显示”、“隐藏”、“全部显示”或“仅显示”按钮，在显示窗口中显示或隐藏这些项目。

① 本书以“右击”指代“用鼠标右键单击”或“单击鼠标右键”。

· 在“后处理”选项卡的对象浏览器中，所有项目旁边都有复选框 ■/✔，将其勾选或取消，以在显示窗口中显示或隐藏该项目，如图2-24所示。

显示窗口中可用的其他工具和控件如表 2-3 所示。

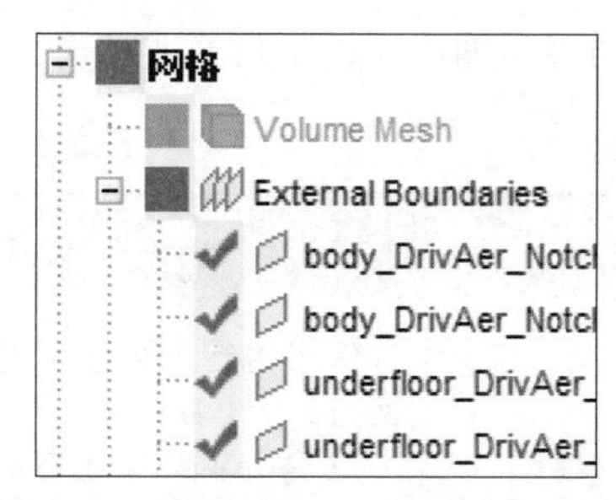

图2-24 对象浏览器中的复选框示例

表2-3 模型显示工具

模型显示	工具解释
	后处理定向：单击工具栏中的任何按钮来控制后处理定向。包括（从上到下）沿 +X、-X、+Y、-Y、+Z 和 -Z 方向定向后处理。用于这些后处理的键盘快捷键分别对应数字键 3、4、5、6、7 和 8
	缩放：单击工具栏中的按钮，更改或重置缩放级别。包括（从上到下）将后处理定向为放大、缩小、缩放到合适大小和重置缩放。用于这些功能的键盘快捷键如下：+ 键表示放大，- 键表示缩小，A 键表示缩放到合适大小，R 键表示重置缩放
	表达：单击工具栏中的任意按钮来更改几何体显示表达。从上到下依次为： · 线框 [键盘快捷键 W]； · 表面 [键盘快捷键 S]； · 表面 + 线框 [键盘快捷键 E]； · 边界边 [键盘快捷键 B]； · 轮廓 [键盘快捷键 O]； · 平行投影开 / 关 [键盘快捷键 P]

2.7 输出面板特征

图 2-25 所示的输出面板为在 GUI 中执行的每个应用程序显示了一个新的终端窗口。终端窗口显示来自正在运行的应用程序的所有输出消息。

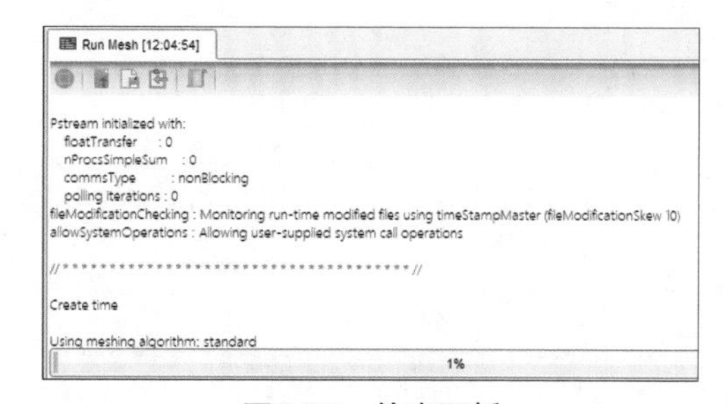

图2-25 输出面板

可经由输出面板工具栏或右击任意输出面板执行表 2-4 所示的操作。

表2-4　输出面板的执行操作

按钮	执行操作
	停止执行：可使用两个可用终止选项中的任意一个中断当前正在进行的运行。 · 停止：如果正在运行求解器，求解器将停止并保存最近完成的结果；如果正在运行任何其他应用程序（如网格创建、初始化等），则运行将被断开，立即终止。 · 断开：正在进行的运行将立即终止，不保存任何结果
	打开日志文件：打开包含正在运行的应用程序的日志文件
	保存到日志文件：将正在运行的应用程序日志保存到用户指定的文本文件中
	将日志复制到剪贴板：将正在运行的应用程序日志复制到剪贴板中
	滚动锁定：单击后会禁用自动滚动，并且将滚动锁定到实际后处理。再次单击可启动自动滚动
	最大化当前监视器：最大化并分离输出面板。再次单击可重新连接
	关闭当前监视器：关闭当前输出面板

第3章

网格模块

本章节将讨论网格模块的划分界面及网格划分可用工具。网格工具和控件包含在“网格”选项卡中，如图 3-1 所示。

图3-1 “网格”选项卡

按照对象浏览器中自上而下的节点，完成网格创建过程。该过程包括选择所需的网格划分算法，定义基础网格大小，利用不同细化、边界层和分区设置的几何曲面来创建所需的网格。3.1 节将详细解释这一过程。

“网格”选项卡中包含网格划分过程中的常用命令，如图 3-2 所示。

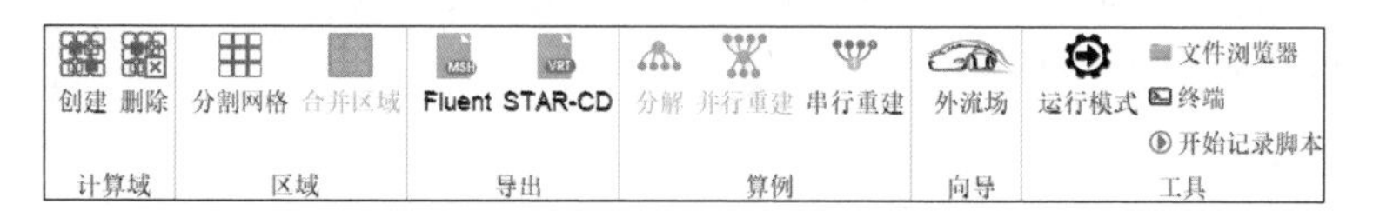

图3-2 “网格”选项卡中的常用命令

“网格”选项卡中各功能区的命令说明如下。

（1）创建。

- 创建网格：运行网格划分程序asoHexMesh。
- 虚拟化网格：创建虚拟网格，通常用于较大的网格。它不会运行网格划分过程，而是会创建必要的对象来继续设置过程，之后可以利用“求解”选项卡中的“全部运行”命令依次完成网格、设置和仿真。参见3.11节。
- 网格选项：多个高级网格划分选项。参见3.1.6节。

（2）几何。

- 导入文件：从文件导入几何曲面。

· 基本形状：创建可在网格划分过程中使用的基本几何对象，以切除区域、创建细化区域等。

· 导出：导出选定的几何图形。

（3）**导入**。

· ASO网格：导入 ASO 网格，这将替换案例中的任何现有网格。

· 第三方网格：从第三方工具（OpenFOAM、Pointwise、ANSYS Fluent）导入网格。这将替换案例中的任何现有网格。

（4）**合并**。

· ASO网格：导入 ASO 网格，并将其与案例中的任意现有网格合并。

· 第三方网格：从第三方工具（OpenFOAM、Pointwise、ANSYS Fluent）导入网格，并将其与案例中的任意现有网格合并。

（5）**编辑**。

· 网格质量：运行网格检查程序checkMesh，以调查网格质量。可提供有价值的网格质量参数，并创建单元格集，如果网格无法满足质量参数，则可显示在显示窗口中。如果在对象浏览器中选择了网格节点，则可以在数据面板中找到此实用程序的结果。参见3.3节。

· 挤出网格：沿指定方向挤出面片并添加到现有网格中。参见3.7节。

· 拉伸网格：沿特定方向拉长网格。参见3.8节。

· 移动网格：移动、缩放或旋转网格。参见3.9节。

· 删除网格：删除现有网格。

（6）**计算域**。

· 创建：利用基本形状创建单元区域。

· 删除：选择并移除现有单元区域。不会删除单元格，只会删除分区组。

（7）**区域**。

· 分割网格：将网格划分为多个区域。参见3.10节。

· 合并区域：将多个网格区域合并到单个网格中。

（8）**导出**。

· Fluent：将网格导出为 ANSYS Fluent格式。

· STAR-CD：将网格导出为 START-CD 格式。

（9）**算例**。

· 分解：将仿真分割到多个处理器目录中，以进行并行处理。

· 并行重建：将仿真分解从一个处理器数目更改为另一个处理器数目。

· 串行重建：将所有处理器目录合并到一个单独的根目录结构中。

（10）向导。

- 外流场：此向导可帮助自动设置车辆空气动力学仿真。

（11）工具。

- 运行模式：按照第9章中的说明更改运行模式。
- 文件浏览器：打开当前工作目录。
- 终端：打开已加载HLCFD-Core环境的终端窗口。可用来运行GUI之外的特定HLCFD-Core应用程序。
- 开始记录脚本：将在 GUI 中执行的所有动作记录到日志文件中，该日志文件可采用批处理模式操作并重新运行，以重现相同或稍作修改的结果。

3.1 创建网格

利用网格划分实用程序生成网格。网格划分实用程序能够创建具有边界层的高质量切割体六面体网格，特别适用于处理具有非水密表面和其他有类似缺陷的复杂几何体。

网格划分过程的第一步涉及几何曲面附近的基础网格细化（通常是导入的 STL、STEP 或 IGES 文件），如需创建网格，需要以下 5 个基本操作。

- 网格算法：网格算法提供了几种不同的方法来创建网格，它们在不同的情况下各有优势。用户可以选择标准、双重和拉伸网格算法。
- 基础网格：定义了起始网格及其分辨率，网格算法可利用该分辨率来创建最终网格。
- 几何：剪切到基础网格时所用的曲面文件列表。每个曲面上均定义了网格划分设置，包括细化层和边界层。
- 线：提供了线文件或对象列表，可用于沿定义路径进行网格划分。
- 材质点：定义有哪些体网格需要生成的位置区域。

3.1.1 网格算法

对象浏览器中的第一节点是“网格算法”。用户可以在标准、双重和拉伸网格算法中进行选择，如图 3-3 所示。

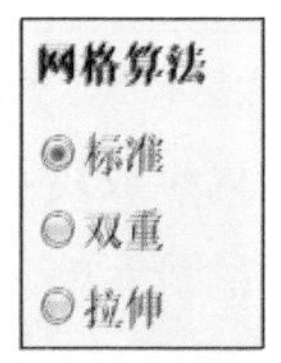

图3-3 网格算法

标准、双重和拉伸网格算法实例如图 3-4 所示。

这些算法有许多微小差异，但典型步骤包括沿曲面细化基础网格、利用材质点移除网格、将网格抓取到曲面，最后添加边界层，如图 3-5 所示。

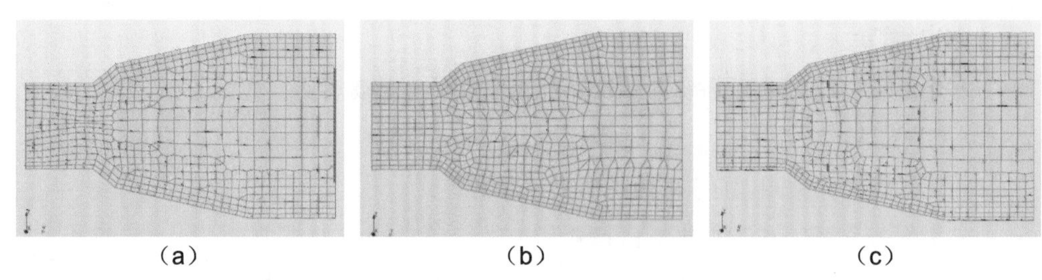

（a） （b） （c）

图3-4 网格算法实例

（a）标准 （b）双重 （c）拉伸

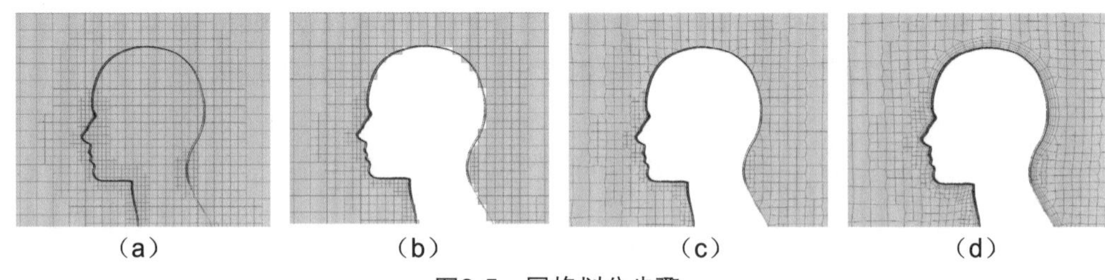

（a） （b） （c） （d）

图3-5 网格划分步骤

（a）细化基础网格 （b）移除网格 （c）将网格抓取到曲面 （d）添加边界层

3.1.2 基本网格

在基本网格节点中，用户可以定义 blockMesh 实用程序所需的设置，以生成 asoHexMesh 所需的六面体基础网格。用户有三个类型选项，如图 3-6 所示。

（a） （b） （c）

图3-6 基本网格类型选项面板

（a）自动 （b）导入文件 （c）自定义

选择“自动”选项，可根据模型的尺寸在几何体周围自动创建边界框，然后在边界框内生成块网格，应用用户指定的固定各向同性体积单元格大小。间距表示计算网格中的最大单元尺寸，可根据该尺寸来执行所有网格细化。如果导入或创建的几何体（曲面）包含待建模的整个域，则建议使用此选项。

选择“自定义”选项，可为基础网格创建自定义框。用户输入边界框顶点的最小和最大位置，以及沿框的每个边沿 X、Y 和 Z 方向的单元数目。显示窗口中会显示基础网格的预览，以及所生成的笛卡儿网格预览。对于新创建边界框的每个面，还可以指定用户定义的名称，并在相应的数据面板中指定层数、总层厚度等来创建近壁面边界层。

选择“导入文件”选项，可使用现有的自定义文件来创建高级六面体网格。选择此选项时，用户可以使用三个按钮。

- 导入：加载现有blockMeshDict文件。
- 编辑：使用提供的文本编辑器界面修改导入的blockMeshDict文件。
- 创建块网络：运行基于导入的blockMeshDict文件的blockMesh实用程序。

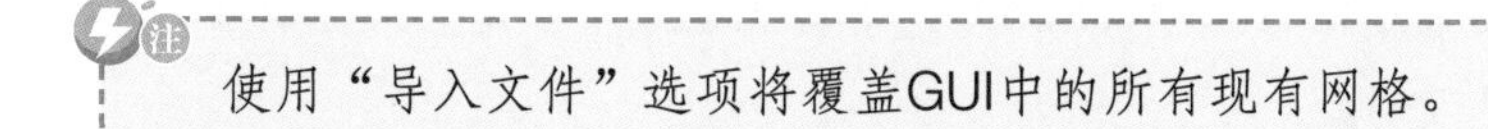

注 使用“导入文件”选项将覆盖GUI中的所有现有网格。

3.1.3 几何

在对象浏览器中的“几何”节点里列出了所有导入的STL、IGES、STEP或OBJ曲面，以及创建的基本形状，以协助网格划分过程。几何体有自己的功能区，如图3-7所示。加载到GUI中的每个几何体都可用于直接网格划分、体积网格细化和单元区域创建。

图3-7 几何功能区

如需从外部文件导入几何体，可选择“几何”功能区中的“导入文件”命令，弹出“载入曲面文件”对话框（见图3-8），用于选择要导入的文件。用户可在对话框的左下角选择要导入的文件类型。

用户还可以勾选“几何单位是mm”复选框，可将模型单位从m（米）转换为mm（毫米），即可将所有顶点坐标值乘以0.001来缩放几何体。此外，在导入过程中，还可以将简单转换选项应用于每个选定模型，即：

- 在全局笛卡儿坐标系的X、Y、Z轴上平移几何体；
- 在全局笛卡儿坐标系的X、Y、Z轴上旋转几何体；
- 在全局笛卡儿坐标系的X、Y、Z轴上缩放几何体。

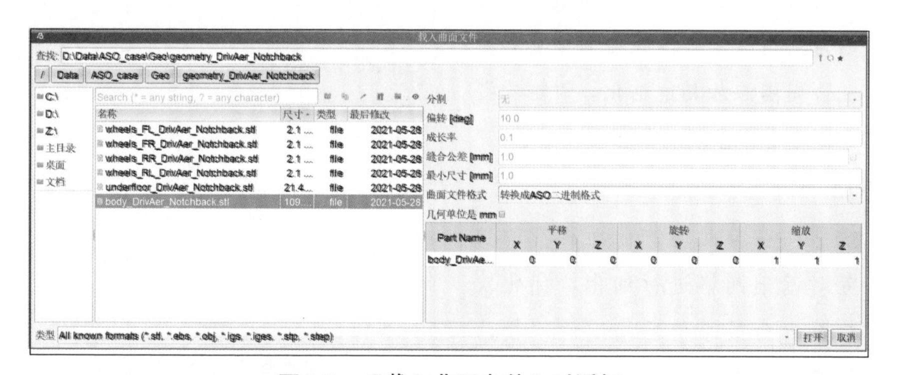

图3-8 “载入曲面文件”对话框

在使用IGES或STEP文件类型时，可以利用CAD转换器，将IGES/STEP模型中的NURBS数据转换为面数据。除了STL导入面板中提供的相同功能外，ASO还为IGES/STEP导入提供了以下选项。

- 分割：根据颜色、面或实体子类别将IGES/STEP文件分割为单独的曲面。
- 偏转：相对于形状曲率的偏转[（°）]。
- 成长率：网格尺寸变化余量（m/m）。
- 缝合公差：网格划分期间将会闭合的间隙公差（mm）。
- 最小尺寸：允许的最小网格尺寸（mm），可防止生成小于定义尺寸的曲面。默认尺寸不受限制。
- 曲面文件格式：选择使用原始文件格式或将几何体文件转换为ASO二进制格式。ASO二进制格式的优势在于文件更小，且加载速度更快，其文件扩展名为.ebs。默认将文件转换为ASO二进制格式。
- 几何体单位为mm：启用此设置将导入文件的尺寸除以1 000，从而将尺寸从m转换为mm。如要导入来自ASNA的导出文件，适用该选项。

几何体模型显示在显示窗口和对象浏览器中后，便可以交互操作，以创建新零件、合并区域、变换组件等。有关几何体操作特征的完整列表请参阅3.2节。对于对象浏览器中列出的每个几何项目，用户可在相应数据面板中定义网格划分参数。

1. 细化

- 指定所有曲面和体积网格细化设置，包括基于曲面的细化、预定义闭合体积内部或外部的体积细化，或来自特定曲面基于距离的体积细化。对基于曲面的细化，用户还可以使用其他选项来提高附近组件之间的间隙细化程度，并在用户指定的特定角度上方，在曲面边界和特征边周围添加其他细化。“细化”选项卡如图3-9所示。

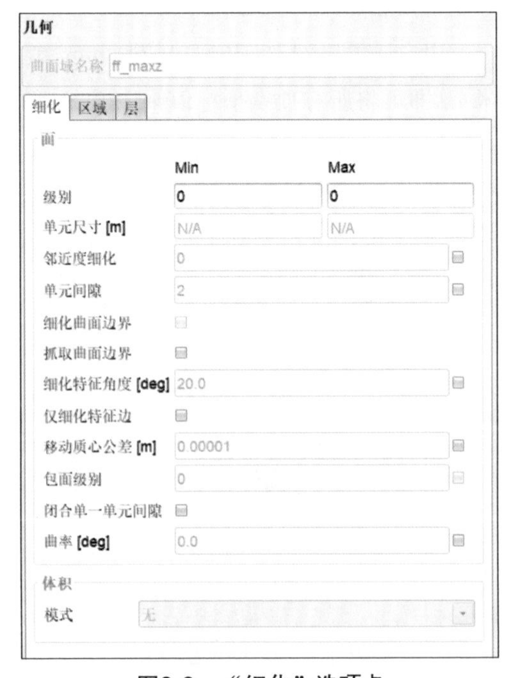

图3-9 “细化”选项卡

1）面

- 级别：在与几何体曲面相交的位置对基础网格进行细化，优化次数至少为最小值所指定的次数，但不超过最大值。

- 单元尺寸：根据级别条目中指定的分区数最终生成的单元格大小。
- 邻近度细化：在各曲面非常接近的区域中，允许的额外单元格分割数（超过最大级别）。
- 单元间隙：允许跨间隙创建的最大单元格数，用作临近细化限制器。
- 细化曲面边界：细化曲面的特征边。
- 抓取曲面边界：抓取曲面的特征边。
- 细化特征角度：将法线角度大于该角度的所有面标识为特征边。
- 仅细化特征边：启用时防止抓取特征线。
- 移动质心公差：asoHexMesh 用于网格中心到网格中心的交叉检查。如果曲面正好位于网格中心，就可能导致问题（特别是在尝试创建分区时），因此该选项会根据曲面法线方向和该距离来人为地移动质心。该选项主要用于分区问题，只有在曲面法线方位一致时才能使用。
- 包面级别：如果激活，网格器将尝试闭合小于包面级别间距的间隙。
- 闭合单一单元间隙：如果激活，则可使用闭合方法，以闭合小于两个单元格长度的泄漏。
- 曲率：角度，单位为（°），强制计算三曲面的曲率场（1/*R*），然后在细化和细化过程中查询曲面。

2）体积

可将“模式”设置为以下选项之一。

- 无：无体积细化。
- 距离：细化位于几何体一定距离内的网格。用户必须指定细化距离和级别。允许有多个细化分区。
- 内部：将几何体内部的网格细化到指定级别。用户可以选择进行各向同性或各向异性网格细化。
- 外部：将几何体外部的网格细化到指定级别。

2. 区域

指定一个闭合的体积实体，以便在网格中创建面分区。面分区是网格中的子区域，对可以应用多孔介质、MRF 和其他来源的特定元素进行分组。“区域”选项卡如图 3-10 所示。

细化	区域	层
类型	None	
面域名	body_COUPE-upper	
面域	☐	
自定义面域名		
障碍物检查	☑	
自由标准域面	☐	

图3-10 “区域”选项卡

可将“类型”设置为以下之一。

- None——无：不创建面区域，因此除非材质点位于闭合曲面内，否则将丢弃这部分网格。
- Internal（no patchs）——内部面：在包含一对一节点连接的界面处创建内部面。
- Baffle（conformal patchs）——挡板（共形）：在网格中创建两个单独的区域，由共址共形面片来定义其公共界面。
- Boundary（non-conformal patchs）——边界（非共形）：在网格中创建两个单独的区域，由共址非共形面片来定义其公共界面。

面域名：指定新面分区的名称。

面域：除了面分区之外，还创建单元区域。

自定义面域名：指定新单元区域的名称。

障碍物检查：启用后将面分区作为内部面进行质量检查。禁用后，将面分区作为质量检查的边界面。

自由标准域面：使用开放面分区（如挡板或监控面）时启用。

3. 层

定义创建近壁面边界层所需的参数。

标准（默认）网格算法：对于标准网格算法，由用户定义层投影以及 5 个可定义参数中的 3 个，包括层数、后续层之间的扩展比（层拉伸）、相对于近壁单元格间距的最终层厚度比、第一层厚度和相对于近壁单元格间距的总层厚度比。“层”选项卡 1 如图 3-11 所示。

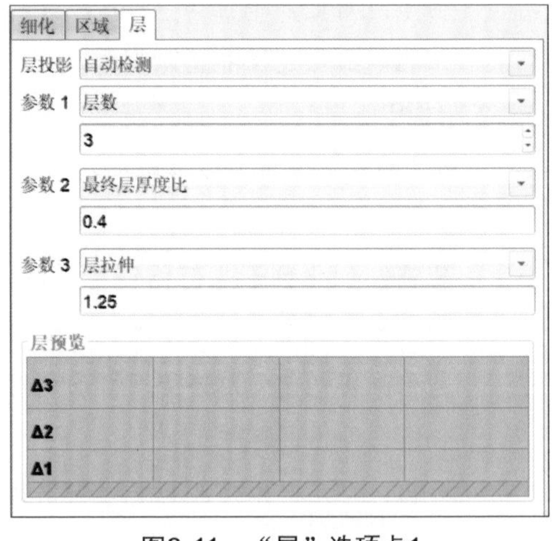

图3-11 “层”选项卡1

以下设置可用于标准网格算法。

- 层投影：允许将边界层投影到此面上。禁用后，在连接面上创建的边界层会在与该面的交叉点处塌陷。
- 层数：堆叠边界层单元格的层数量。
- 层拉伸：远离曲面的连续层增长比。该值表示某个边界层的厚度与其表面侧相邻层的厚度之比，例如Δ2/Δ1和Δ3/Δ2。
- 最终层厚度比：离表面最远的边界层厚度（Δ3）与表面间距（Δ*S*）的比值，例如Δ3/Δ*S*。
- 第一层厚度：靠近表面的层厚度（Δ1），单位为m。

· 总层厚度比：所有层的厚度之和（Δ1+Δ2+Δ3）/ΔS。

双重及拉伸网格算法：对于双重和拉伸的网格算法，用户可定义层投影、层数，然后在层拉伸和第一层厚度之间进行选择。“层”选项卡 2 如图 3-12 所示。

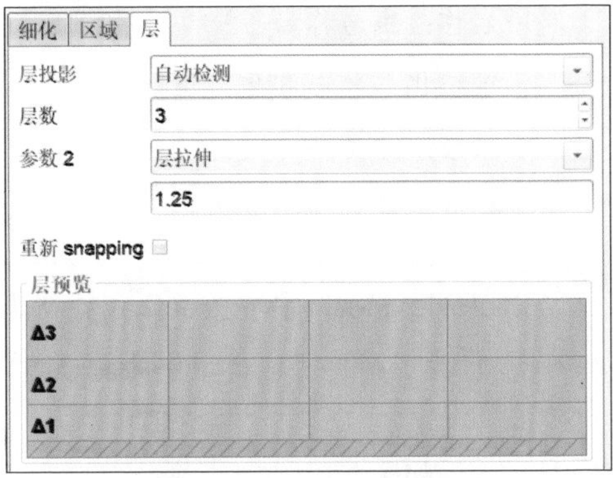

图3-12 “层”选项卡2

以下设置可用于双重及拉伸网格算法。

· 层投影：允许将边界层投影到此曲面上。禁用后，在连接曲面上创建的边界层会在与该曲面的交叉点处塌陷。

· 层数：堆叠边界层单元格的数量。

· 层拉伸：远离曲面的连续层增长比。该值表示某个边界层的厚度与其表面侧相邻层的厚度之比，例如Δ2/Δ1 和 Δ3/Δ2。

· 第一层厚度“m”：靠近表面的层厚度（Δ1），单位为m。

如果在“分区”选项卡中创建挡板或边界类型单元区域，则 GUI 会将“层”选项卡分割为“层（主要）”和“层（次要）”，如图 3-13 所示。允许用户在新界面两侧“主界面”和“次界面”定义边界层。对于切割六面体网格，面片的主侧位于基础网格侧，次侧位于新单元区域侧。

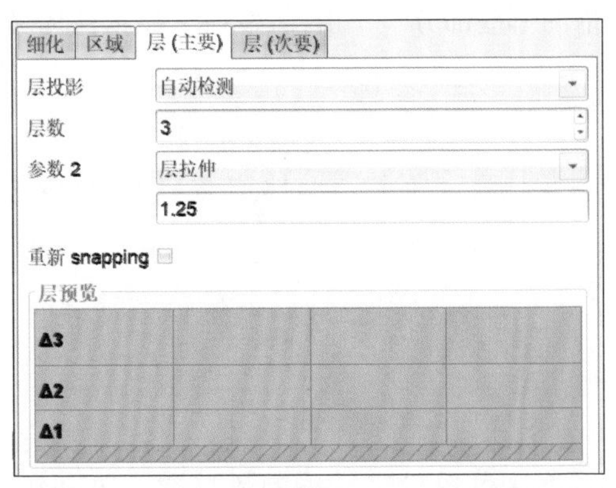

图3-13 边界分区和挡板分区的主层和次层界面

3.1.4 线

线是所有曲面中的特征边的几何表达，可利用图 3-14 所示的“线”数据面板来设置基于局部距离的网格细化。

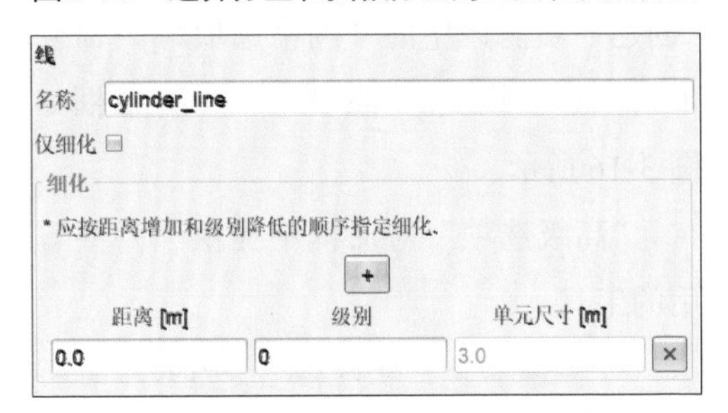

图3-14 特征线细化设置

可以使用 3.2 节中描述的线提取工具直接从曲面几何体创建线，也可以从现有的 .eMesh 文件加载线。

如需将从 GUI 外部生成的现有 .eMesh 文件导入线文件，可选择“网格”选项卡中“几何”功能区的“导入文件”命令。

对象浏览器的“线”节点下列出了创建或加载的所有线。用户选择每条线来指定相应的网格细化设置。选择后，在显示窗口中高亮显示每条线，以便于可视化。

“线”数据面板中给出了以下设置。

- 名称：线名称。
- 仅细化：允许细化，但防止抓取到线。
- 距离：与待细化的线之间的距离，单位为m。
- 级别：最大细化级别。

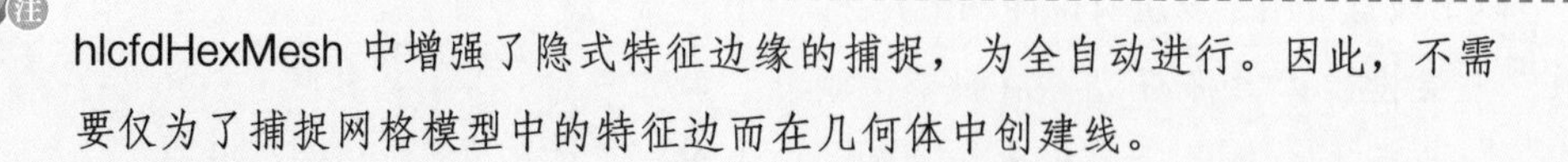

hlcfdHexMesh 中增强了隐式特征边缘的捕捉，为全自动进行。因此，不需要仅为了捕捉网格模型中的特征边而在几何体中创建线。

3.1.5 材质点

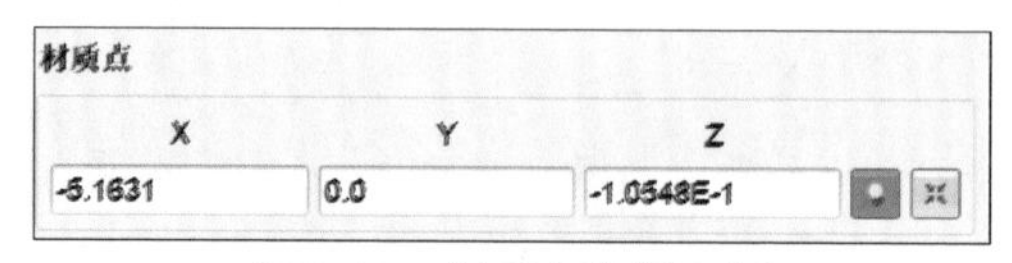

图3-15 材质点数据面板

网格创建过程的最后一步是待网格化的体积内材质点的位置规格。可通过在“材质点”数据面板中输入点位置的 X、Y 和 Z 坐标来实现，如图 3-15 所示。用户选定的材质点根据点的位置来规定保留或丢弃网格的哪些部分。单击按钮可显示流体域内材质点的实际位置。

可通过在“材质点”数据面板中可用的X、Y和Z文本框中输入坐标，利用数据面板中的中心按钮或将点拖动到显示窗口中所需的位置来更改材质点的位置。如果材质点清晰度不够，则考虑将显示格式更改为可从显示窗口右工具栏获得的线框。这还有助于在对象浏览器中取消选择可能遮挡材质点的曲面。

3.1.6 高级选项

ASO 提供了高级网格设置，可利用“创建”功能区中的“网格选项”命令来访问这些设置。“高级选项”对话框如图 3-16 所示。

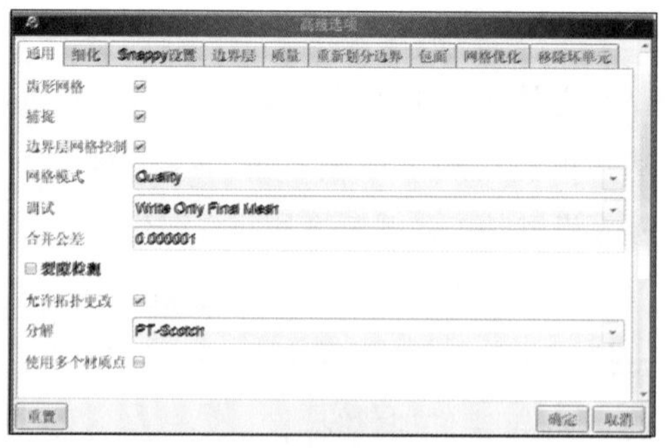

图3-16 “高级选项”对话框

“高级选项”对话框中提供了一些有用的工具。

- 裂隙检测：在网格划分过程中自动检测，并闭合在几何体模型中发现的小裂缝。可在“通用”选项卡中找到这个设置。
- 重新划分边界：创建与动态网格算法兼容的方形网格。
- 包面：在网格划分过程中，自动闭合在几何体模型中发现的大孔和间隙。

3.1.7 网格创建

在 GUI 中输入所有网格参数后，用户可以选择“创建”功能区中的“创建网格”命令来执行网格划分实用程序。这样可写出网格划分所需的输入字典文件，并以正确的顺序开始执行实用程序，从而创建最终以六面体为主的体积网格。

执行完成后，加载新创建的方形网格并显示在显示窗口中，还会向对象浏览器中的“网格”节点添加网格中已有的所有曲面网格和单元区域完整列表。此外，在“设置”选项卡对象浏览器的“外部边界”和“单元区域”节点中还提供了所有网格面片和单元区域的完整列表。

如果用户希望访问“设置”选项卡中的网格对象而不是先创建网格，则可以使用位于“创建”功能区中的“虚拟化网格”命令。该特征在需要高网格数量的情况下非常有用，在这种案例中，用户会首先使用虚拟网格设置整个仿真，然后使用位于“求解”功能区的“求解器”选项卡中“求解器”功能区的“自动运行”命令。这样可创建网格并按顺序运行仿真过程（参见 3.11 节）。

3.2 几何操作

ASO 具有一系列几何操作，用于从曲面的布尔运算到线的提取。可在对象浏览器的“几何”节点中右击这些项目来访问操作。几何操作列表如图 3-17 所示。几何操作共有三个可操作类别，即通用、面和线。最后的可视类别这里不做描述。

3.2.1 通用

目前，可在常规下访问以下操作。

- 删除：删除选定的顶级几何部件。
- 克隆：创建所选几何部件的副本。目前仅适用于基元形状，不适用于 STL、IGES、STEP或OBJ模型。
- 拷贝属性：从选定的几何部件复制网格属性。
- 粘贴属性：将从一个几何部件复制的网格属性粘贴到同一类型的另一个部件。

3.2.2 面

第二个类别是面，包括基本布尔运算和在一个或多个选定面之间执行的其他操作。

通用
删除
拷贝属性
粘贴属性
克隆
面
连接
分解
融合
分割
变换
线
提取
相交表面
可视
显示
隐藏
仅显示

图3-17 几何操作列表

（1）**连接：**将两个不同的多区域面连接到单个多区域面中，仅适用于多区域面（例如导入的 STL、IGES、包含多个曲面面片的 STEP 或 OBJ 文件）。

（2）**分解：**提取选定的面并将其保存到新面或现有面中，应用于多区域面的单个面。

（3）**融合：**将选定的部件融合到单个面中，仅适用于在组中选择的子面面片。

（4）**分割：**在“分割面”对话框（见图 3-18）中可用的任意选择标准，从由单个面面片组成的 STL、IGES、STEP 或 OBJ 模型中提取给定的面。目前该操作也适用于基元形状。

① **模式：**从选择中添加或移除面。以下选项可用。

- 选择：添加到当前选择。
- 未选择：从当前选择中移除。

② **类型：**用来隔离待分割面的方法。可设置为以下选项之一。

- 单元：用户手动选择/取消选择单个曲面单元格。
- 面积：用户使用框类型选择器手动选择/取消选择曲面单元格组。
- 特征角度：根据角度下指定的特征角度，在组中选择/取消选择单元格。可指定一个0°～180°的角度。

③ **保持选择：**如果勾选，将会追加新选择的项或将其从列表中移除。如果取消勾选，则新选定的面将是唯一选定的项目。

④ **角度：**基于此角度[单位为(°)]来分割曲面。如果面之间的角度大于该指定角度，则角度另一侧的面不包括在选择中。

⑤ **边界名：**单击“分割”按钮创建新面片名称。

⑥ **清除选择：**单击此按钮清除当前选择的曲面单元格并重新开始。

⑦ **分割：**单击此按钮分割原始几何体模型，并使用给定的曲面单元格选择创建新曲面面片。对象浏览器的“几何”节点列出了新零件，并且与边界名下指定的名称相同。

⑧ **关闭：**单击此按钮关闭对话框。任何未保存的设置都将被丢弃。

（5）**变换：**提供通过平移、旋转和缩放的操作选定几何的不同选项。变换只能应用于父级几何选择，并使用图 3-19 所示的“变换几何”对话框进行控制。

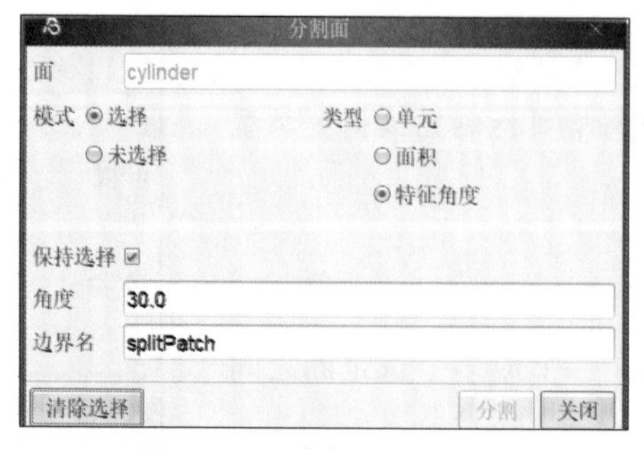

图3-18 “分割面”对话框

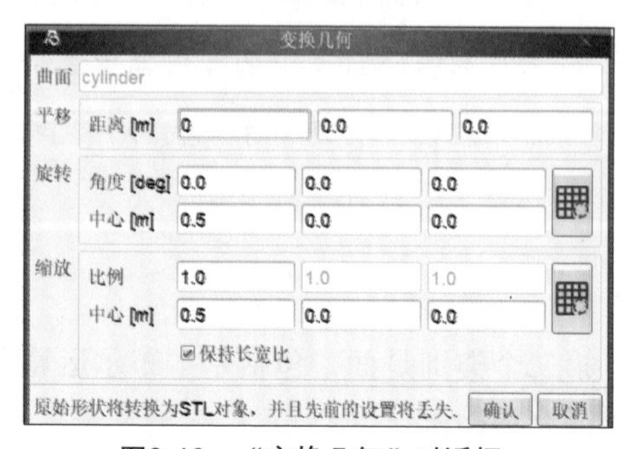

图3-19 “变换几何”对话框

3.2.3 线

几何操作中的最后一个类别是线。此类别中的可用操作专用于从选定的几何中提取特征线。提取出的边列在对象浏览器的“线”节点下，可用于定义沿特定几何边的局部细化，如 3.1.4 节所述。

目前，线类别有两个可用操作。

（1）**提取**：从几何中选定的任何曲面零件提取特征线。使用图 3-20 中显示的“提取特征线”面板来控制提取。用户指定特征角度 [单位为（°）] 和可选边界框，来限制是在该框内还是在该框外创建线。单击“应用”按钮预览新线；单击“保存”按钮确认并创建线。

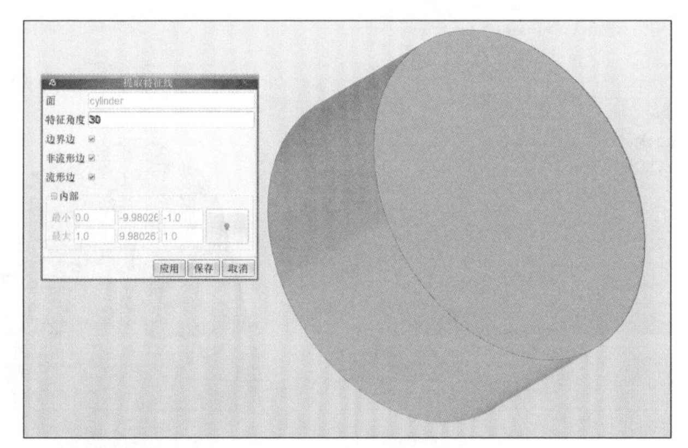

图3-20　提取特征线

（2）**相交表面**：将对象浏览器中“几何”节点中列出的两个曲面零件相交来创建特征线。用户选择两个曲面（利用 Ctrl 键 + 单击），然后应用几何操作提供的相交表面（可在其中任意一个曲面上右击来访问）。

3.3 检查网格质量

加载网格后，用户可以选择“编辑”功能区中的“网格质量”命令来进行完整的检查，以评估计算网格的质量。所有相关网格质量的统计信息会显示在输出面板中。

网格检查执行完成后，用户可以从对象浏览器中选择网格节点，以访问数据面板中的网格统计信息列表，包括网格大小、级别分布以及网格质量参数列表。网格质量参数如图 3-21 所示，该界面还提供了关于边界和分区的网格统计信息。

用户还可以通过单击相关参数值旁边的按钮，在显示窗口中查看与质量参数相关的单元格集。图 3-22 显示了所有偏度大于 0.2 的网格。

每个质量参数都有一个默认的建议值。可对默认的建议值进行修改，以显示用户所要求的任何阈值。

质量参数场可以显示在显示窗口中。首先转到“后处理”选项卡，然后将颜色 更改至所需场。图 3-23 所示为偏度（skewness）场云图。

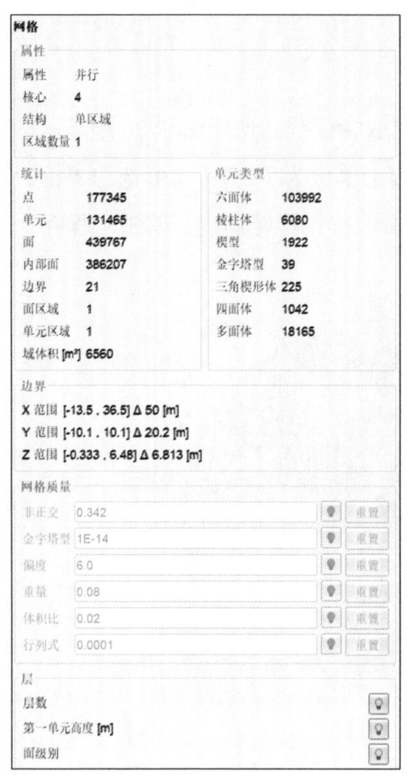

图3-21　网格质量参数

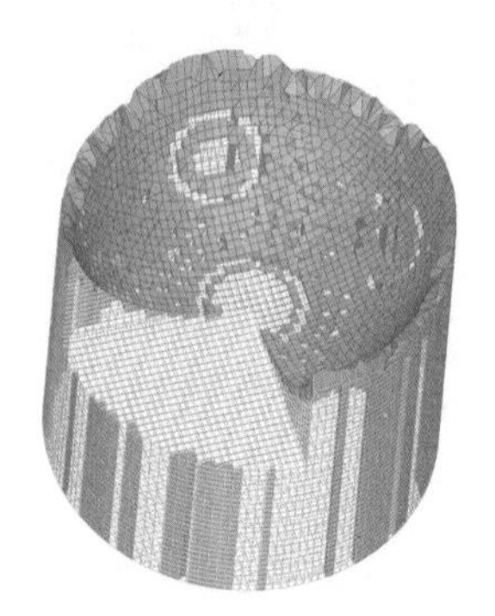

图3-22　偏度网格显示

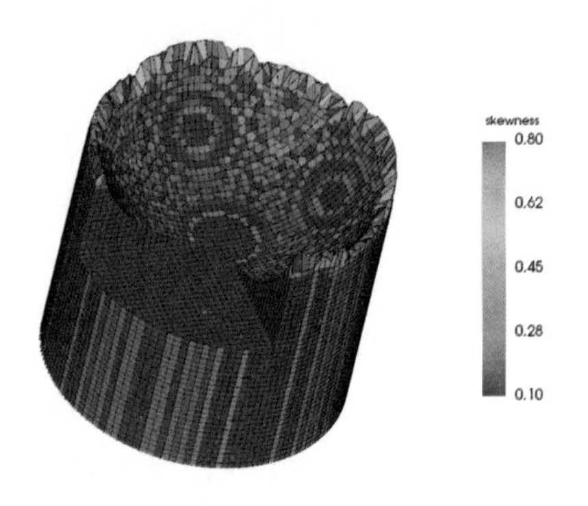

图3-23　偏度场云图

3.4　近壁面质量

用户可以从对象浏览器中选择“网格”节点，并单击相关数据旁边的数据面板的层标题中的 按钮来访问边界“层”选项区域。在使用此特定特征之前，需确保已在“边界层”选项卡中勾选了“写入 VTK”复选框，该选项位于“创建”功能区中的“网格选项” 命令中的“边界层”选项卡，如图 3-24 所示

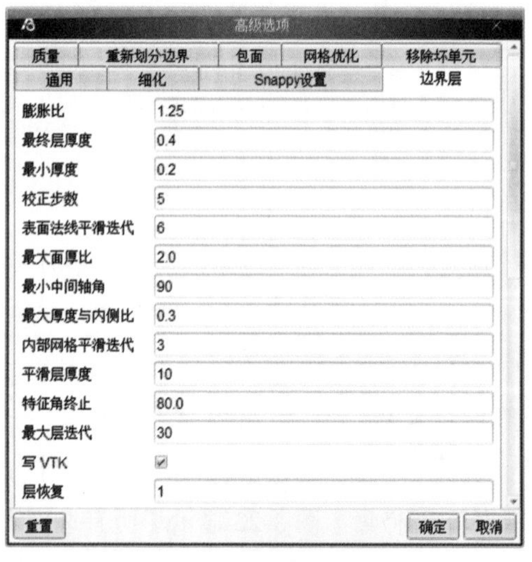

图3-24　偏度场云图

单击选项区域中的相关 按钮可以可视化以下数据，如图 3-25 所示。

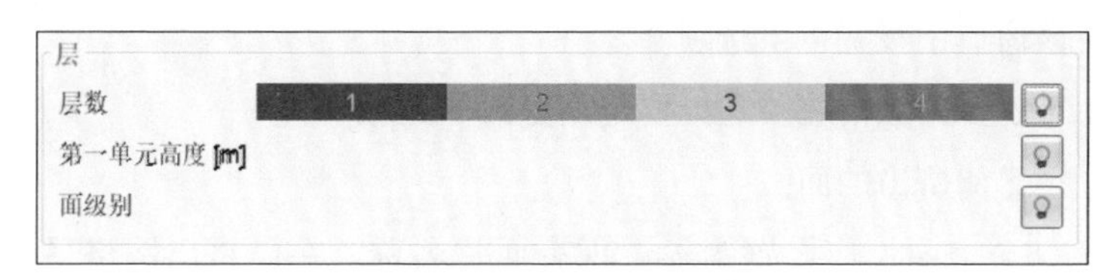

图 3-25　显示边界层数

- 层数：显示网格中每个壁面单元格的层数。
- 第一单元高度：显示网格中每个壁面单元格的第一个单元格高度，单位为m。
- 面级别：显示网格中每个壁面单元格的曲面细化级别。

3.5　导入网格

用户可以使用“ASO 网格”命令导入 ASO 计算网格，或选择“导入”功能区的“第三方网格”命令（支持在 OpenFOAM、ANSYS Fluent 或 Pointwise 中创建的网格），加载网格并显示在显示窗口中。对象浏览器的“网格”节点中将显示已有的所有面网格和单元区域完整列表。

3.6　合并网格

ASO 可以加载外部网格，并将其与现有网格合并。可以使用“ASO 网格”命令对 ASO 网格执行此操作，也可以使用“合并”功能区的“第三方网格”命令，支持 OpenFOAM、ANSYS Fluent 或 Pointwise 网格。该功能适用于串行和并行案例。

3.7　挤出网格

用户可以使用实用程序，将单元格层添加到现有面片上。可通过位于“编辑”功能区的“挤出网格”命令来使用该功能。弹出的“挤出网格”对话框如图 3-26 所示。

图3-26　“挤出网格”对话框

用户可在该窗口中设置以下选项。

（1）域：对于多区域情况，选择要应用更改的区域。

（2）源边界：待挤出的面。

（3）暴露边界名称：应设置为等于现有面片名称。在已挤出网格另一侧（后面）创建的新面片将会被添加到现有（前面）面片中。只有在取消勾选“保留网格”复选框时，才会使用暴露的面片名称。如果前后面片有相同的边界条件，则暴露的面名称这一关键字有助于组合前后面片，如前后有对称平面的通道，甚至用于二维案例的空面片。

（4）边界层数：新挤出面片将包含的单元格层数。对于二维案例，应将其设置为 1。

（5）膨胀率：层的厚度与其更靠近挤出曲面的相邻层的厚度比（例如，相邻两层的厚度比例为 1 ∶ 1，此处输入 1 即可），即单元格沿远离挤出曲面的方向上的生长速率。

（6）翻转法线：勾选该复选框后，可在执行实用程序之前翻转曲面法线。取消勾选该复选框可保持曲面法线不变。

（7）扩展模式：有如下几种选项可以设置。

① 线性方向：沿用户定义的方向创建挤出。用户需要定义以下参数。

- 方向：在笛卡儿坐标系中定义的挤出方向矢量。
- 厚度：总挤出距离，单位为m。

② 线性法线：采用正方向曲面法线矢量生成挤出。用户需要定义以下参数。

- 厚度：总挤出距离，单位为m。

③ 线性径向：创建朝向球体的挤出，其原点为（0，0，0），半径由用户定义。

- R：原始曲面（或面片）被挤出时朝向的球体半径（单位为m）。在挤出的另一侧（后面）创建的面片可以是凹面或凸面，以匹配其挤出时朝向的球体，具体取决于球体曲面是否位于原始曲面和球体原点之间，或者原始曲面是否位于球体曲面和球体原点之间（见图3-27）。
- R表面（可选）：内径，单位为m。添加该值后，挤出会发生变化，因此由内球面和外球面来界定前后曲面，由原始曲面或面片的投影面积来界定高度和宽度（见图3-27）。

④径向：与线性径向类似，用于在两个球体，以及从原点（0，0，0）到给定曲面或面片的投影区域之间创建挤出。用户需要使用按钮在R场中添加条目，并在左栏中输入不超过该级别的单元格总数，在右栏中输入球体半径。

原始曲面外侧球体　　原始曲面内侧球体

不含内径

待挤出曲面或面片

半径

球体

球体原点

挤出网格

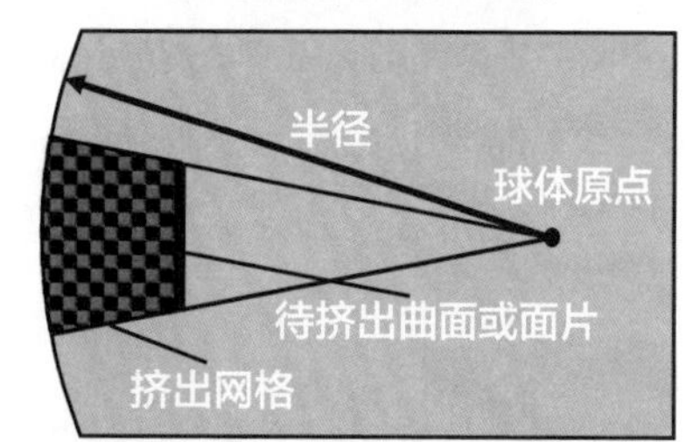

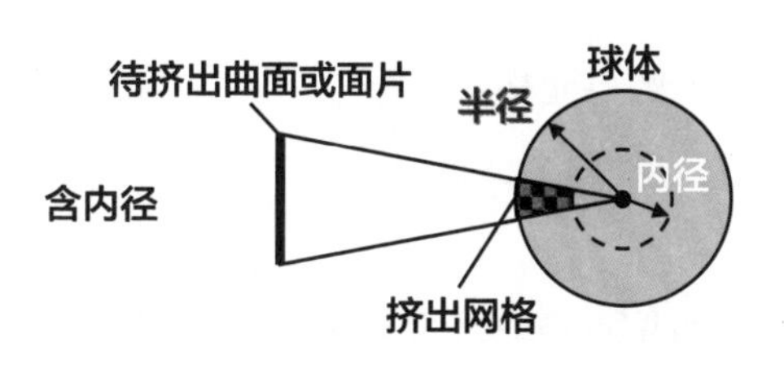

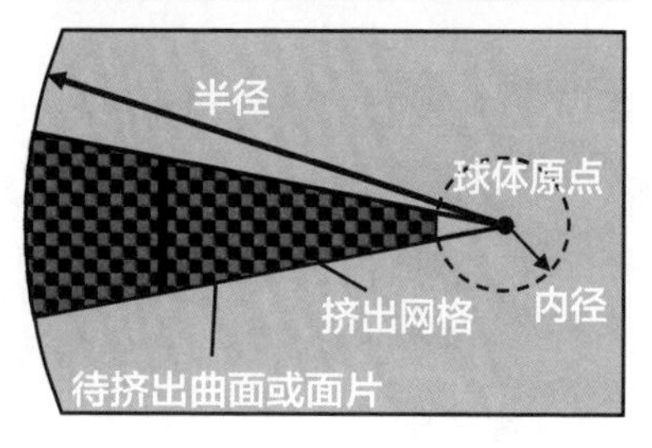

图3-27　线性径向挤出可能性

注

第一个球体的单元格数必须始终为零，并且必须根据半径，自上而下来排列球体。例如，在图3-28中共创建了三个球体，在第一个球体中，半径$r_1<r_2<r_3$，n_1=0个单元格，在r_1和r_2之间，n_2=2个单元格，在r_2和r_3之间，n_3=5个单元格。

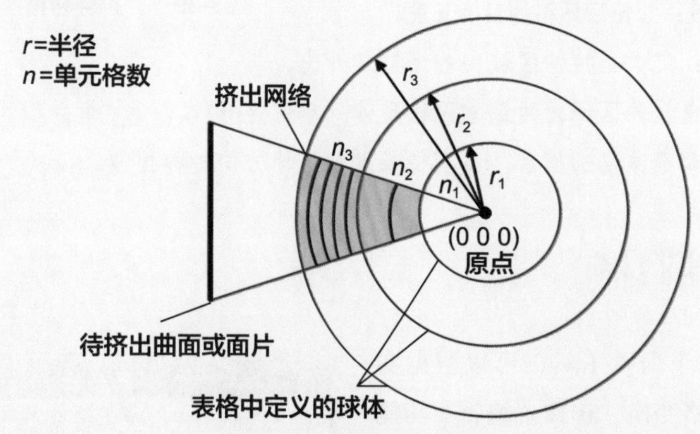

图 3-28　径向挤出可能性

因此，可在r_1和r_3之间创建网格，总共有7个单元格。用户必须使用GUI创建表3-1所示的关系。

表3-1　单元格总数与半径的对应关系

单元格总数	半径（m）
0	r_1
2	r_2
7	r_3

⑤ **扇形：**创建楔形挤出。用户必须定义以下参数。

· 中心：笛卡儿坐标系中的旋转原点。

· 轴线：笛卡儿坐标系中的旋转轴无量纲矢量。右手法则适用。

· 角度：使用右手法则的旋转角度，单位为（°）。

3.8 拉伸网格

用户可拉伸现有网格并创建纵横比大于 1 的单元格。选择“编辑”功能区的“拉伸网格”命令，会弹出“拉伸网格”对话框，如图 3-29 所示。

用户可在该对话框中设置以下选项。

· 域：对于多区域情况，选择要应用更改的区域。

· 基点：初始固定点的坐标（单位为m），网格从该点开始拉伸。

· 拉伸方向：是拉伸过程中矢量行走的方向，从基点位置开始。

· 初始长度：表示将从基点位置开始拉伸的原始网格的长度（单位为m）。

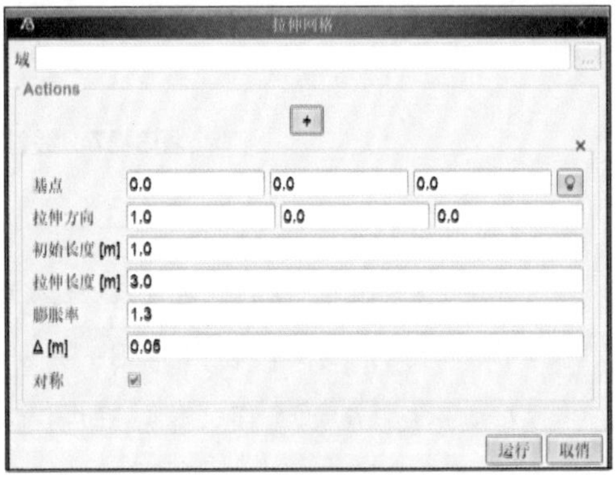

· 拉伸长度：拉伸后网格的目标长度。

图3-29　“拉伸网格”对话框

· 膨胀率：定义已拉伸区域内的网格展开比。

· Δ：定义拉伸区域内的基本网格尺寸（单位为m）。

· 对称：勾选该复选框后，将围绕基点和拉伸方向对称拉伸。

3.9 移动网格

ASO 有一个内置工具，可以根据实用程序应用网格变换。选择“编辑”功能区的“移动网格”命令，弹出“移动网格”对话框，如图 3-30 所示。

用户可在该对话框中设置以下选项。

域：对于多区域情况，选择要应用更改的区域。

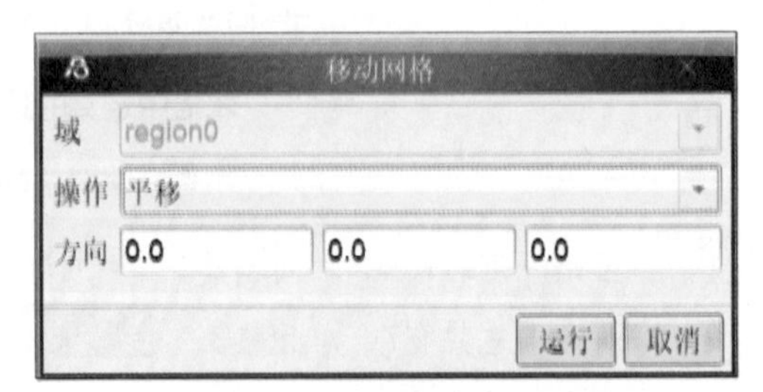

图3-30　“移动网格”对话框

操作：选择需要进行的变换类型，这会改变所需的输入项。以下选项可用。

· 平移：指定网格需要移动的X、Y和Z距离，单位为m。

· 偏转、俯仰、翻滚：指定绕X、Y和Z轴的旋转角度，单位为（°）。用户还可以选择启用“旋转场”选项。

· 翻滚、偏转、俯仰：指定绕X、Y和Z轴的旋转角度，单位为（°）。用户还可以选择启用“旋转场”选项。

· 旋转：在笛卡儿坐标系中指定原始矢量和目标矢量。网格将从原始矢量旋转到目标矢量。用户还可以选择启用“旋转场”选项。

· 比例：指定X、Y和Z方向的缩放比率或乘数。

3.10 分割网格

如果仿真案例由不同材质、状态或建模方法组成，或者含多个组件的几何体（如共轭传热案例），则需要使用多区域网格。

如需创建多区域网格，用户必须首先创建一个单独的区域网格，然后选择“区域”功能区的“分割网格”命令，弹出“分割网格区域”对话框，显示待创建的区域，如图3-31所示。可利用由边界面界定的单元格-面-单元格类型工作程序来创建区域。用户可以将对应的边界或分区拖动到目标区域中。

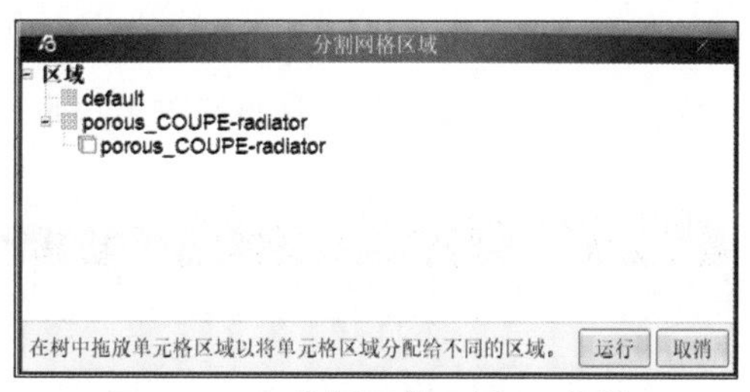

图3-31 “分割网格区域”对话框

该实用程序将会创建新区域，并将其列在对象浏览器的“网格”节点下。

3.11 虚拟化网格

ASO具有内置功能，可利用“创建”功能区中的“虚拟化网格”命令来创建虚拟网格而非实际网格，如图3-32所示。虚拟化网格为GUI提供网格组件（如面），而不需要运行网格划分程序，对于大型案例来说，后者不仅浪费时间，而且会占用大量资源。虚拟化网格允许用户继续进行案例设置过程。

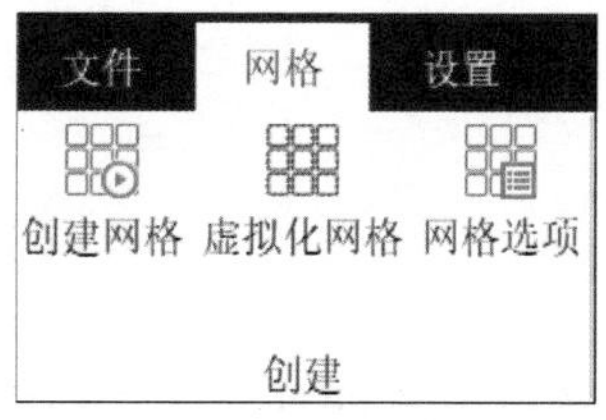

图3-32 “虚拟化网格”命令

第 4 章

设置模块

“设置”选项卡旨在减少创建求解器输入文件所需的工作量。此过程的自动化消除了在 GUI 外部使用文本用户界面（TUI）时经常会出现语法错误和输入错误的可能性。

在“设置”选项卡中，用户可以通过对象浏览器中的每个节点来设置仿真。由于 GUI 会根据采用的设置而进行调整，所以建议在对象浏览器中自上而下完成这些部分设置。“设置”选项卡的界面如图 4-1 所示。

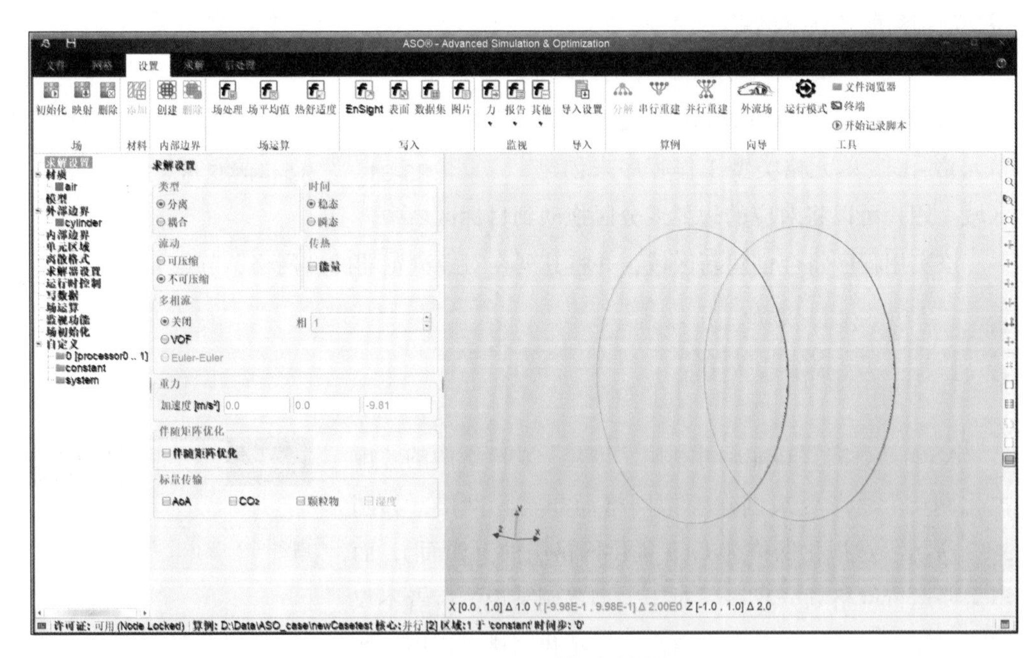

图 4-1　“设置”选择卡的界面

“设置”选项卡如图 4-2 所示，包含创建初始场、场操作功能、监视功能等命令。

在“设置”选项卡中，功能区及命令介绍如下。

图 4-2 “设置”选项卡

（1）**场**。

- 初始化：创建初始场，参见4.13节。
- 映射：映射来自现有案例中的解决方案场，参见4.15节。
- 删除：删除案例文件夹中可用的所有现有场。

（2）**材料**。

- 添加：将材质添加到仿真中。

（3）**内部边界**。

- 创建：利用曲面几何体文件或现有面分区，在现有基础网格上创建内部边界。
- 删除：选择并移除现有的内部边界。

（4）**场运算**。

- 场过程：利用现有场和可能的数学运算列表来创建新场。
- 场平均值：从现有场创建时间平均结果。
- 热舒适度：计算用来分析热舒适性所需的场。

（5）**写入**。

- EnSight：添加一个功能，可在仿真期间将数据导出为 EnSight 格式。
- 表面：添加一个功能，可在仿真期间定期保存用户定义曲面上的任何现有场，该场可用于后处理。
- 数据集：添加一个功能，可在仿真期间定期保存用户定义的网格子集上的任何现有场，该场可用于后处理。
- 图片：在运行期间导出场景图像。

（6）**监视**。

- 力：创建在仿真过程中用来监测作用力（如升力、阻力等）的功能。
- 报告：创建在仿真过程中用来监测场值的功能。可以针对体积网格、曲面或探头执行此操作。
- 其他：包括其他监测功能，如泵性能和噪声传播。

（7）导入。

- 导入设置：导入设置文件。

（8）算例。

- 分解：将仿真分割成多个处理器数目，以进行并行处理。
- 并行重建：将仿真分解从某个多处理器数目更改为另一个多处理器的数目。
- 串行重建：将多个处理器数目合并成单核。

（9）向导。

- 外流场：打开汽车空气动力学向导进行预设模板的车辆仿真。

（10）工具。

运行模式：按照第9章中的说明更改运行模式。

- 文件浏览器：打开当前工作目录。
- 终端：打开已加载环境的终端窗口，可用来运行GUI之外特定的实用程序。
- 开始记录脚本：将在GUI中执行的所有动作记录到日志文件中，该日志文件可采用批处理模式操作并重新运行，以重现相同或稍做修改的结果。

4.1 求解设置

4.1.1 分离与耦合

在求解多物理场模型时，可以使用ASO提供的两种方法来求解用于描述解的方程组（通常是非线性）。

- 全耦合方法会形成一个大型方程组，用于求解所有未知量（场），并在单次迭代中一次包含未知量（多物理场效应）之间的所有耦合。
- 分离方法不会一次求解所有未知量。相反，该方法将问题细分为两个或更多分离步骤。每个步骤通常表示一个物理场，但有时一个物理场可以细分为多个步骤，一个步骤可以包含多个物理场。这些单独的分离步骤小于通过全耦合方法形成的完整方程组。分离步骤在单次迭代中按顺序进行求解，因此需要较少的内存。

4.1.2 稳态与瞬态

在数值计算中，瞬态计算与稳态计算是两种不同的计算方法，它们在求解问题时有不同的应用场景和优、缺点。稳态和瞬态的最大区别首先体现在时间项上，即计算结果是否与时间相关。

- 瞬态计算是指在考虑时间因素的情况下，求解问题的计算方法。瞬态计算通常用于求解在时间变化下的问题，如物体的温度变化、流动问题、电磁场问题等。瞬态计算需要考虑问题的时间因素，计算量大，求解过程复杂，需要解决多维优化问题。
- 稳态计算是指在不考虑时间因素的情况下，求解问题的计算方法。稳态计算通常用于求解在时间不变化的问题，如物体的形状、尺寸、材质、温度初始条件等。稳态计算计算量小，求解过程简单，但是需要满足问题的稳态条件，即问题的某些参数在任意时刻都是恒定的，这种条件在实际中往往难以满足。

4.1.3 可压缩与不可压缩

在数值计算中，可压缩计算与不可压缩计算是两种不同的计算方法，它们在求解流体力学问题时有不同的应用场景和优、缺点。

- 可压缩计算是指在考虑气体压力因素的情况下，求解流体力学问题的计算方法。可压缩计算需要考虑气体的温度、密度、压力等因素，计算量大，求解过程复杂，需要解决多维优化问题。
- 不可压缩计算是指在不考虑气体压力因素的情况下，求解流体力学问题的计算方法。不可压缩计算只需要考虑气体的温度、密度等因素，计算量小，求解过程简单，但是需要满足流体的不可压缩条件，即流体的密度和速度的乘积在任意时刻都是恒定的。

4.1.4 能量模型

能量模型利用能量守恒定律来解决某些热力学问题。能量模型先将问题转换为能量守恒的形式，然后利用数值计算的方法求解问题。能量模型通常用于求解热力学系统的能量分布、热量传递等问题，可以得到系统在任意时间点的能量分布和热量传递情况。能量模型的优点是可以得到全局最优解，但是计算量大，求解过程复杂，需要解决多维优化问题，可能因为计算时间过长而影响求解效率。

4.1.5 多相流

同时存在两种及两种以上相态的物质混合体流动就是两相或多相流。在多相流动力学中，所谓的相不仅按物质的状态，而且按化学组成、尺寸和形状等来区分，即不同的化学组成、不同尺寸和不同形状的物质都可能归属于不同的相。

- VOF模型是一种应用于固定欧拉网格的表面跟踪技术。VOF模型用于两种或多种不混溶的流体，而流体之间的界面位置是值得关注的。在VOF模型中，流体共享一组动量方程，并且在整个域中跟踪每个计算单元中每种流体的体积分数。VOF模型可应用于分层流动、自由表面流动、填充、晃动、大气泡在液体中的运动、溃坝后液体的运动、射流破裂的预测（表面张力）以及任何液-气界面的稳态或瞬态跟踪。

- 欧拉模型是最复杂的多相流模型，可以为每一项求解一系列的动量和连续性方程。通过压力和相间交换系数实现耦合。处理这种耦合的方式取决于所涉及相的类型：颗粒状（流体-固体）流动与非颗粒状（流体-流体）流动的处理方法不同。对于颗粒状流动，应用动力学理论得到颗粒流的性质，两相之间的动量交换也取决于所模拟的混合物的类型。欧拉多相流模型可应用于气泡塔、提升器、颗粒悬浮和流化床。

4.1.6 伴随矩阵优化

Adjoint 伴随矩阵优化是利用伴随矩阵对线性方程组的系数矩阵进行优化，以提高线性方程组解的精度和稳定性。Adjoint 寻优的基本思想是：通过计算线性方程组系数矩阵的伴随矩阵，得到一个新的矩阵，然后通过求解这个新矩阵的最小二乘问题，得到最优解。在实际应用中，由于伴随矩阵的计算比较复杂，所以通常会使用一些近似方法来计算伴随矩阵。

Adjoint 寻优的优点是，可以有效地减小线性方程组解的误差，提高解的稳定性。其缺点是，由于计算伴随矩阵的复杂性比较高，所以计算量通常比较大。此外，如果线性方程组的系数矩阵是奇异的,那么这种方法可能无法得到解。详细求解流程见 2.2.1 节。

4.1.7 标量传输

标量输运方程是一种描述流体中各个物理量随时间和空间变化的模型。在 CFD 中，常常需要考虑流体中的温度、压力、浓度、质量等物理量。这些物理量在流体中会发生传输和扩散，标量输运方程可以描述流体中的各种物理量（如质量、温度、组分等）随时间和空间的变化，在 CFD 中，通常会使用多个标量输运方程来描述不同物理量之间的相互作用和变化，因此，需要建立相应的数学模型来描述这些物理量的变化规律。

- AoA：激活本地空气模型的平均年龄，创建解决方案场AoA（s）。
- CO_2：激活CO_2的被动标量传输模型。所有设置都是自动定义的。用户只需要指定CO_2场的边界条件。
- 颗粒物：激活颗粒物的被动标量传输模型。激活的颗粒物可以用作简单的示踪剂。所有设置都是自动定义的。用户只指定颗粒物场的边界条件。
- 湿度：激活具有壁面凝结和蒸发的湿度输送模式，需包含能量方程的求解。

4.2 材料属性设置

在设置材料属性时，用户可以添加仿真中需要用到的材质，主要分为流体和固体两大部分。每个区域和每个相都必须指定材质，如图 4-3 所示。

图 4-3 所示为不可压缩流材质特性数据面板。用户可在此面板中修改流体特性，还可以为黏度模型指定以下选项。

· 牛顿流体。

· 非牛顿流体，包括交叉幂律模型（cross power Law）、伯德·卡雷模型（bird carreau law）、赫歇尔·伯克利模型（herschel bulkley law）和幂律模型（power law）

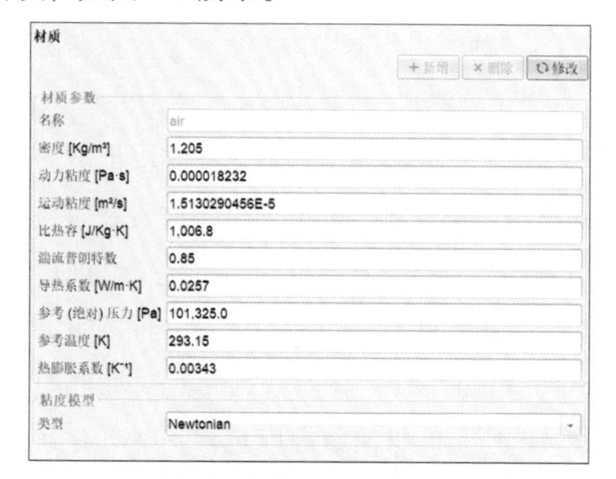

图4-3 材质特性数据面板（不可压缩流）

注：图中出现的“粘度”在本书为“黏度”，出现的“Kg”在本书中为“kg”。

图 4-4 所示为可压缩流材质特性数据面板。用户可在此面板中指定材质特性。

（1）**热物理模型**：指定流体的摩尔数和分子量，单位为 kg/kmol。

（2）**传输属性**：从以下选项中指定动态黏度（μ）和热导率（k）的模型。

· 常数：恒定传输特性。用户输入动态黏度和普朗特数的值。

· 萨瑟兰：使用萨瑟兰公式来计算与温度相关的传输特性。

· 多项式：将传输特性定义为温度的多项式函数。

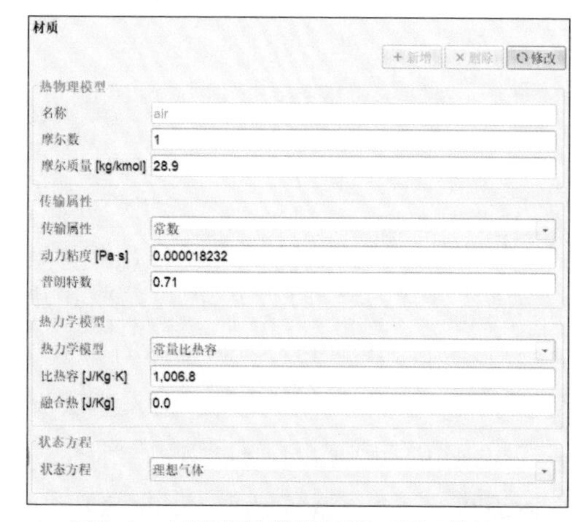

图4-4 材质特性数据面板（可压缩流）

（3）**热力学模型**：从以下选项中指定热容（C_p）的模型。

· 常量比热容：常数C_p与焓和熵的评估。

· JANAF：温度相关C_p值基于标准JANAF热力学表中系数，根据该表来计算焓和熵。

· 多项式：将C_p定义为温度$C_p=f(T)$的多项式函数。

（4）**状态方程**：从以下选项中指定密度模型。

· 绝热理想流体：在恒温下评估的理想气体定律方程。非常适合气动声学计算。

· 常密度：固定不变的密度值。非常适合利用热物理可压缩公式来解决不可压缩流。

- 理想气体：理想气体定律方程。
- 理想液体：针对微可压缩流的扩展理想气体定律方程。
- 多项式：将密度定义为温度的多项式函数。
- 不可压缩理想气体：在恒压下评估的理想气体定律方程。密度为温度的函数。

用户可以添加、移除或更改用于仿真的材质。单击 + 新增 按钮可将材质添加到仿真中，单击 × 删除 按钮可以移除材质，或者单击特性数据面板中的 修改 按钮更改为其他材质。“材质数据库”对话框如图 4-5 所示。材质数据库包含一些具有默认特性的常用材质。可利用该对话框来创建并自定义材质。保存自定义材质后，可将其用于后期仿真。

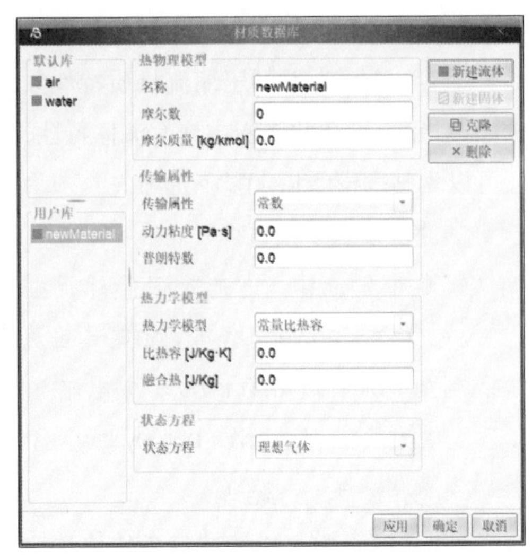

图4-5 “材质数据库”对话框

4.3 模型设置

4.3.1 湍流模型选择

流动可分为三种——层流、湍流和介于两者之间的过渡状态，如图 4-6 所示。层流指有序流，其产生无肉眼可见的非重复波动。当雷诺数（黏性力与惯性力的比值）足够小而不会转换到湍流时，会发生层流。处于连续不稳定状态的流，在空间和时间上均表现出不规则、小型且高频率的波动，术语称为湍流。可依据无量纲雷诺数、流体速度分布、流动状态等综合判断流体的流动模型。

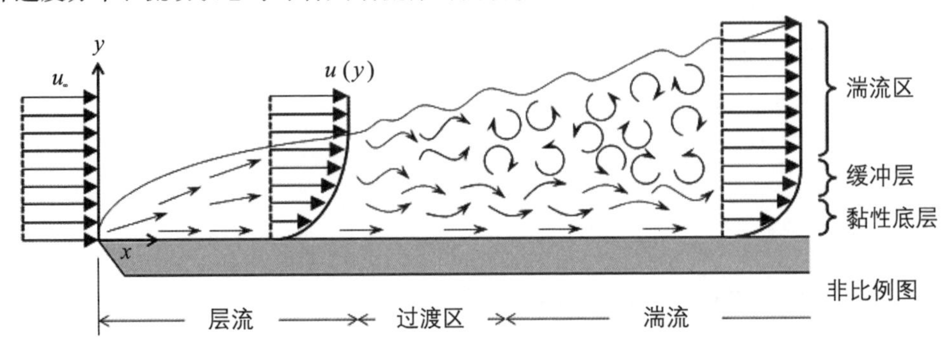

图4-6 层流、湍流演变过程

1. RANS 模型

RANS 模型是一种基于雷诺平均的湍流模型，它通过将湍流流动的统计特性进行平均来简化问题，适用于湍流速度较小的流动。

（1）Spalart-Allmaras 湍流模型是单方程模型，可对已修正扩散率 ν 的输运方程进行求解，以确定湍流涡黏度。对于边界层大部分相连且轻微分离（如有）的应用，Spalart-Allmaras 模型是一个不错的选择。典型示例包括经过机翼、机身的流或其他航空航天外部流应用。用于 RANS 方程的 Spalart-Allmaras 模型不适用于自由剪切层占主导的流、发生复杂再循环（尤其是热传递）的流或自然对流，但 Spalart-Allmaras 分离涡模型则不同。

（2）K-Epsilon 湍流模型是双方程模型，是一种基于雷诺应力的湍流模型，它通过引入湍动能 k 和涡黏度 ε 来描述湍流流动，适用于各种湍流流动，可对湍动能 k 和涡黏率 ε 的输运方程进行求解，以确定湍流涡黏度。K-Epsilon 模型可有效平衡稳定性、计算成本和精度。一般情况下，该模型非常适用于包含复杂再循环（无论是否包括热传递）的工业型应用。该模型有以下变体形式。

- 高雷诺数标准 **k-ε** 模型（Standard high-Re **k-ε** 模型）是一种用于模拟湍流流动的数学模型，其基本思想是通过引入湍动能 **k** 和涡黏度 **ε** 来描述湍流流动。该模型在高雷诺数的湍流流动中具有较高的准确性和可靠性，优点是计算简单，参数容易确定，可以适用于多种湍流流动的模拟。
- Realizable **k-ε** 模型包含湍流耗散率的新输运方程。在很多应用中，此模型实际上优于标准 **k-ε** 模型，通常至少可提供同样精确的结果。Realizable **k-ε** 模型适用于低雷诺数的湍流流动，如空气流动、水流动、燃烧过程等。这种模型可以提供准确的湍流流动预测，特别适用于需要考虑湍流流动对流体动力学影响的工程问题，如燃烧器设计、气动噪声预测等。
- RNG **k-ε** 模型是标准 **k-ε** 模型的改进版，是使用一种称为重整化群理论的统计方法推导出来的。RNG模型在其 **ε** 方程中增加了一项，提高了高速流动的准确性；RNG **k-ε** 模型考虑了涡流对湍流的影响，提高了漩涡流动的精度；RNG理论提供了湍流普朗特数的解析公式，而标准 **k-ε** 使用用户指定的常数值。
- V2F模型旨在处理湍流边界层中的壁面效应并适应非局部效应。该模型因能更精确地捕捉近壁湍流效应而著称，这种特征对于精确预测热传递、表面摩擦和流体分离至关重要。

（3）K-Omega（k-ω）湍流模型是双方程模型，它可对湍动能 k 和单位耗散率 ω[即每单位湍动能的耗散率 ($\omega \propto \varepsilon / k$)] 的输运方程进行求解，以确定湍流涡黏度。与 k-ε

模型相比，k-ω 模型的一个已知优势是在反压力梯度下，边界层的性能有所改进。但是，其最显著的优势是整个边界层（包括黏性主导的区域）中均可应用该模型，而不需要进一步修改。此外，可以在此模式下使用标准 k-ω 模型，而不需要计算壁面距离。k-ω 模型最大的劣势在于其原始形式的边界层计算对自由流中的 ω 值非常敏感。这将转化为对内部流的入口边界条件的极端灵敏，而 k-ε 模型中不存在此问题。k-ω 模型的变体形式有 SST k-ω 模型。

- SST k-ω模型是一种改进的RANS模型，通过引入剪切应力输运方程来改善RANS模型在分离区和附着区的性能，适用于高雷诺数的湍流流动，如风力机叶片、航空发动机燃烧室等。

2. LES 模型

LES 模型本质上是一种瞬态方法，会对流体域中所有位置的大尺度湍流进行直接求解，并对小尺度运动建模。证明 LES 方法合理的一个理由是，它对湍流的“较少”部分建模，然后明确求解以了解其更多信息，湍流建模假设中的误差并不重要。此外，它假设较小的涡是自相似的，并采用更简单且更通用的模型来求解它们。与 RANS 方程不同，LES 模型中求解的方程是通过空间滤波而非求平均值得到的。

LES 模型可求解从流体域中任何位置到网格界限的空间湍流结构，其中亚网格模型会近似亚网格结构对流场的影响。为了求解近壁关键性湍流结构，此方法需要壁面法向和流向的壁面边界层具有极高的网格分辨率。高网格单元计数会伴随高昂的计算成本，因此 LES 模型主要用于学术应用或雷诺数低的流体。

- LES Smagorinsky模型是一种用于描述湍流运动的亚网格模型，主要用于数值模拟中对不可压缩流体流动的湍流模拟。
- Dynamic k-equation eddy viscosity SGS 模型是一种在LES模型中使用的亚网格尺度湍流模型。该模型通过动态调整亚网格尺度湍流黏度来改善LES模型的预测能力。该模型的基本思想是通过引入一个亚网格尺度湍流黏度参数k来描述湍流运动的强度。k参数由湍流能量的耗散率和湍流能量的产生率决定。该模型通过动态调整k参数来模拟湍流的演化过程，从而提高LES模型的预测能力。

3. DES 模型

DES 模型采用一种混合建模方法，它将流体某些部分的 RANS 模拟特征与流体其他部分的 LES 特征结合。设置 DES 模型，以便使用基础 RANS 封闭模型来求解边界层和无旋流区域。但是，湍流模型在本质上将会修改，以便在网格足够精细时能够模拟分离流区域中的基础 LES 亚网格尺度模型。通过这种方式，可以从两个角度均得到最佳方案：边界层中的 RANS 模型和非稳态分离区域中的 LES 模型。

DDES（delayed detached eddy simulation）模型和DES模型是两种不同的湍流模拟方法。DES模型是一种混合模型，它将RANS模型和LES模型结合。在DES模型中，当湍流强度较低时，采用RANS模型模拟；当湍流强度较高时，采用LES模型模拟。这种方法的优点是可以在保证计算效率的同时提高模拟的准确性。DDES模型也是一种混合模型，但它与DES模型有所不同。在DDES模型中，DES模型在高湍流强度区域逐渐转换为RANS模型。这种方法的优点是可以进一步提高模拟的准确性，特别是在湍流强度变化较大的流动中。DDES模型和DES模型的主要区别在于湍流模型的转换方式。DES模型是在高湍流强度区域直接转换为RANS模型的湍流模型，而DDES模型是在高湍流强度区域逐渐过渡到RANS模型的湍流模型。

4.3.2 网格运动

用户可在“网格运动”数据面板中找到能够启用不同类型网格运动的模型列表。网格运动选项如图4-7所示。

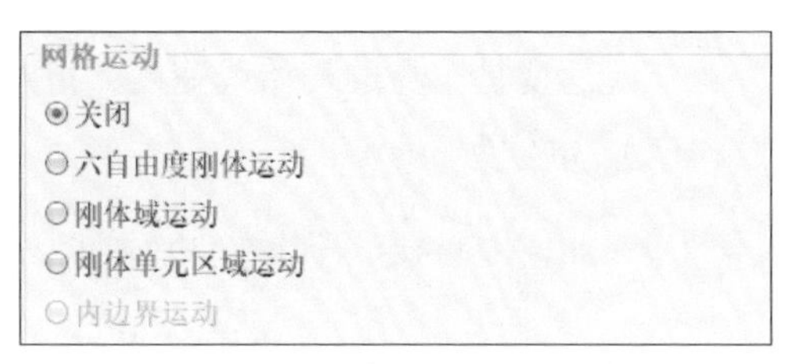

图4-7 网格运动选项

如果用户启用了“六自由度刚体运动”或“刚体域运动”选项，则会显示一个同名的新设置。在这一新设置中，用户可以定义模型。每个模型都提供了多个选项，具体如下。

如果启用了“刚体单元区域运动”选项，则可以在“运动”选项卡中，为在对象浏览器的“单元区域”节点中选定的分区定义模型设置。4.6节描述了不同的运动类型。

可以启用“内边界运动”选项，以便针对内部边界进行不同的动力学建模。如果启用此选项，则会在数据面板中为选定的内部边界提供一个“运动”选项卡。有了该“运动”选项卡，用户就可以定义4.6节中描述的任意常规单元区域运动类型，以及专门针对内部边界的条件切换运动类型。

1. 六自由度刚体运动

启用此选项可以为给定的曲面片集指定复杂的六自由度运动和约束。例如，可利用该选项对相对于静止网格域的移动体进行仿真。“六自由度刚体运动”数据面板，如图4-8所示。

六自由度刚体运动			
移动的边界			
内部距离 [m]	0.5		
外部距离 [m]	1.0		
质量 [kg]	1.0		
质心 [m]	0.0	0.0	0.0
转动惯量 [kg·m²]	1.0	1.0	1.0
速度 [m/s]	0.0	0.0	0.0
加速度松弛	0.8		
加速度衰减	1.0		

转换约束 +

旋转约束 +

线性约束 +

角约束 +

图4-8 “六自由度刚体运动”数据面板

在“六自由度刚体运动”数据面板中，用户在以下场中指定了所有运动参数。

（1）**移动的边界**是应用六自由度模型的面片集。

（2）**内部距离**是垂直于车身表面的距离（单位为 m），用来定义随车身移动而不变形的周围网格的区域。

（3）**外部距离**是垂直于车身表面的距离（单位为 m），用于定义围绕车身的实体运动区域的范围。在内部距离和外部距离之间的指定空间内对网格进行变形和调整。

（4）**质量**是移动物体的质量（单位为 kg）。

（5）**质心**是全局笛卡儿坐标系中物体质心（或重心）的位置坐标（X，Y，Z）（单位为 m）。

（6）**转动惯量**指定为作用在全局笛卡儿坐标系中的对角张量（I_{xx}，I_{yy}，I_{zz}）（单位为 $kg \cdot m^2$）。

（7）**速度**是车身的初始线速度，指定为作用在全局笛卡儿坐标系中的矢量（U_x，U_y，U_z）（单位为 m/s）。

（8）**加速度松弛**是计算车身加速度 $a(t)$ 的关系系数，定义如下：

$$aa(tt) = 加速度关系 \cdot a(t) + (1+ 加速度关系) \cdot a(t-1)$$

（9）**转换约束**利用下列选项来约束沿某些方向的移动（不影响车身旋转）。

- 点用于约束绕笛卡儿坐标系（单位为m）中定义点的平移运动。
- 线利用笛卡儿坐标系（单位为m）中定义的矢量来约束沿特定方向的平移运动。
- 平面用于将平移运动约束到特定平面，该平面以笛卡儿坐标系（单位为m）中定义的平面法矢量为特征。

（10）**旋转约束**可利用下列选项来限制旋转运动（不影响车身平移运动）。

- 轴用于约束围绕由笛卡儿坐标系（单位为m）中的矢量所定义的单个轴的旋转运动。
- 固定方位用于约束围绕所有轴的旋转运动。

（11）**线性约束**使用以下方法之一来限制平移运动。

- 阻尼器利用各向同性阻尼系数（单位为N·s/m）来限制平移运动。
- 弹簧利用线性弹簧阻尼器来限制平移运动。弹簧连接到一侧的锚定点（不可移动的固定对象）和移动体的连接点，笛卡儿坐标系中定义了这两个位置（单位为m）。用户还需要定义弹簧刚度（单位为N/m）、阻尼系数（单位为N·s/m）及其静止长度（单位为m）。

（12）**角约束**利用以下方式之一来限制车身的旋转运动。

· 阻尼器利用各向同性阻尼系数（单位为N·s/m）来限制旋转（角）运动。

· 弹簧利用线性弹簧阻尼器来限制旋转（角）运动。用户需要定义弹簧刚度（单位为N·m/rad）和阻尼系数（单位为N·m·s/rad）。

2. 刚体域运动

使用动态网格库为整个CFD域启用不同的刚体运动。“刚体域运动”数据面板如图4-9所示。

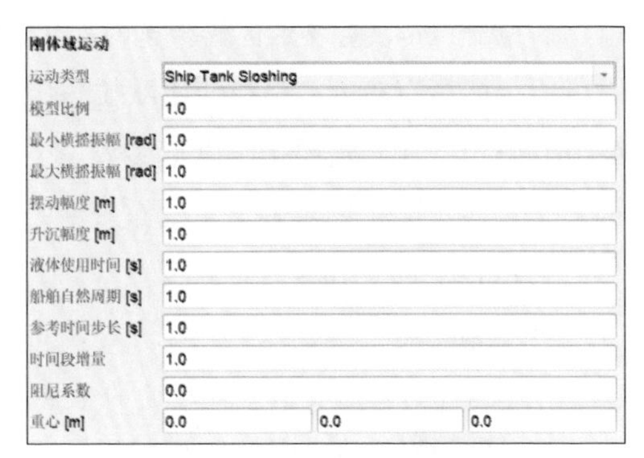

图4-9 “刚体域运动”数据面板

用户可以设置以下运动类型。

（1）**线性运动**是指通过指定固定速度矢量（单位为m/s）来应用恒定的线性位移。

（2）**旋转运动**是指从给定开始时间围绕特定轴开始进行旋转。用户需要指定以下参数。

· 旋转中心是绝对笛卡儿坐标系中的一个点，由用户定义为该区域的旋转中心，单位为m。

· 旋转轴是用户定义的绝对笛卡儿坐标系中的矢量，单位为m。矢量必须与区域的旋转轴对齐。右手定则适用于定义旋转方向。

· 转速是用来表示区域转速的标量，单位为 rad/s。

· 开始时间（单位为s）是从非零时间初始场重新开始时使用的可选项。

（3）**旋转步进运动**是指每隔一定次数的迭代或时间步长，围绕特定轴来应用固定的旋转角度。用户需要指定以下参数。

· 旋转中心是绝对笛卡儿坐标系中的一个点，由用户定义为该区域的旋转中心，单位为m。

· 旋转轴是用户定义的绝对笛卡儿坐标系中的矢量，单位为m。矢量必须与区域的旋转轴对齐。右手定则适用于定义旋转方向。

· 相是在给定的迭代间隔或使用周期来定义的时间步数所应用的固定旋转角度[单位为（°）]。

· 周期是旋转之间的迭代次数或时间步数。在此期间网格保持不变。

（4）**轴旋转运动**是指应用围绕特定轴的旋转。用户需要指定以下参数。

· 旋转中心是绝对笛卡儿坐标系中的一个点，由用户定义为该区域的旋转中心，单位为m。

· 旋转轴是用户定义的绝对笛卡儿坐标系中的矢量，单位为m。矢量必须与区域的旋转轴对齐。右手定则适用于定义旋转方向。

· 转速是用来表示区域转速的标量，单位为rad/s。

（5）**振荡线性运动**是指应用基于时间的振荡线性位移，定义为 $A \cdot \sin(\omega \cdot t)$。用户需要指定以下参数。

· 振幅（A）是矢量（单位为m），给出位移的方向和大小。

· 转速（ω）是表示区域转速的标量，单位为 rad/s。

（6）**振荡旋转运动**是指使用欧拉角，围绕特定轴在时间上应用振荡旋转，定义为 $A \cdot \sin(\omega \cdot t)$。用户需要指定以下参数。

· 旋转中心是绝对笛卡儿坐标系中的一个点，由用户定义为该区域的旋转中心，单位为m。

· 振幅（A）是矢量，单位为（°），给出了旋转顺序和旋转幅度。

· 转速（ω）是表示区域转速的标量，单位为 rad/s。

（7）**船舶液舱晃动**是指将船舶设计分析（SDA）模型应用到整个域的三自由度刚体运动，包括横摇（Roll）、垂荡（Heave）、横荡（Sway）运动，如图 4-10 所示。这特别适用于对安装在船舶上的液舱晃动进行仿真。

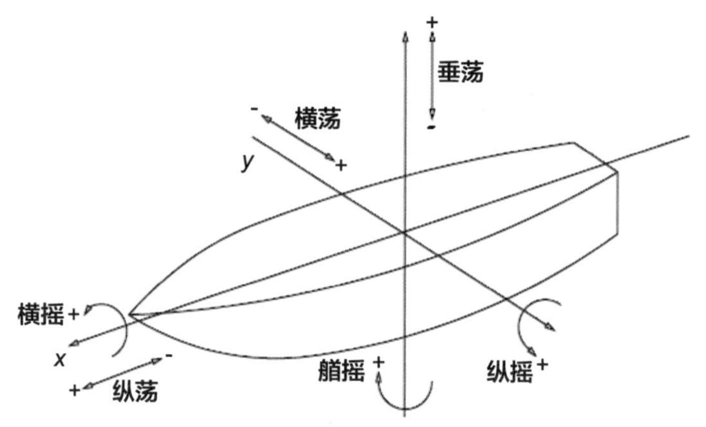

图4-10　SDA模型中的船体运动定义

用户需要定义以下参数。

· 模型比例：实际尺寸与模型尺寸之间的无量纲比。

· 最小横摇幅度（单位为rad）。

· 最大横摇幅度（单位为rad）。

· 横荡幅度（单位为m）。

· 垂荡振幅（单位为m）。

· 流体的时间周期（单位为s）。

· 船舶自然周期（单位为s）。

· 参考时间步长（单位为s）。

- 时间周期增量（单位为s）是每单位参考时间步长的液体时间周期增量，用于计算当前的横摇周期。
- 阻尼系数是针对横摇运动的无量纲阻尼系数。
- 将船舶重心定义为全局笛卡儿坐标（X，Y，Z）中的位置，单位为m。

3. 内边界运动

如需对内部边界运动进行仿真，则需要创建一对内部边界。经由对象浏览器中的“模型”节点，针对时变案例启用内部边界运动。

如果启用了内部边界运动，则会在选定的“内部边界”数据面板上提供一个“运动”选项卡，如图 4-11 所示。

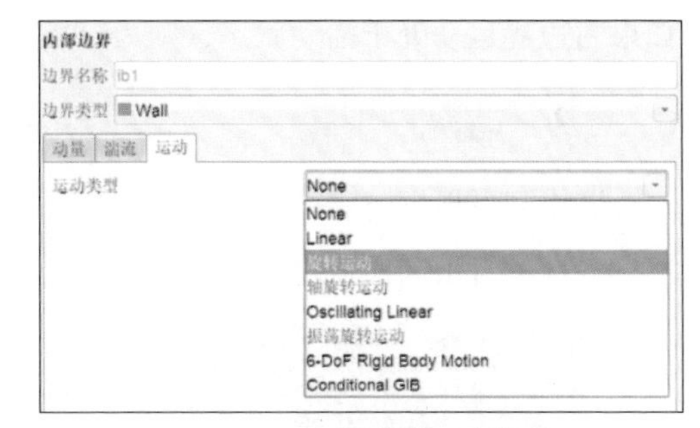

图4-11 内部边界运动类型

内部边界运动类型可根据特定条件或预定义时间表打开及关闭内部边界。当边界处于打开时，会按照其他选项卡中的设置动作。如果关闭边界，则这些面将作为内部面，并且基本上对流不可见。

内部边界运动有三种规格方法。

（1）条件开 / 关是为仿真车辆油箱中的阀门（活盖机构）而开发的，开关后可控制晃动。此条件基于压降打开内部边界，并基于与边界垂直的速度关闭内部边界。当内部边界打开时，流不可见，当内部边界关闭时，其作用类似一面墙。该开关为双向。相关设置如下所示。

- 闭合速度幅值[m/s]是用来闭合面片的速度条件，使用垂直于面片的液体平均速度，由内部边界面面积进行加权。
- 打开压差[Pa]是用来打开面片的压力条件，利用主面片和从面片之间的表面加权平均压差。
- 条件间隔是时间步数，即该条件必须能有效打开或关闭面片。

如果面片上的平均场值大于指定值，则“条件关闭”将激活内部边界。通常用于打开门或窗等面片。例如，可用它来仿真在温度或压力达到特定值后破裂的窗口。该开关为单向。相关设置如下所示。

- 触发器场定义了针对开关条件进行监控的场。如果面片上该场的平均值符合定义的触发值，则边界不可见。
- 触发值是触发边界更改的平均值。一旦发生此更改，则内部边界打开（对流不可见），并且无法改回来。
- 侧面定义了是否应在主面片或从面片上监视触发器场。可根据远离面片活动侧的曲面法线来识别这些面片。例如，如果主面片表示域边缘上的窗口，则该主面片的曲面法线将指向域外。

- 条件间隔是时间步数，即该条件必须能有效打开面片。

（2）**时变开 / 关**根据用户定义的表来激活并停用内部边界。该开关具有双向功能。

（3）**打开 / 关闭表格**是一个包含时间列表的表格，对应值为 true（真）或 false（假）。如果内边界运动处于活动状态，则为 true；如果内边界运动不可见，则为 false。

4.3.3 动网格细化

该模型可根据特定的场变量实现局部动态网格细化，如图 4-12 所示为用于空气中坍塌水柱的自由曲面流示例。

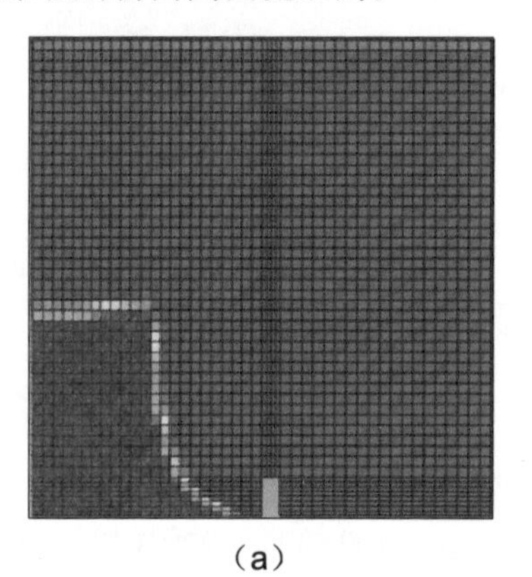

（a）

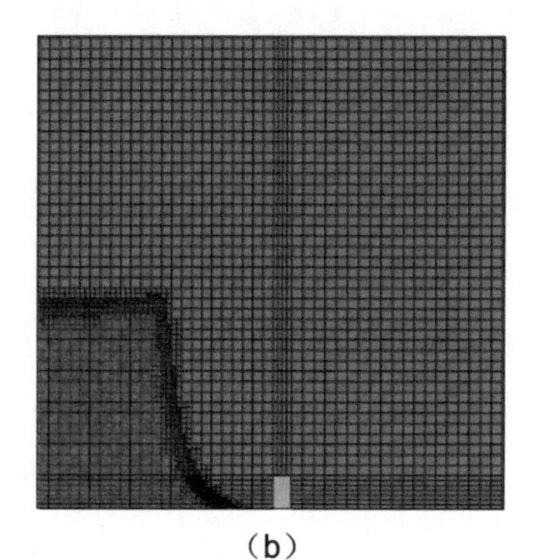

（b）

图4-12 VOF解决方案的动态网格细化示例
（a）无动态网格细化 （b）有动态网格细化

“动网格”数据面板，如图 4-13 所示。此算法所需的设置如下。

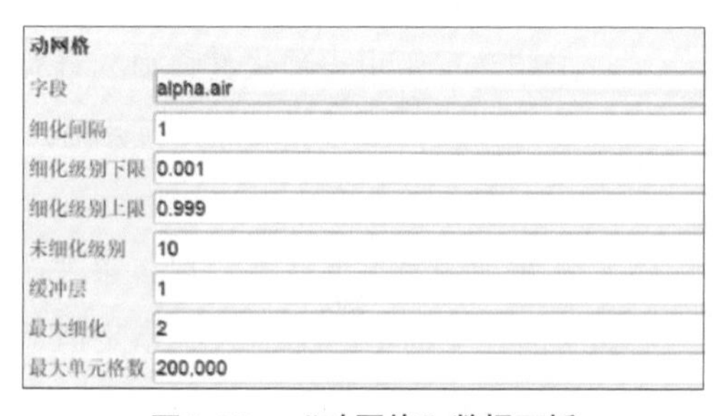

图4-13 “动网格”数据面板

- “字段”设置了解决方案场，以确定在何处应用细化。用户可从下拉列表中选择场。
- “细化间隔”设置了进行细化的频率。用户输入一个整数值，以定义解决方案迭代输入之间的间隔。
- “细化级别下限”设置了用于细化的场值范围的最低限制。
- “细化级别上限”设置了用于细化的场值范围的最高限制。
- “未细化级别”定义了需取消细化的单元格。其逻辑是，如果单元格中的场值小于未细化级别，则将此单元格标记为未细化。

· “缓冲层”设置了非连续细化级别之间的单元格数。
· “最大细化”设置了要完成的最大细化级别。
· “最大单元格数”设置了禁用细化的最大细化单元格数。

4.3.4 Boussinesq近似/浮力源

激活热不可压缩流的 Boussinesq 近似或可压缩流的标准浮力源。

4.3.5 辐射模型

在热辐射模型 DOM 中，热辐射使用标准有限体积离散坐标法的修改版本来解决，在 DOM 中，辐射传递方程（RTE）使用有限数量的离散实心角来求解，每个实心角都与全局笛卡儿坐标系中固定的矢量方向关联。周围流体的散射和吸收效应被忽略。假定所有表面都是漫射灰色的，即具有独立于方向（漫射）和波长（灰色）的辐射特性的表面。

· 求解器频率指求RTF的频率。用户输入一个正整数来描述在求解RTF之前的流解数。这有助于通过减少求解辐射的次数来加快求解速度。默认值为10。
· DOM角离散化是在方位角方向上离散立体角DOM划分的个数，与之对应的是极方向上光束数，即在极方向上的离散立体角DOM划分的个数，求解精度随光束数的增加而增加，但计算成本在32束以上会急剧增加。

对于太阳辐射的建模，用户可以使用基于 DOM 的方法或基于视图因子的方法。与 DOM 不同，视图因子方法依赖于离散的跟踪射线来连接表面，沿着这些表面求解 RTF。

· 强度指太阳辐射强度的标量值，单位为W/m^2。
· 方向在全局笛卡儿坐标系中是一个无维矢量，定义了射线的方向。例如，太阳射线直接从上方（＋Z）照射太阳，矢量将是（0，0，-1）。

在“外部边界”数据面板中设置物体面上的辐射边界条件，如图 4-14 所示。

· 表面发射率是辐射系数提供的表面发射率值定义初始辐射强度场。
· 表面透射率是一个0～1的标量，表示介质透射的辐射与入射辐射的比值，也适用于太阳辐射。
· 壁外的环境温度，定义为*K*的环境外部黑体温度。

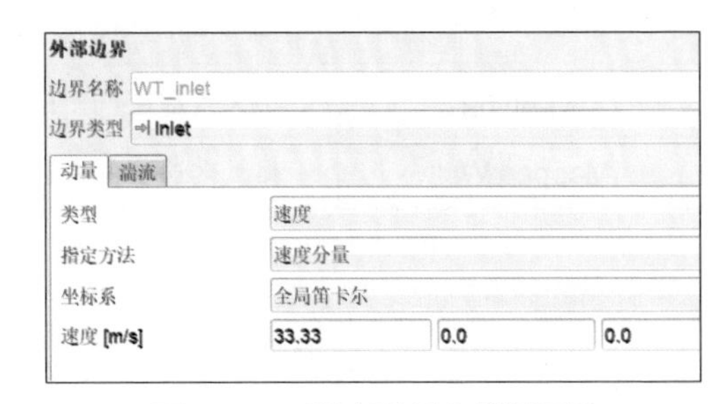

图4-14 “外部边界”数据面板

4.4 外部边界条件

在“外部边界”设置中，用户规定了针对 CFD 模型外部面片的边界条件。通过选择“外部边界”设置下列出的现有边界面片，可以逐个为面片定义边界条件。

“外部边界”数据面板如图 4-14 所示。用户可在此处指定所需的边界条件。对于每个边界面片，用户应根据模型的具体要求来定义外部边界类型，即 Inlet（入口）、Outlet（出口）、Opening（开口）、Wall（壁）、Empty（空）（针对二维网格）、CyclicAMI（循环 AMI）、Cyclic（循环）、Symmetry Plane（对称平面）、Wedge（楔形边界）（针对二维轴对称模型）和 Mapped Wall（映射墙）。

选择外部边界类型后，必须为动量、湍流、热、相分数、标量等指定边界条件设置，每个设置均由数据面板中的选项卡来表示。数据面板中显示的边界条件选项卡取决于在解决方案标题中选定的面片类型和解决方案状态。GUI 自动应用一致性检查，并在相应场中写出正确的边界条件设置，以匹配用户选择。

边界类型列表如表 4-1 所示。

表4-1　边界类型列表

边界类型	描述
Inlet	仅用于入口边界
Outlet	仅用于出口边界
Wall	一般墙体边界
Symmetry Plane	对称平面
Empty	用于定义 2 维 (或 1 维) 几何图形的特殊边界。定义为空的边界的法线方向不求解
Cyclic	用于模拟具有共形网格界面的重复几何形状的特殊边界。
Cyclic AMI	使用任意网格接口 (AMI) 耦合两个面的特殊边界类型
Wedge	用于设置楔形结构，使得二维轴对称网格在模拟中能够正确表示三维流动情况
Opening	定义开放空间中的自由流动特性
Mapped Wall	将其他边界的设置映射过来

4.5 内部边界条件

“内部边界”节点用来定义内部面的边界条件。可通过移动现有内部面来创建内部边界，以匹配新边界的形状。由于需要极少的网格操作，因此这是一种对高度动态运动进行仿真的有效方法。

内部边界也可以跨外部边界移动，使其能够对接触的对象进行仿真，如关闭的阀门，以及进出域的对象。也可以根据时间或特定条件来打开及关闭内部边界。

使用“设置”选项卡中“内部边界”功能区中的“创建”命令，从曲面文件或现有面分区创建内部边界。使用曲面文件创建内部边界的示例如图 4-15 所示。

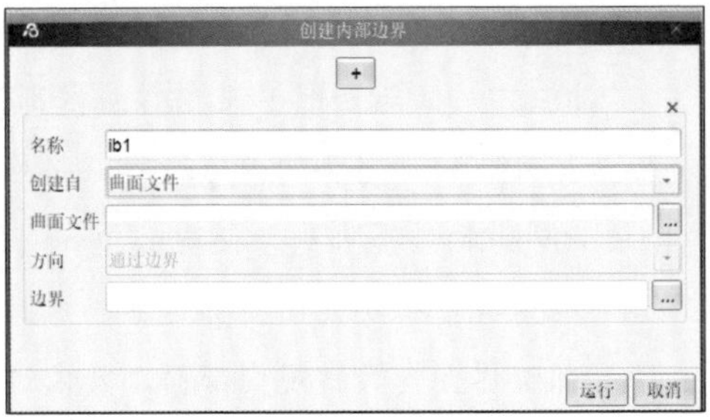

图4-15　使用曲面文件创建内部边界的示例

使用曲面文件创建内部边界的设置如下。

- 名称：定义内部边界的名称。主面片将使用这一确切的名称，从面片将使用该名称并添加“_slave”，例如sphere和sphere_slave。
- 创建自：表示实用程序是否会利用曲面文件或现有面分区来创建内部边界。
- 曲面文件：设置了用来创建内部边界的源曲面文件路径。
- 使用曲面文件创建内部边界时，需要将“方向”设置为“按面”。这有助于在创建共形主面片和从面片对时确定法线方向。
- 如果将“方向”设置为“按面”，则用户必须从选项列表中选择面片。通常，为了使用任何外部面片，将主面片放在一侧，将从面片放在另一侧。

使用现有面分区来创建内部边界的示例如图 4-16 所示。其具体设置如下。

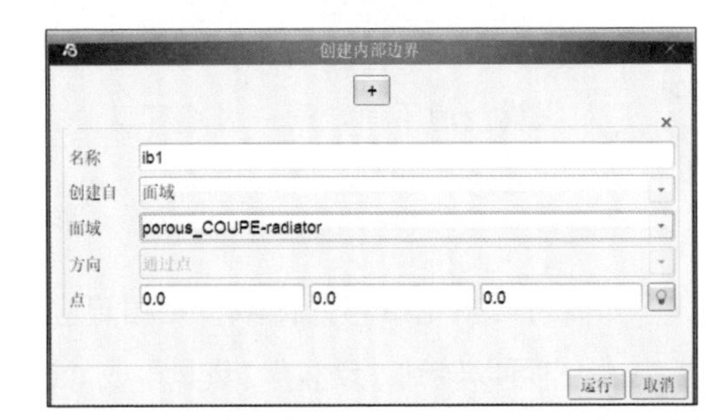

图4-16　使用现有面分区来创建内部边界的示例

- 名称：定义内部边界的名称。主面片将使用这一确切的名称，从面片将使用该名称并添加“_slave”，例如，sphere 和 sphere_slave。
- 创建自：表示实用程序是否会利用曲面文件或现有面分区来创建内部边界。
- 面域：在创建内部边界时，利用面分区来选择要使用的面分区。
- 使用面分区创建内部边界时，需要将“方向”设置为“通过点”。这有助于在创建共形主面片和从面片对时确定法线方向。
- 点定义了“方位”点的笛卡儿坐标。如果将“方向”设置为“通过点”，则需要此选项。利用点位置来定义从面片的侧面。主面片的法线将指向该点，这意味着活动侧位于面片的另一侧。从面片的法线指向远离该点的方向，这意味着活动侧与该点位于同一侧。

创建后，可以在对象浏览器中选择内部边界项目并在数据面板中设置边界条件。以下内部边界类型可用。

· Wall（壁面）用作具有相同选项和运动类型的常规壁边界条件。

· Inactive（非活跃）禁用针对内部边界所含单元格的流量计算。此边界类型只能用于闭合的内部边界，并且需要设置为壁类型的匹配主面片。

· Invisible（不可见）使内部边界对流不可见。如果希望在不删除内部边界的情况下手动关闭内部边界，则此设置非常有用。在这种情况下，会将内部边界面视为常规内部面，就像边界不存在一样。如果将此类型用于主或从，则成对的内部边界必须使用相同的类型。

也可以使用“设置”选项卡“内部边界”功能区中的“删除”命令来移除内部边界。要求用户从对象浏览器中选择内部边界。内部边界需成对处理，以便同时移除主面片和从面片。GUI 要求用户手动移除内部边界，然后才允许用户切换到不兼容的解决方案状态。

4.6 单元区域设置

用户可以在对象浏览器的“单元区域”节点中，以动量源、热源或运动的形式，将特性指定给选定的单元区域。

根据模型的不同，同一区域可以共存多个源，但每个类别（动量、热量和运动）只能有一个。

如需将源指定给单元区域，则用户应在对象浏览器中选择分区。在相应的数据面板中，用户可以转到“动量”“热量”或“运动”选项卡，将源从“无”更改为所需的源。

只有在模型数据面板的“网格运动”选项组下启用刚性单元区域运动时，“运动”选项卡才可用。

以下单元区域源选项可用。

（2）动量源。

· 半隐式。

- 平均速度力。
- Disk模型。
- MRF。
- 多孔介质。

（2）热源。

- 固定温度。
- 指数型。
- 半隐式。
- 换热器。
- 湿度。

（3）运动。

- 旋转。
- 旋转步长。
- 轴旋转。
- 振荡旋转。

4.6.1 半隐式动量源

根据半隐式通用源定义，利用矢量半隐式动量源来指定固定或线性化体积动量源

$$S(x) = S_u + S_p x \tag{4.1}$$

其中x是速度，S_u是显式源贡献，S_p是线性化隐式贡献。由用户规定源系数的值 S_u和S_p。这些系数的单位会随着流量类型和体积模式定义而变化，可以是绝对的，也可以是特定的。

如需添加半隐式动量源，则用户必须选择对象浏览器“单元区域”节点中的相应分区，然后在数据面板的“动量”选项卡下将“源项类型”更改为“半隐式模型”。相关数据面板如图 4-17 所示。

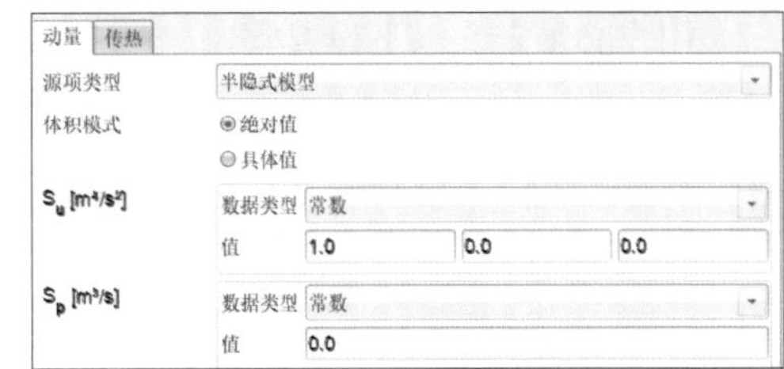

图4-17 半隐式动量源设置

用户必须定义以下设置。

体积模式：可以设置为绝对值或具体值。

- 如果选择绝对值，则将根据应用热源的网格区域总体积对热源项S_u和S_p进行缩放。因此，对于不可压缩流，将S_u指定为m^4/s^2，将S_p指定为m^3/s。另一方面，对于可压缩流，S_u的输入单位为$kg \cdot m/s^2$，S_p的输入单位为kg/s。
- 如果选择具体值，则按单位体积定义热源项。因此，对于不可压缩流，S_u的

输入单位为m/s²，S_p的输入单位为s⁻¹。另一方面，对于可压缩流，S_u的输入单位为kg/（m²·s²），S_p的输入单位为kg/（m³·s）；

S_u 和 S_p 根据体积模式选择来定义动量源项单位。可设置为常量或时变。

4.6.2 平均速度力动量源

平均速度力动量源计算维持平均速度所需的力，并将其应用于动量方程。

目前平均速度力动量源仅适用于不可压缩求解器。

如需添加平均速度力动量源，则用户必须选择对象浏览器中“单元区域”节点中的相应分区，然后在数据面板的“动量”选项卡中将“源项类型”更改为“平均速度模型”。相关数据面板如图 4-18 所示。

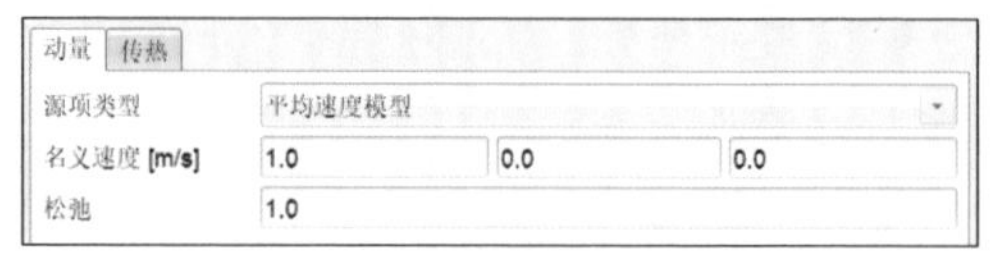

图4-18　平均速度力动量源设置

用户必须定义以下设置。

- 名义速度：应保持所要求的平均速度，单位为m/s。
- 松弛：在力（或压力梯度）计算过程中使用的可选松弛因子。1是默认值，表示无松弛。

4.6.3 Disk动量源

利用 Disk 动量源对螺旋桨、风扇或转子的效应进行建模，不需要对旋转几何体进行网格划分，然后利用已知风扇特性的数学模型来应用该效应。

如需添加 Disk 动量源，用户必须选择对象浏览器“单元区域”节点中的相应分区，然后在数据面板的“动量”选项卡中将“源项类型”更改为“Disk 模型”。相关数据面板如图 4-19 所示。

用户必须定义以下设置。

- 原点：笛卡儿坐标系中的旋转原点。
- 轴：笛卡儿坐标系中旋转单位矢量的轴。
- 角速度：转速，单位为rad/s。可设置为常量或时变。
- 载入配置：作为相对半径函数的负载曲线。可定义为常数或半径变化。

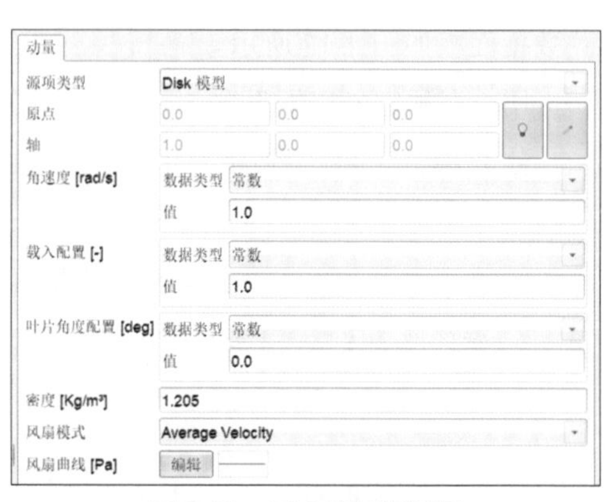

图4-19　Disk动量源设置

· 叶片角度配置：作为相对半径函数的叶片角度曲线。可定义为常数或半径变化。

· 密度：仅不可压缩案例所需的流体密度，单位为kg/m^3。

· 风扇模式：可定义为按平均速度、流量或局部速度变化。

· 风扇曲线：输入体积流量vs压差的函数变化曲线。

4.6.4 MRF动量源

利用多参考框架（MRF）模型对静止网格中旋转部件的效应进行仿真。

如需添加 MRF 动量源，则用户必须选择对象浏览器“单元区域”节点中的相应分区，然后在数据面板的“动量”选项卡中将“源项类型”更改为“多参考框架（MRF）模型”。相关数据面板如图 4-20 所示。

用户可在此处指定以下设置。

· 原点：笛卡儿坐标系中的旋转原点。

· 轴：笛卡儿坐标系中由单位矢量给出的轴方向。

· 角速度：转速，单位为rad/s。可定义为常量或时变。

· MRF分区内部的非旋转面片列表。

· MRF分区外部的旋转面片列表，具有与给定单元区域相同的旋转特性。

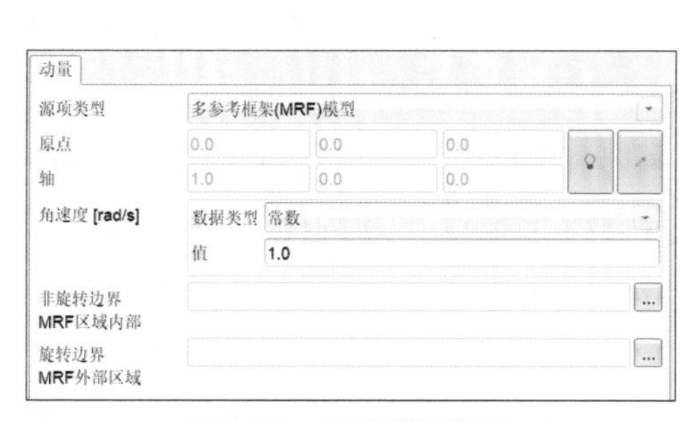

图4-20　MRF模型设置

4.6.5 GRF动量源

利用广义参考系（GRF）模型对静止网格中旋转部件的效应进行仿真。

如需添加 GRF 动量源，则用户必须选择对象浏览器“单元区域”节点中的相应分区，然后在数据面板的“动量”选项卡中将“源项类型”更改为“广义参考系（GRF）模型”。相关数据面板如图 4-21 所示。

用户可在此处指定以下设置。

· 场：显示哪些场量将受到GRF影响。

· 原点：笛卡儿坐标系中的旋转原点。

· 轴：笛卡儿坐标系中由单位矢量给出的轴方向。

· 角速度：转速，单位为rad/s。可定义为常量或时变。

· 单元区域内的不可旋转面片列表。

· 单元区域外的旋转面片列表，具有与给定单元区域相同的旋转特性。

图4-21　GRF模型设置

4.6.6 多孔介质动量源

如需添加多孔介质动量源，则用户必须选择对象浏览器“单元区域”节点中的相应分区，然后在数据面板的“动量”选项卡中将“源项类型”更改为“多孔介质”。

用户可以通过更改数据面板中的“模型”选项，利用 Darcy-Forchheimer 或幂律模型，在给定单元区域上定义多孔介质。用户根据以下选项选择模型并在数据面板中输入相应的多孔区域参数。

（1）Darcy-Forchheimer 适用于各向同性和各向异性多孔介质。多孔源由两部分组成：称为达西的黏性损失项 [式（4.2）右侧的第一项] 和惯性损失项 [式（4.2）右侧的第二项]。

$$S_i = -\left(\sum_{j=1}^{3} D_{ij}\mu U_j + \sum_{j=1}^{3} F_{ij}\frac{1}{2}\rho\bar{U}U_j\right) \tag{4.2}$$

其中，S_i是第i（X，Y或Z）个动量方程的源项；D_{ij}和F_{ij}是规定的多孔介质张量；μ是流体的动态黏度，单位为Pa·s；ρ是流体密度，单位为kg/m^3；U_j是速度矢量的第j个（X、Y或Z）分量；$\bar{U}$是速度大小，单位为m/s。

可以在图 4-22 所示的数据面板中设置 Darcy-Forchheimer 多孔介质模型所需的参数。

图4-22 Darcy Forchheimer 多孔介质模型数据面板布局

注：图中“粘性”在本书中为“黏性”。

用户可在这里指定以下设置。

多孔介质局部坐标系的原点。

- e_1和e_2是用户指定的正交矢量，用来定义局部坐标系的X轴和Y轴，可描述多孔介质在全局笛卡儿坐标系中的方位。第三个局部方向e_3（即Z）为正交，并可自动计算。
- 黏性损失系数是用户定义的矢量，包含局部X、Y和Z方向（e_1、e_2、e_3）上的黏性损失系数值。该矢量定义了式（4.2）中D_{ij}张量的对角线，单位为m^{-2}。
- 惯性损耗系数是用户定义的矢量，包含局部X、Y和Z方向（e_1、e_2、e_3）上的惯性损耗系数值。该矢量定义了式（4.2）中F_{ij}张量的对角线，单位为m^{-1}。

（2）幂律仅适用于各向同性多孔介质。该模型近似于源项 S_i，如式（4.3）所示。

$$S_i = -\left[\rho C_0 \bar{U}\left(C_1 - 1\right)\right] U_i \tag{4.3}$$

其中，C_0和C_1为无量纲用户定义的经验系数；U_i是速度矢量的第i（X、Y或Z）个分量。

可以在图 4-23 所示的数据面板中输入幂律设置。

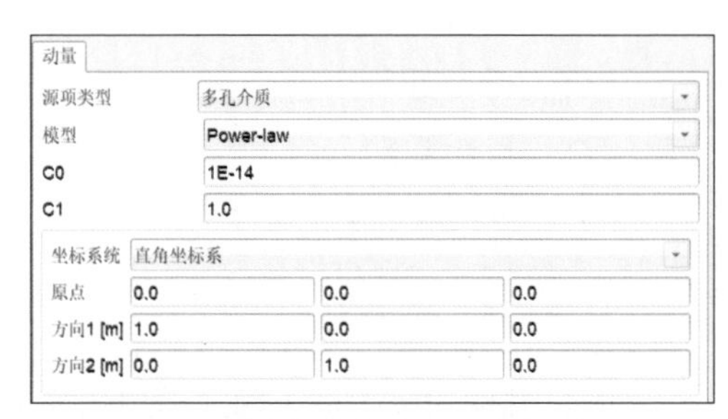

图4-23　幂律多孔介质模型数据面板布局

用户可在此处指定以下设置。

多孔介质局部坐标系的原点。

- e_1和e_2是用户指定的正交矢量，用来定义局部坐标系的X轴和Y轴，可描述多孔介质在全局笛卡儿坐标系中的方位。第三个局部方向e_3（即Z）为正交，并可自动计算。
- C_0和C_1是幂律方程的无量纲用户定义经验系数。

4.6.7　固定温度热源

固定温度热源可用于将单元区域的温度约束在固定温度值，单位为 K。

> 注　如需应用热源，则在对象浏览器“求解设置”节点中选择“传热”项目，启用“能量”选项。

如需添加固定热源，则用户必须选择对象浏览器“单元区域”节点中的相应分区，然后在数据面板的“传热”选项卡中将“源项类型”更改为“Fixed Temperature”(固定温度)。相关数据面板如图 4-24 所示。

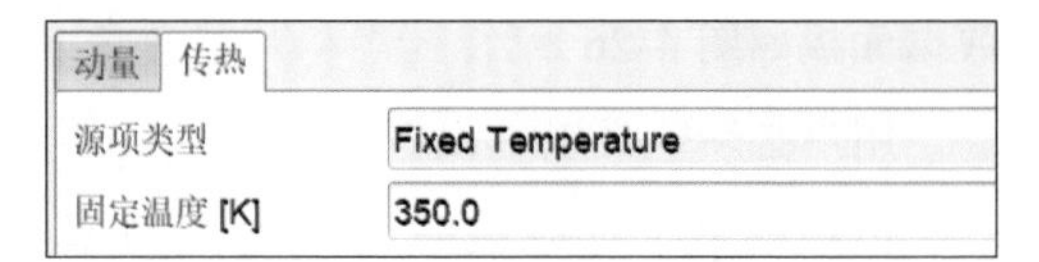

图4-24　固定温度热源设置

用户只需设定“固定温度”(K)。

4.6.8　指数热源

指数热源使用下列表达式：

$$S_{\mathrm{h}} = Q/V = C_{\mathrm{m}}\left(1 - e^{-\bar{U}/C_e}\right)\left(T - T_0\right) \tag{4.4}$$

其中，Q和V分别是以w为单位的总热量和以m^3为单位的热源体积；C_{m}与C_{e}为无量纲用户定义的经验系数；$\bar{U}$为通过多孔介质岩心的平均速度，单位为m/s。

> 注　如需应用热源，则在对象浏览器“求解设置”节点中选择“传热”项目，启用“能量”选项。

如需添加指数热源，则用户必须选择对象浏览器“单元区域”节点中的相应分区，然后在数据面板的“传热”选项卡中将“源项类型”更改为“Exponential”（指数）。相关数据面板如图 4-25 所示。

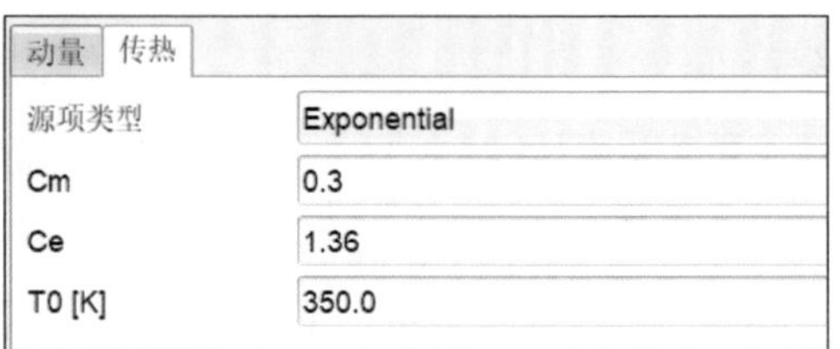

图4-25　指数热源设置

用户应定义以下设置。

- C_m：乘法系数。
- C_e：指数系数。
- T_0：散热器温度，单位为k。

4.6.9 半隐式热源

半隐式热源用于根据半隐式通用热源定义来指定固定或线性化体积热源

$$S(x) = S_u + S_p x \tag{4.5}$$

其中，x可以是温度（T）或焓（h），分别取决于流体是不可压缩的还是可压缩的。由用户规定源系数的值为S_u和S_p。这些系数的单位会随着流量类型和体积模式定义而变化，可以是绝对的，也可以是特定的。

> 注：如需应用热源，则在对象浏览器“求解设置”节点中选择“传热”项目，启用“能量”选项。

如需添加半隐式热源，则用户必须选择对象浏览器“单元区域”节点中的相应分区，然后在数据面板的“传热”选项卡中将“源项类型”更改为“半隐式模型”。相关数据面板如图 4-26 所示。

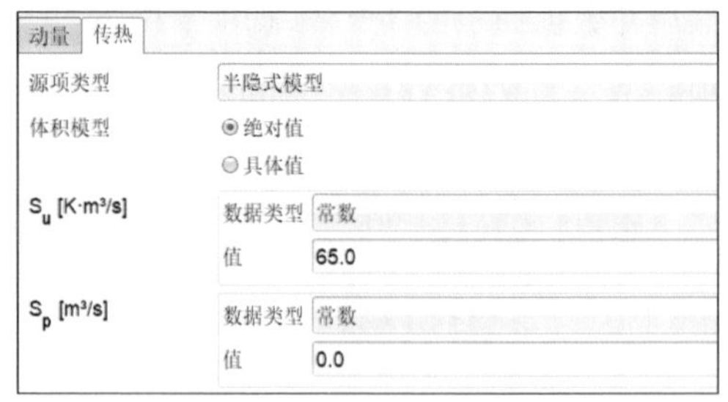

图4-26　半隐式热源设置

用户必须定义以下设置。

体积模式：可以设置为绝对值或具体值。

- 如果选择绝对值，则将根据应用热源的网格区域总体积对热源项S_u和S_p进行缩放。因此，对于不可压缩流，在温度方程T中，指定S_u的单位为K·m^3/s，S_p的单位为m^3/s。同样，对于可压缩流，在焓方程h中，S_u的单位为W，S_p的单位为kg/s。
- 如果选择具体值，则按单位体积定义热源项。因此，对于不可压缩流，在温度方程T中，指定S_u的单位为K/s，S_p的单位为s^{-1}。同样，对于可压缩流，在焓方程h中，S_u的单位为W/m^3，S_p的单位为kg/(s·m^3)。

S_u 和 S_p 根据体积模式选择来定义热量源项单位。可设置为常量或时变。

4.6.10 换热器热源

允许用户根据以下表达式确定代表给定单元区域上的热交换器能量模型。

$$Q_{\mathrm{t}} = e(\emptyset,\ m_2)(T_2 - T_1)\emptyset C_{\mathrm{p}} \tag{4.6}$$

其中，Q_t为总热量；e为$\emptyset$与m_2的有效性表，如图4-27所示，定义为进入热交换器的净质量流量（kg/s）；m_2为第二相的质量流量（kg/s）的表格；T_1为第一相入口温度；T_2为第二相入口温度；C_{P}为比热容（$\mathrm{kg^{-1} \cdot K^{-1}}$）。

注：目前换热器模型仅支持可压缩流。如需应用换热器模型，则在对象浏览器“求解设置”节点中选择“传热”项目，启用“可压缩流”和“能量”选项。

如需添加换热器，则用户必须选择对象浏览器“单元区域”节点中的相应分区，然后在数据面板的“传热”选项卡中将“源项类型”更改为“Heat Exchanger”（换热器）。相关数据面板如图 4-27 所示。

用户必须定义以下设置。

- 入口面域是定义单元区域入口的面或面分区，用于合并净质量流。
- 式（4.6）中的第二相热容或C_{P}单位定义为J/(kg·K)。
- 式（4.6）中的第二相入口温度或T_2单位定义为K。
- 应将式（4.6）中使用的第二相质量流率或m_2单位定义为kg/s。

图4-27　换热器热源设置

根据第一相和第二相的流量定义，来定义式（4.6）中的$\emptyset$与m_2的有效性表，由e（$\emptyset$，m_2）表示，如图 4-27 所示，其解释如下。

- 第一相流体质量流量：表中的行。
- 第二相流体质量流量：表中的列。

然后，在表格中，第一行第一列单元格留空，第一相流量填写在左一列，第二相流量写在第一行，这些流量的交点即构成两相之间的有效性表。

4.6.11 湿度源

规定单元区域的湿度源可利用与式（4.5）中所述完全相同的半隐式通用源为水蒸气分数场w的定义源。由用户规定源系数的值为S_{u}和S_{p}。这些系数的单位根据体积模式定义而有所不同，可以是绝对，也可以是特定的。

> 注：如需应用湿度源，则选择对象浏览器“求解设置”节点中的“传热”项目，启用“能量”选项。此外，还需要选择“标量传输”项目，启用“湿度”选项。

如需添加湿度源，则用户必须选择对象浏览器“单元区域”节中的相应分区，然后在数据面板的“湿度”选项卡中将“源项类型”更改为“半隐式”。相关数据面板如图 4-28 所示。

用户可以定义以下设置。

体积模式：可以设置为绝对值或具体值。

- 如果设置为绝对值，则将根据应用湿度源的网格区域总体积对湿度源项S_u和S_p进行缩放。因此，S_u和S_p的单位均指定为（$kg_{水蒸气}$/$kg_{干燥空气}$）·（m^3/s）。
- 如果设置为具体值，则按单位体积来定义湿度源项。因此，S_u和S_p单位均指定为（$kg_{水蒸气}$/$kg_{干燥空气}$）·（ls）。

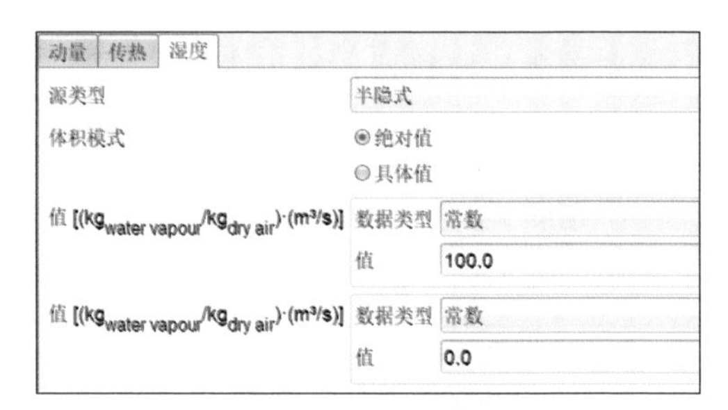

图4-28　湿度源设置

S_u 和 S_p 根据体积模式选择来定义热量源项单位，可设置为常量或时变。

用户可通过动态网格库来访问可应用到特定单元区域的不同刚体运动类型。要使其可用，用户必须利用“网格”选项卡中的“分格网格”命令来定义单元区域。

4.6.12　旋转运动

可利用旋转运动从给定开始时间围绕特定轴进行旋转。

> 注：若要应用运动类型，就必须利用“网格”选项卡中的“分格网格”命令创建单元区域，以便在网格中定义两个独立区域，该区域有一个由共址非共形面（AMI）定义的公共界面。此外，用户必须在对象浏览器中选择“模型”节点，在“网格运动”选项区域中启用“刚体单元区域运动”选项。

如需添加旋转运动，则用户必须选择对象浏览器“单元区域”节点中的相应分区，然后在数据面板的“运动”选项卡中将“运动类型”更改为“旋转运动”。相关数据面板如图 4-29 所示。

用户需要指定以下参数。

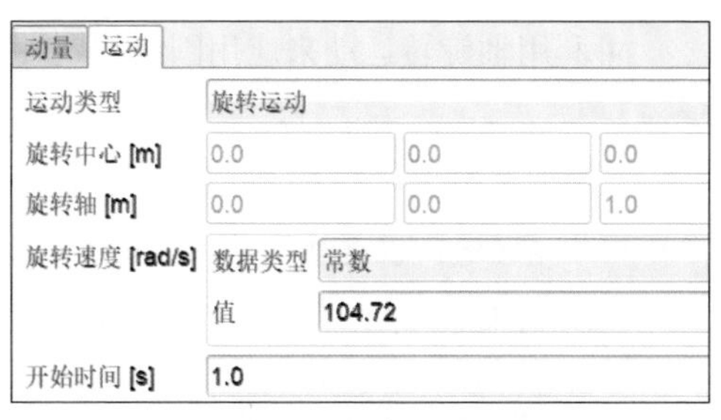

图4-29　旋转运动设置

- 旋转中心是绝对笛卡儿坐标系中的一个点，由用户定义为该区域的旋转中心，单位为m。
- 旋转轴是用户定义的绝对笛卡儿坐标系中的矢量，单位为m。矢量必须与区域的旋转轴对齐。右手定则适用于定义旋转方向。
- 旋转速度是用来表示区域转速的标量，单位为rad/s，可定义为常数或时变。
- 开始时间，单位为s，是从非零时间初始场重新开始时使用的可选项。

4.6.13　旋转步进运动

可利用旋转步进运动每隔一定次数的迭代或时间步长，围绕特定轴应用固定的旋转角度。

注：创建单元区域，以便在网格中定义两个独立区域，该区域有一个由共址非共形面片（AMI）定义的公共界面。此外，用户必须选择“模型”节点，在“网格运动”选项区域中启用“刚体单元区域运动”选项。

如需添加旋转步进运动，则用户必须选择对象浏览器“单元区域”节点中的相应分区，然后在数据面板的“运动”选项卡中将“运动类型”更改为“旋转步进运动”。相关数据面板如图 4-30 所示。

用户需要指定以下参数。

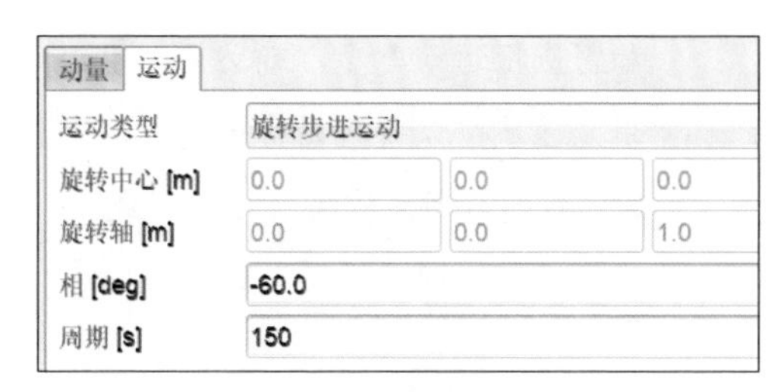

图4-30　旋转步进运动设置

- 旋转中心是绝对笛卡儿坐标系中的一个点，由用户定义为该区域的旋转中心，单位为m。
- 旋转轴是用户定义的绝对笛卡儿坐标系中的矢量，单位为m。矢量必须与区域的旋转轴对齐。右手定则适用于定义旋转方向。
- 相是在给定的迭代间隔或使用周期定义的时间步数所应用的固定旋转角度[单位为（°）]。
- 周期是旋转之间的迭代次数或时间步数。在此期间，网格保持不变。

4.6.14 轴旋转运动

可利用轴旋转运动来应用围绕特定轴的旋转。

> **注** 如需应用运动类型，就必须利用“网格”选项卡中的“分格网格”命令创建单元区域，以便在网格中定义两个独立区域，该区域有一个由共址非共形面片（AMI）定义的公共界面。此外，用户必须在对象浏览器中选择“模型”节点，在“网格运动”选项区域中启用“刚体单元区域运动”选项。

若要添加轴旋转运动，则用户必须选择对象浏览器“单元区域”节点中的相应分区，然后在数据面板的“运动”选项卡中将“运动类型”更改为“轴旋转运动”。相关数据面板如图 4-31 所示。

用户需要指定以下参数。

- 旋转中心是绝对笛卡儿坐标系中的一个点，由用户定义为该区域的旋转中心，单位为m。
- 旋转轴是用户定义的绝对笛卡儿坐标系中的矢量，单位为m。矢量必须与区域的旋转轴对齐。右手定则适用于定义旋转方向。
- 旋转速度是用来表示区域转速的标量，单位为rad/s。

动量 运动
运动类型 轴旋转运动
旋转中心 [m] 0.0 0.0 0.0
旋转轴 [m] 0.0 0.0 1.0
旋转速度 [rad/s] 1.0

图4-31 轴旋转运动设置

4.6.15 振荡旋转运动

振荡旋转运动使用欧拉角，围绕特定轴在时间上应用振荡旋转。

> **注** 如需应用运动类型，就必须利用“网格”选项卡中的“分割网格”命令创建单元区域，以便在网格中定义两个独立区域，该区域有一个由共址非共形面片（AMI）定义的公共界面。此外，用户必须在对象浏览器中选择“模型”节点，在“网格运动”选项区域中启用“刚体单元区域运动”选项。

如需添加振荡旋转运动，则用户必须选择对象浏览器“单元区域”节点中的相应分区，然后在数据面板的“运动”选项卡中将“运动类型”更改为“振荡旋转运动”。相关数据面板如图 4-32 所示。

用户需要指定以下参数。

- 旋转中心是绝对笛卡儿坐标系中的一个点，由用户定义为该区域

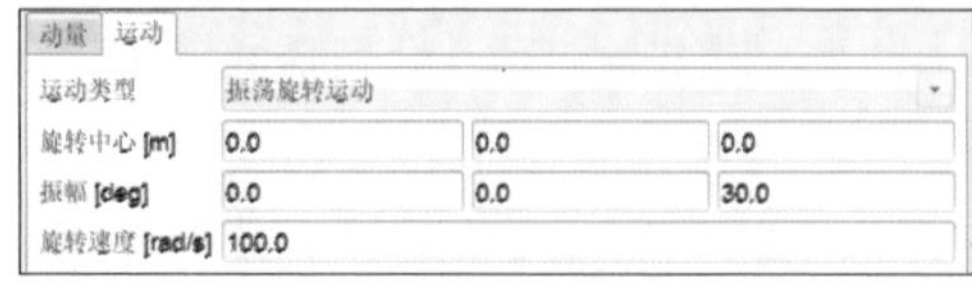

图4-32 振荡旋转运动设置

的旋转中心，单位为m。

· 振幅是矢量，单位为（°），给出了旋转顺序和旋转幅度。

· 旋转速度是表示区域转速的标量，单位为rad/s。

4.7 离散格式设置

在“离散格式”数据面板中，用户可以定义用于流动方程的对流项和拉普拉斯项的离散方案类型，如图4-33所示。根据前文在“解决方案”数据面板中选择的解决方案状态来调整GUI中显示的选项。

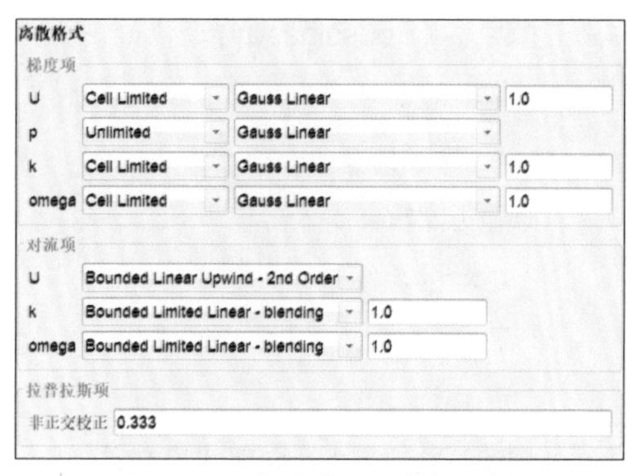

图4-33“离散格式”数据面板

4.8 求解器设置

在“求解器设置”节点中，将在求解算法项目旁边显示仿真中使用的求解器。用户可以利用“求解器设置”数据面板来指定求解器的非正交校正、残差控制、松弛因子，并激活速度限制器，如图4-34所示。

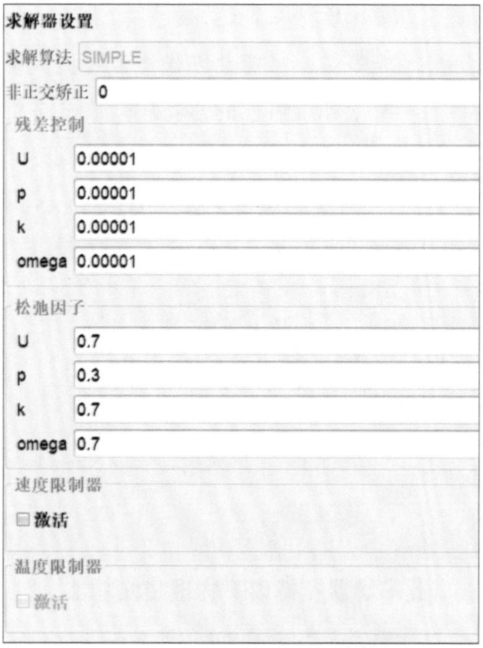

图4-34 “求解器设置”数据面板

注：图中“矫正”在本书中为“校正”。

4.8.1 单区域SIMPLE求解器

对于稳态计算，采用最初的SIMPLE算法（或压力链接方程的半隐式方法）。以下SIMPLE求解器可用于不可压缩和可压缩（亚声速）流动。

1. simple

此求解器支持以下物理建模功能。

· 稳态。

· 不可压缩：恒定流体密度。

· 等温：未解决的能量方程。

· 层流或湍流（RANS）。

· 被动标量传输。

· 源。

2. buoyantBoussinesqSimple

此求解器支持以下物理建模功能。

- 稳态。
- 不可压缩：恒定流体密度。
- 非等温：将能量方程作为解决方案的一部分。
- 层流或湍流（RANS）。
- 浮力（Boussinesq的近似）。
- 热辐射。
- 太阳辐射。
- 湿度传输。
- 被动标量传输。
- 源。

3. rhoSimple

此求解器支持以下物理建模功能。

- 稳态。
- 可压缩（亚声速）。
- 非等温：将能量方程作为解决方案的一部分。
- 基于可压缩性的热物理性质与多个状态方程。

  理想气体：$\rho=f(T, p)$。

  绝热理想流体：$\rho=f(p)$。
- 层流或湍流（RANS）。
- 热辐射。
- 湿度传输。
- 太阳辐射。
- 被动标量传输。
- 源。

4. buoyantSimple

此求解器支持以下物理建模功能。

- 稳态。
- 可压缩（亚声速）。
- 非等温：将能量方程作为解决方案的一部分。
- 基于密度的热物理性质与多个状态方程。

  理想气体：$\rho=f(T, p)$。

理想流体：$\rho=f(T,p)$。

不可压缩理想气体：$\rho=f(T)$。

绝热理想流体：$\rho=f(p)$。

恒密度：$\rho=$常数。

- 层流或湍流（RANS）。
- 浮力。
- 热辐射。
- 湿度传输。
- 太阳辐射。
- 被动标量传输。
- 源。

4.8.2 单区域PISO求解器

对于非定常解，可以采用 PISO 算法（或压力隐式算子分裂算法）。以下求解器可用于不可压缩流。

piso 求解器支持以下物理建模功能。

- 瞬态。
- 不可压缩：恒定流体密度。
- 等温：未解决的能量方程。
- 层流或湍流（URANS、DES、LES）。
- 被动标量传输。
- 源。

4.8.3 单区域PIMPLE求解器

1. pimple

此求解器支持以下物理建模功能。

- 瞬态或准稳态局部时间步进（LTS）。
- 不可压缩：恒定流体密度。
- 等温：未解决的能量方程。
- 层流或湍流（URANS、DES、LES）。
- 被动标量传输。
- 源。

2. asoAero

asoAero 求解器适用于具有移动网格功能的牛顿流体的瞬态、不可压缩、湍流。

此求解器支持以下物理建模功能。

- 瞬态。
- 动态网格。
- 不可压缩：恒定流体密度。
- 等温：未解决的能量方程。
- 层流或湍流（URANS、DES、LES）。
- 被动标量传输。
- 源。

3. pimpleDyM

此求解器支持以下物理建模功能。

- 瞬态。
- 动态网格。
- 不可压缩：恒定流体密度。
- 等温：未解决的能量方程。
- 层流或湍流（URANS、DES、LES）。
- 被动标量传输。
- 源。

4. buoyantBoussinesqPimple

此求解器支持以下物理建模功能。

- 瞬态或准稳态。
- 不可压缩：恒定流体密度。
- 非等温：将能量方程作为解决方案的一部分。
- 层流或湍流（URANS、DES、LES）。
- 浮力（Boussinesq的近似）。
- 热辐射。
- 太阳辐射。
- 湿度传输。
- 被动标量传输。
- 源。

5. rhoPimple

此求解算器支持以下物理建模功能。

- 瞬态或准稳态。
- 可压缩（亚声速）。

- 非等温：将能量方程解决作为解决方案的一部分。
- 基于可压缩性的热物理性质与多个状态方程。

  理想气体：$\rho=f(T,p)$。

  不可压缩理想气体：$\rho=f(T)$。
- 层流或湍流（URANS、DES、LES）。
- 热辐射。
- 湿度传输。
- 太阳辐射
- 被动标量传输。
- 源。

6. rhoPimpleDyM

此求解器支持以下物理建模功能。

- 瞬态。
- 动态网格。
- 可压缩（亚声速）。
- 基于可压缩性的热物理性质与多个状态方程。

  理想气体：$\rho=f(T,p)$。

  不可压缩理想气体：$\rho=f(T)$。
- 非等温：将能量方程作为解决方案的一部分。
- 层流或湍流（URANS、DES、LES）。
- 热辐射。
- 太阳辐射。
- 被动标量传输。
- 源。

7. buoyantPimple

此求解器支持以下物理建模功能。

- 瞬态或准稳态。
- 可压缩（亚声速）：可变流体密度（理想气体状态方程）。
- 非等温：将能量方程作为解决方案的一部分。

  理想气体：$\rho=f(T,p)$。

  理想流体：$\rho=f(T,p)$。

  不可压缩理想气体：$\rho=f(T)$。

  绝热理想流体：$\rho=f(p)$。

恒密度：ρ=常数。

多项式密度：$\rho=f(T)$。

- 层流或湍流（仅限URANS）。
- 浮力。
- 热辐射。
- 湿度传输。
- 太阳辐射。
- 被动标量传输。
- 源。

8. inter

此求解器支持以下物理建模功能。

- 瞬态或准稳态（LTS）。
- 流体的两相体积。
- 不可压缩：恒定流体密度。
- 等温：未解决的能量方程。
- 层流或湍流（URANS、DES、LES）。
- 源。

9. interDyM

该求解器支持以下物理建模特性。

- 瞬态。
- 动态网格。
- 流体两相体积。
- 不可压缩：恒定流体密度。
- 等温：未解决的能量方程。
- 层流或湍流（URANS、DES、LES）。
- 源。

10. multiphaseEuler

此求解器支持以下物理建模功能。

- 瞬态。
- 多相欧拉多相流。
- 不可压缩：恒定流体密度。
- 等温：未解决的能量方程。
- 层流或湍流（URANS、DES、LES）。

4.8.4 多区域求解器

对于多区域流，使用合并的 SIMPLE-PISO（又称为 PIMPLE）算法。与 PISO 算法相比，这为瞬态情况提供了更好的解决方案和最快的收敛速度。多区域求解器 asoCHT 支持以下物理建模功能。

- 瞬态或准稳态。
- 动态网格。
- 可压缩（亚声速）。
- 基于密度的热物理性质的流体区域与多个状态方程。
  - 理想气体：$\rho=f(T,p)$。
  - 理想流体：$\rho=f(T,p)$。
  - 不可压缩理想气体：$\rho=f(T)$。
  - 绝热理想流体：$\rho=f(p)$。
  - 恒密度：$\rho=$常数。
  - 多项式密度：$\rho=f(T)$。
- 浮力。
- 非等温：将能量方程作为解决方案的一部分。
- 层流或湍流（URANS、DES、LES）。
- 热辐射和太阳辐射。
- 被动标量传输。
- 湿度传输。
- 源。

4.9 运行时控制

在“运行时控制”数据面板中，用户输入运行时间设置、数据读取和写入的首选值，如图 4-35 所示。其包括时间步长、结束时间、写入控制和清除写入等设置；自动将开始时间设置为最新的时间步长；可将时间步长设置为常数、指数变化或 CFL 调节。

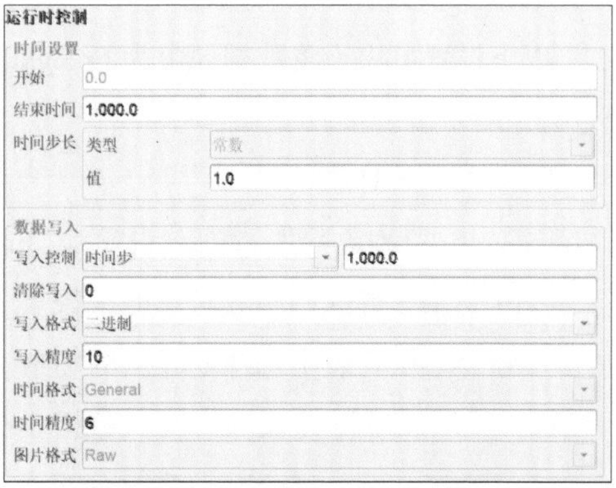

图4-35 “运行时控制”数据面板

将数据输出写入文件的时间频率，有多个选项。

· 时间步：指示应用程序在固定的时间步长间隔后写入数据。固定间隔将每100个时间步写入数据。

· 运行时间：指示应用程序在模拟时间的固定秒数后写入数据。

· 时钟时间：指示应用程序在固定的实时秒数后写入数据。

· CPU处理时间：指示应用程序在CPU时间固定的秒数后写入数据。

4.10 写数据

写数据功能允许用户采样并将数据导出为各种格式。如图 4-36 所示，可以通过“写入”功能区来访问写数据功能，也可以转到对象浏览器中的“写数据”节点并单击 [+新增] 按钮来访问写数据功能。

图4-36 “写入”功能区

写数据的可用命令如下。

· EnSight：在仿真期间将数据导出为EnSight格式。

· 表面：导出曲面表面采样的数据。

· 数据集：导出由用户定义采样的数据集。

· 图片：在运行期间导出场景图片。

4.10.1 导出EnSight格式数据

如需将数据写入 EnSight，则选择“写入”功能区中的“EnSight” 命令，或单击“写数据”数据面板中的 [+新增] 按钮并将“类型”更改为“EnSight”。新项将显示在对象浏览器中的“写数据”节点下。相关数据面板如图 4-37 所示。

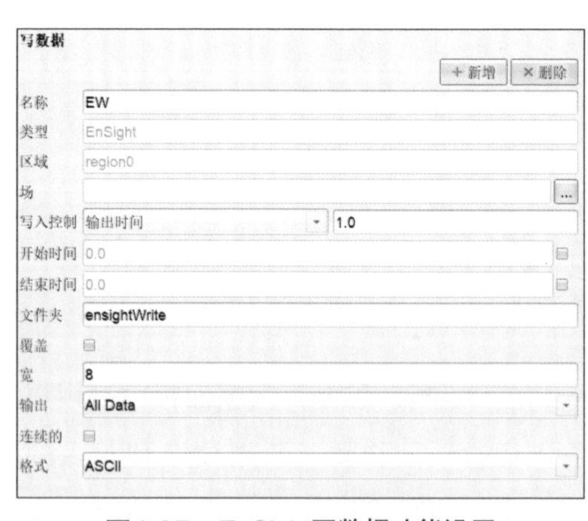

图4-37 EnSight写数据功能设置

以下设置可用于将数据导出为 EnSight 格式。

（1）名称：对象名称。

（2）类型：对象类型。将始终设置为“EnSight”。

（3）区域：待应用函数对象的区域。

（4）场：从列表中选择要导出的场量。

（5）写入控制：定义何时写入数据。有以下选项可用。

· 可调时间步：每*X*秒仿真时间写入一次数据，并调整时间步长以便于在这些时间步长写数据。用于时间步长可调的案例。

· 时钟时间：每*X*秒实时写入一次数据。

· CPU时间：每*X* CPU时间写入一次数据。

· 无：禁用写数据。

· 终止时间：结束仿真完成后写入最后一个时间步的数据。

· 输出时间：每次写入仿真数据时都会写数据。

· 运行时间：每*X*秒仿真一次写数据。

· 时间步长：每*X*时间步写入一次数据。

（6）开始时间：在仿真期间何时开始导出。

（7）结束时间：在仿真期间何时停止导出。

（8）文件夹：数据应写入保存的目录名（默认在案例目录下）。

（9）覆盖：启用或禁用覆盖有相同名称和目录的现有文件。

（10）宽：列数据的掩码宽度。

（11）输出：指定要导出的数据，可设置为以下选项之一。

· All Data（全部数据）：导出体积网格和面片的数据。

· Only Surface Data（仅曲面数据）：仅导出指定面片和面分区的数据。

· Only Volume Data（仅体积数据）：仅导出体积网格的数据。

（12）连续的：启用或禁用连续输出编号。

（13）格式：可设置为ASCII或二进制的输出格式。

4.10.2 导出表面数据

如需利用曲面来采样和导出数据，则选择“写入”功能区中的“表面”命令，或单击“写数据”数据面板中的“+新增”按钮并将“类型”更改为“表面”。新项将显示在对象浏览器中的“写数据”节点下。相关数据面板如图4-38所示。

图4-38 曲面采样功能对象设置

数据面板提供以下设置，利用曲面导出数据。

（1）名称：对象名称。

（2）类型：对象类型。将始终设置为“表面”。

（3）区域：待应用函数对象的区域。

（4）**场：**从列表中选择要导出的场量。

（5）**写入控制：**定义何时写入数据。有以下选项可用。

- 可调时间步：每X秒仿真时间写入一次数据，并调整时间步长以便于在这些时间步长写数据。用于时间步长可调的案例。
- 时钟时间：每*X*秒实时写入一次数据。
- CPU时间：每*X* CPU时间写入一次数据。
- 无：禁用写数据。
- 终止时间：结束仿真完成后写入最后一个时间步的数据。
- 输出时间：每次写入仿真数据时都会写数据。
- 运行时间：每*X*秒仿真一次写数据。
- 时间步长：每*X*时间步写入一次数据。

（6）**插值方案：**基于以下选项来插值采样数据。

- Cell（网格单元）：利用相关单元格中心获得的值。不使用插值，而是假定该值在单元格上为常数。
- Cell Point（单元点）：利用周围单元格中心之间的线性加权插值获得的值。
- Cell Point Face（单元点面）：利用线性加权单元格-中心和周围单元格的面中心插值混合获得的值。

（7）**表面数据格式：**控制输出格式。可以设置为以下选项。

- 边界数据：导出可用于时变固定值边界条件的格式。
- EnSight：以EnSight格式导出数据。
- OpenFOAM：以OpenFOAM格式导出数据。
- VTK ASCII：以VTK ASCII格式导出数据。
- VTK二进制：以VTK二进制格式导出数据。
- XYZ ASCII：以原始XYZ ASCII列格式导出数据。

（8）**写入场：**切换以启用或禁用写入场。

（9）**写入统计信息：**切换以启用或禁用写入统计信息。

在“表面”选项区域中，单击 + 按钮以添加要在其上采样的曲面。有以下选项可用。

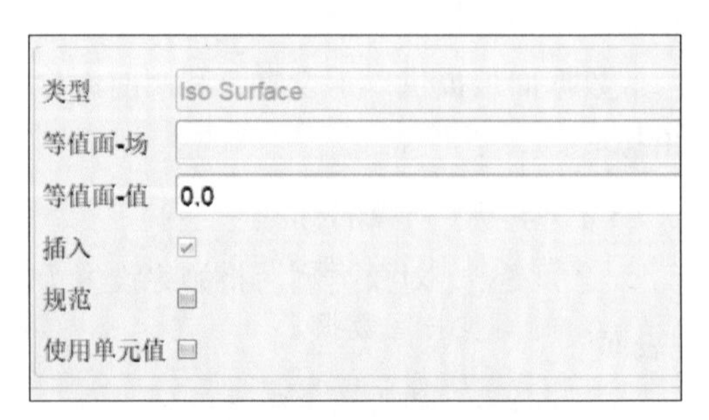

图4-39　Iso曲面设置

（1）**Iso Surface：**基于Iso曲面的样本数据，如图4-39所示。

有以下设置可用。

- 类型：设置为Iso Surface。

· 等值面-场：定义用来创建曲面的场。

· 等值面-值：定义用来创建曲面的场值。

· 插入：启用或禁用数据插值。

· 规范：启用或禁用点抓取。

· 使用单元值：使用单元格中心值创建Iso曲面。

（2）**Patch**：基于面片的示例数据，如图 4-40 所示。

有以下设置可用。

图4-40　面片设置

· 类型：设置为面片。

· 补丁：选择要在其上采样的边界。

· 插入：启用或禁用数据插值。

· 追踪：三角化面片曲面。

（3）**Plane**：基于平面的样例数据，如图 4-41 所示。

有以下设置可用。

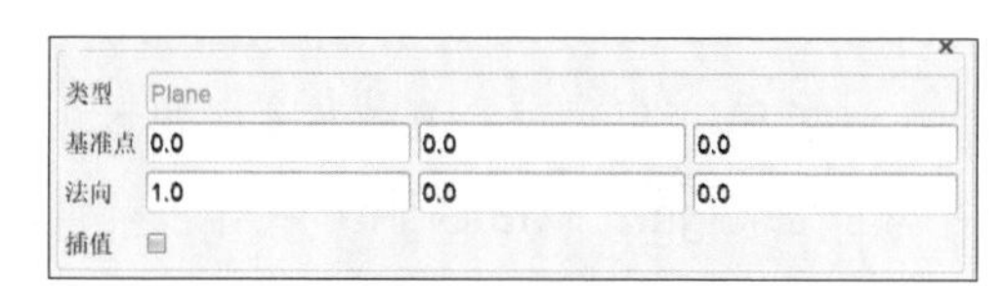

图4-41　平面设置

· 类型：设置为平面。

· 基础点：设置平面的原点。

· 法向：定义平面法线方向。

· 插值：启用或禁用数据插值。

4.10.3　导出采样集数据

要使用集合采样和导出数据，则选择“写入”功能区中的“数据集”命令，或者单击“写数据”数据面板中的“＋新增”按钮，并将“类型”更改为“数据集”。新项将显示在对象浏览器中的“写数据”节点下。相关数据面板如图 4-42 所示。

数据面板提供以下设置，利用集合来导出数据。

（1）**名称**：对象名称。

（2）**类型**：对象类型。将始终设置为数据集。

（3）**区域**：待应用函数对象的区域。

（4）**场**：从列表中选择要导出的场。

（5）**写入控制**：定义何时写入数据。有以下选项可用。

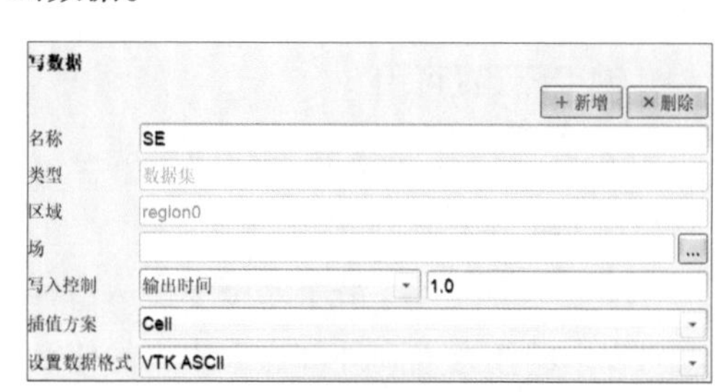

图4-42　设置采样函数对象设置

· 可调时间步：每*X*仿真时间写入一次数据，并调整时间步长以便于在这些时间步长写数据。用于时间步长可调的案例。

· 时钟时间：每*X*秒实时写入一次数据。

· CPU时间：每*X* CPU时间写入一次数据。

· 无：禁用写数据。

· 终止时间：结束仿真完成后写入最后一个时间步的数据。

· 输出时间：每次写入仿真数据时都会写数据。

· 运行时间：每*X*秒仿真一次写数据。

· 时间步长：每*X*时间步写入一次数据。

（2）**插值方案**：基于以下选项来插值采样数据。

· Cell：利用相关单元格中心获得的值。不使用插值，而是假定该值在单元格上为常数。

· Cell Point：利用周围单元格中心之间的线性加权插值获得的值。

· Cell Point Face：利用线性加权单元格-中心和周围单元格的面中心插值混合获得的值。

（7）**设置数据格式**：控制输出格式。可以设置为以下选项。

· CSV：以逗号分隔值格式导出数据。

· EnSight：以EnSight格式导出数据。

· gnuplot：以gnuplot格式导出数据。

· Jplot：以Jplot格式导出数据。

· VTK ASCII：以VTK ASCII格式导出数据。

· xmgr：以xmgr（Grace）格式导出数据。

· XYZ ASCII：以原始XYZ ASCII列格式导出数据。

在“集合”选择组中，单击 + 按钮将集合添加到样本中。有以下选项可用。

（1）**Cloud**：在点云上采样，如图 4-43 所示。

有以下设置可用。

· 轴：定义对数据进行采样的依据。

· 点：采样点清单。

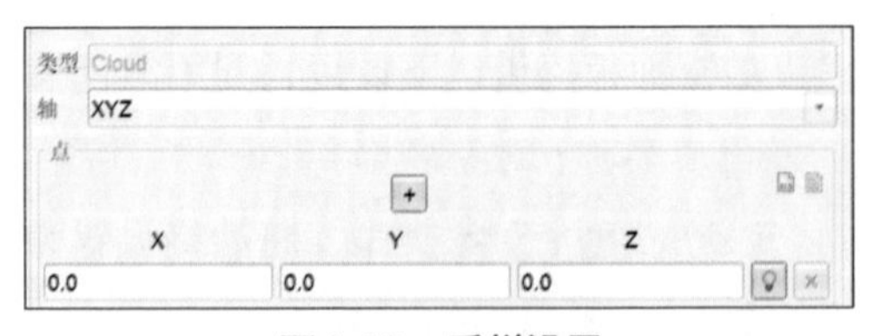

图4-43　采样设置

（2）**最短路径**：沿单元格中心从内部点列表中的任意点到外部点列表中的任意点，查找最短路径，如图 4-44 所示。

有以下设置可用。

· 轴：定义对数据进行采样的依据。

· 内部点：最短路径的起点列表。

· 外部点：最短路径的端点列表。

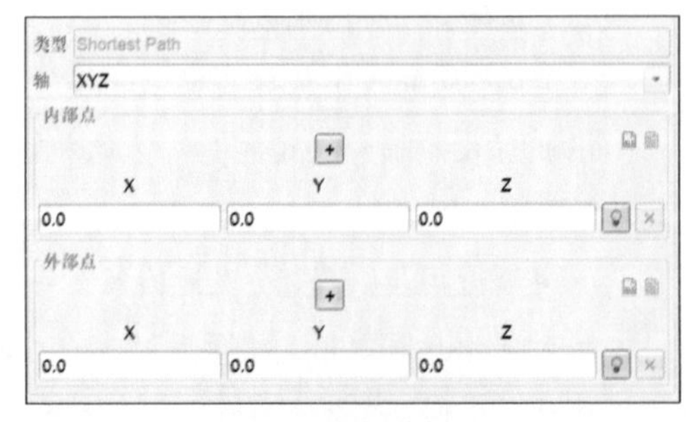

图4-44　最短路径设置

（3）Uniform：采用均匀间距在一条线上采样，如图4-45所示。

有以下设置可用。

· 轴：定义对数据进行采样的依据。

· 开始点：线的起点。

· 结束点：线的终点。

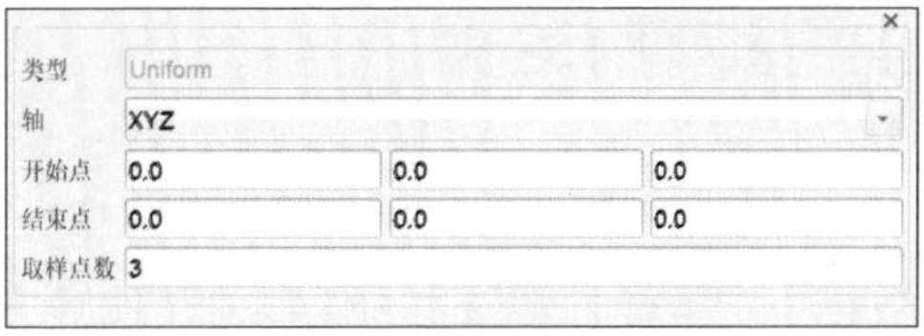

图4-45　均匀采样设置

4.10.4　运行期间导出图像

可以选择“写入”功能区中的“图像”命令，或单击“写数据”数据面板中的 + 新增 按钮，在运行期间创建仿真结果图像。该功能也可称为运行时可视化，需要首先设置场景，可通过“后处理”选项卡完成。相关数据面板如图4-46所示。

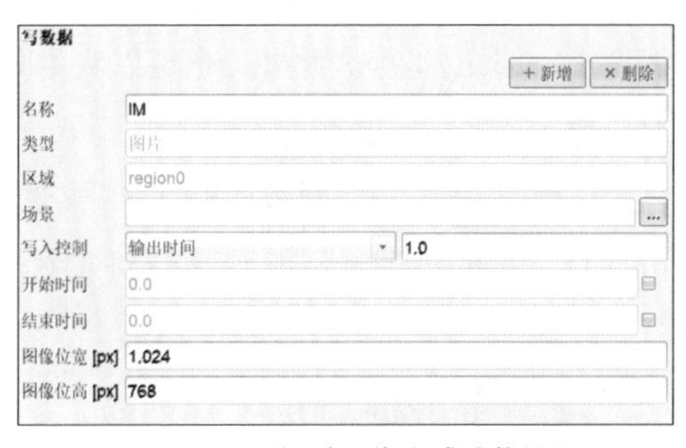

图4-46　运行时图像生成功能设置

有以下设置可用。

名称：对象名称。

类型：对象类型。将始终设置为“图片”。

区域：待应用函数对象的区域。

场景：运行期间要导出的场景列表。

写入控制：定义何时写入数据。有以下选项可用。

· 可调时间步：每*X*仿真时间写入一次数据，并调整时间步长以便于在这些时间步长写数据。用于时间步长可调的案例。

· 时钟时间：每*X*秒实时写入一次数据。

· CPU时间：每*X* CPU时间写入一次数据。

· 无：禁用写数据。

· 终止时间：结束仿真完成后写入最后一个时间步的数据。

· 输出时间：每次写入仿真数据时都会写数据。

· 运行时间：每*X*秒仿真一次写数据。

· 时间步长：每*X*时间步写入一次数据。

开始时间：在仿真期间何时开始导出。

结束时间：在仿真期间何时停止导出。

图像位宽：导出图像的宽度（单位为像素）。

图像位高：导出图像的高度（单位为像素）。

4.11 场运算

在对象浏览器的“场运算”节点中，用户可以使用“场过程”函数或“场平均”函数，指定运行时要创建和保存的其他解决方案场。在此面板中创建的所有功能都列在对象浏览器的“场运算”节点中。

采用“场过程”函数，利用标准流场 *U*、*p*、*T* 等来计算运行时的额外场量。可用的额外场取决于解决方案状态，包括预定义的条目，如作用在壁面上的剪应力（tauw）、近壁速度（Unw）、压力系数（C_p）、无量纲壁距（yPlus RAS 或 yPlus DES）、总压（ptot）、涡度（Vorticity）等。此外，也可以利用同一函数，基于标准数学运算来输出新场，例如幅值、梯度、散度等。

另外，“场平均”函数能够计算平均场量和现有场的标准偏差。例如，在运行瞬态仿真时，可利用“场平均”函数来计算随时间求平均值的平均速度场。

4.12 监视功能

在对象浏览器的“监视功能”节点中，用户可以指定一系列功能对象，以便在运行时监测解决方案。目前提供以下函数。

- 力：计算并监测来自一组给定表面的压力、黏性和多孔力。
- 升阻力：计算并监测一组给定表面的力系数。
- 噪声传播：计算Ffowcs-Williams-Hawkings声学类比。
- 表面报告：计算并监控给定边界面片或任意平面内特定解决方案场集的平均、最小、最大、标准偏差和均匀性量，包括质量流量。
- 泵性能：计算并监控泵的性能数据，包括轴向功率、效率、力矩等。
- 体积探头：监视位于网格内部的一个或多个离散点上的场值。
- 体积报告：计算并监控给定网格体积区域中特定解决方案场集的平均、最小和最大数量。
- 区域力：计算并监测穿过各个多孔介质的体积流量和压降。

创建的所有函数都列在对象浏览器的“监视功能”节点下。

4.13 初始化设置

采用场初始化部分来定义 0 时间文件夹中场的初始值。目前可采用以下初始化方法。

（1）对于速度场和压力场。

- 默认：采用时间0文件夹中可用的相关场值。如果初始时间文件夹中没有场文件，则采用合理的默认值进行初始化。
- 固定值：域中所有位置的速度和压力均采用固定值。
- 势流：利用势流解决方案来初始化速度场和压力场。
- 边界值：采用给定边界面片处的平均场值来初始化速度场和压力场。
- 单元格集：为场使用固定值（不同于默认值），该值仅限于使用基元形状定义的域中的特定单元格集。

（2）对于湍流量。

- 默认：采用时间0文件夹中可用的相关场值。如果初始时间文件夹中没有场文件，则采用合理的默认值进行初始化。
- 固定值：对域中所有位置的湍流量使用固定值。
- 边界值：利用给定边界面片处的平均场值来初始化湍流量场。
- 普朗特：利用普朗特混合长度类比来初始化湍流量场。
- 湍流IL：利用湍流强度和湍流混合长度来计算湍流量的初始固定值。
- 区域设置：对湍流场采用固定值（不同于默认值），该值仅限于使用基元形状定义的域中的特定单元格集。

（3）对于标量场。

- 默认：采用时间0文件夹中可用的相关场值。如果初始时间文件夹中没有场文件，则采用合理的默认值进行初始化。
- 固定值：针对域中任何位置的标量使用固定值。
- 边界值：使用给定边界面片处的平均场值来初始化标量场。
- 区域设置：为标量场使用固定值（不同于默认值），该值仅限于使用基元形状定义的域中的特定单元格集。

（4）对于多相流中的相场。

- 默认：采用时间0文件夹中可用的相关场值。如果初始时间文件夹中没有场文件，则采用合理的默认值进行初始化。
- 固定值：对域中所有位置的相分数使用固定值。
- 边界值：使用给定边界面片处的平均场值来初始化相分数场。
- 区域设置：为场使用固定值（不同于默认值），该值仅限于使用基元形状定义的域中的特定单元格集。

一旦为所有求解的方程定义了初始化方法，便可选择“场”功能区中的“初始化”命令启动初始化脚本来完成初始化。此过程的输出显示在输出面板中。

4.14 自定义功能

对象浏览器中的“自定义”节点反映了基础案例目录。用户可以使用自定义界面覆盖现有功能或添加不存在的功能。

“自定义”节点中添加的文件会覆盖案例目录中的同名文件。在执行操作（保存、另存为、创建、初始化、运行或全部运行）时，就会发生这种情况。

“自定义”数据面板如图 4-47 所示。

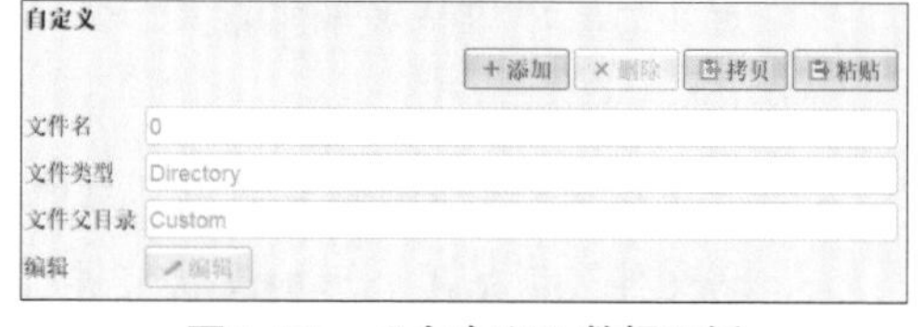

图4-47　“自定义”数据面板

如需在案例根目录中创建或修改文件，则用户必须选择父文件夹，然后单击“添加”按钮，弹出“新建自定义文件”对话框，如图 4-48 所示。

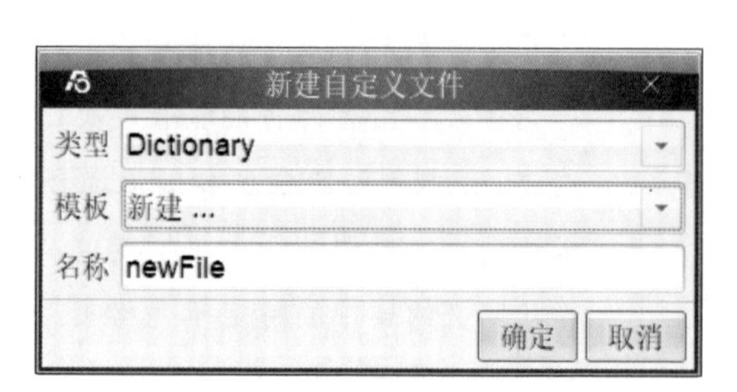

图4-48　“新建自定义文件”对话框

用户可以编辑以下设置。

（1）类型：选择要添加的文件类型。可以是以下情况之一。

- Dictionary（字典）：选择此选项来编辑现有字典。字典为HLCFD-Core应用程序提供设置。
- Directory（目录）：选择此选项来创建新目录。HLCFD-Core可识别某些目录。例如，0包含所有场数据，常量包含物理特性，网格和系统包含控件设置。

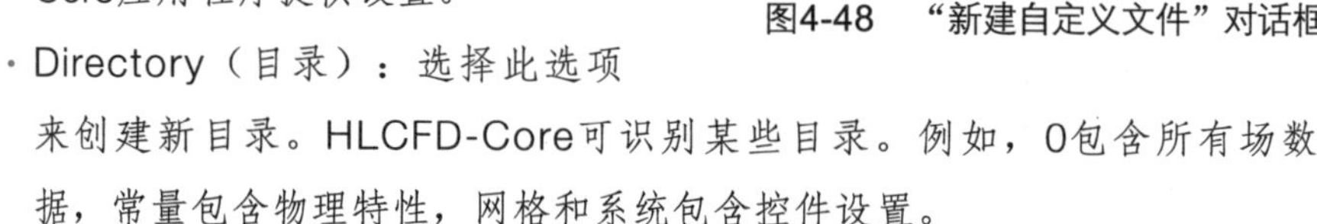

- Raw File（原始文件）：选择此选项来创建新文件。

（2）模板：创建一个新文件，并选择一个现有模板。

（3）名称：如果将“模板”设置为“新建”，则用户应给出新文件名称。

设置完成后，用户单击“确定”按钮，将文件添加到选定部分下的对象浏览器中。打开文本编辑器，可对文件进行必要的更改。用户应单击“确定”按钮进行更改，然后单击“保存”按钮将文件写入案例根目录。最后，在某些情况下，可能需要使用“场”功能区中的“初始化”命令重新创建初始场。

4.15 场映射

可以使用已完成仿真的数据来创建初始场，这样通常有助于改善仿真收敛性和周转时间。如需从现有仿真的结果来映射场，则用户可以选择“场”功能区中的“映射”命令，弹出“场映射”对话框，如图 4-49 所示。

图4-49 “场映射”对话框

第5章 求解模块

用户使用“求解”选项卡中提供的功能来执行求解器并监测解决方案，如图 5-1 所示。

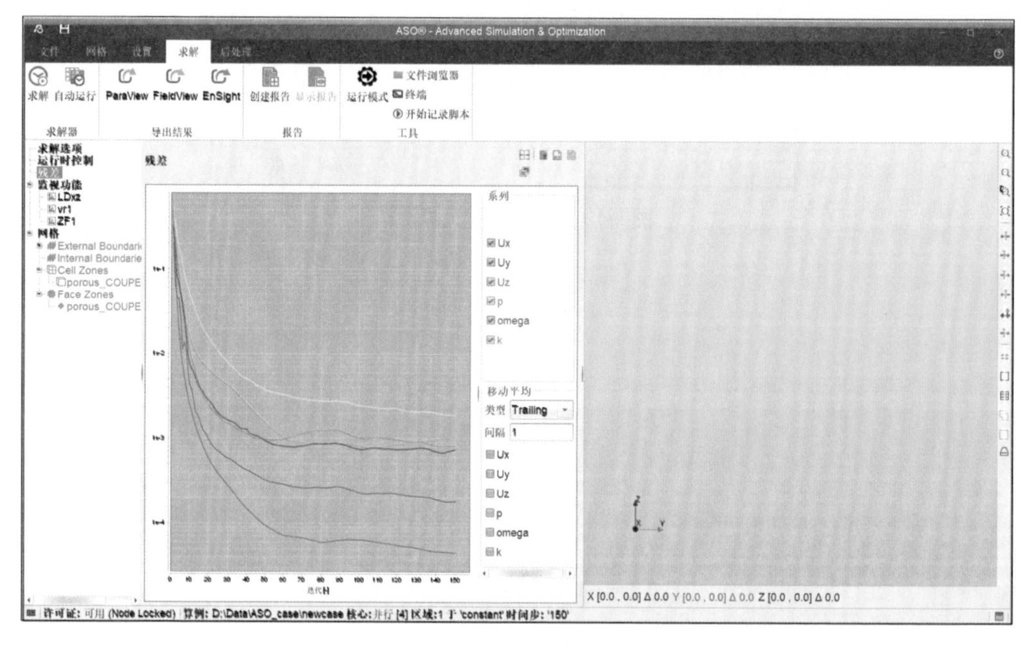

图5-1 “求解”选项卡的界面

“求解”选项卡如图 5-2 所示，其中包含用来运行求解器的所有设置和应用程序并将结果导出到 ParaView、FieldView 和 EnSight 的命令。此外，还有用来修改运行模式、浏览案例文件夹、在案例目录中打开终端和更改参数的命令。

图5-2 “求解”选项卡

用户在“求解”选项卡中可执行以下命令。

（1）**求解器**。

- 求解：开始求解计算。
- 自动运行：按顺序执行网格创建、设置、流初始化和运行求解器。如果已完成车辆仿真的“外部空气动力学”向导，则应使用此选项运行仿真。

（2）**导出结果**。

- ParaView：在ParaView中查看结果。要使此命令正常工作，必须安装ParaView，并且必须在“文件”→“首选项”中正确设置路径。
- FieldView：在FieldView中查看结果。要使此命令正常工作，必须安装FieldView，并且必须在“文件”→“首选项”中正确设置路径。
- EnSight：在EnSight中查看结果。要使此命令正常工作，必须安装EnSight，并且必须在“文件”→“首选项”中正确设置路径。

（3）**报告**。

- 创建报告：创建车辆仿真结果的PDF报告。只有启用了“外流场”模块，将其用于车辆仿真设置，并且在相应的运行仿真部分中启用了“创建报告”选项时，才能使用此命令。
- 显示报告：如果已创建了报告，则可利用此命令来显示报告。

（4）**工具**。

- 运行模式：更改运行模式。
- 文件浏览器：打开当前工作目录。
- 终端：打开已加载HLCFD-Core环境的终端窗口。可用来运行GUI之外的特定HLCFD-Core应用程序。
- 开始记录脚本：将在GUI中执行的所有动作记录到脚本文件中，该日志文件可采用批处理模式操作并重新运行，以重现相同或稍作修改的结果。

5.1 求解

选择“求解器”功能区中的“求解”命令，可以直接启动仿真求解（需已有体网格）。

可以调整“运行时控制”中的设置，以便在求解器运行时修改解决方案控件，包括结束时间、时间步长等。参数会在案例文件中自动更新，无须停止求解器，在求解器运行期间，用户可单击“应用”按钮来确认任何更改。

5.2 监视功能

运行时，可查看解决方案残差，以及用户在“求解”选项卡中定义的任何监测功能对象的输出来监测解决方案的质量。

“残差”数据面板显示了解决方案残差随时间的对数图，如图 5-3 所示。在默认情况下，图表遵循最新的时间和比例，以显示所有完整的数据范围。如果用户想要放大到特定区域，只需在相关图形区域内从左上到右下拖动一个框。如需缩小，请沿从右下到左上的方向绘制一个框。

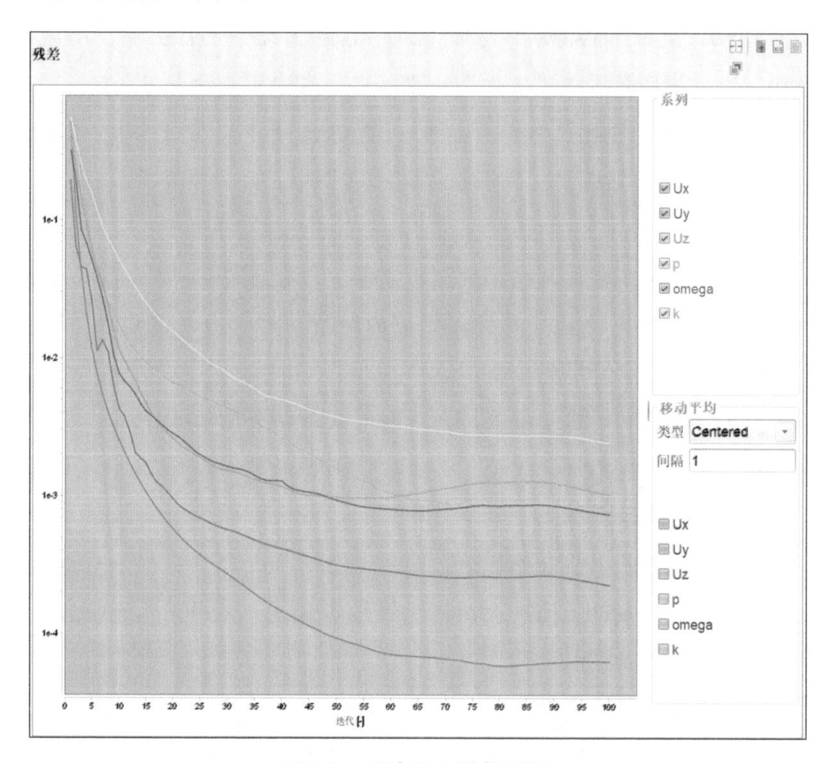

图5-3 “残差”数据面板

以下命令可用于操作残差图数据。

十字线：获取本地值。单击图形可生成一个表格，列出与创建的点对应的 *x-y* 值。

打开日志文件：打开包含求解器日志的文件。

以 Excel 格式导出图表数据：以 Excel 格式将求解器残差保存到新的电子表格中。

以 CSV 格式导出图表数据：以 CSV 格式将求解器残差保存到新的电子表格中。

将图表导出到 PNG：将残差图导出为 PNG 图像格式。

用户在“求解”选项卡中创建的任何监视功能对象均可在“监视功能”节点中进行可视化。将来自每个监测功能对象的输出以图形形式呈现，如图 5-4 所示。

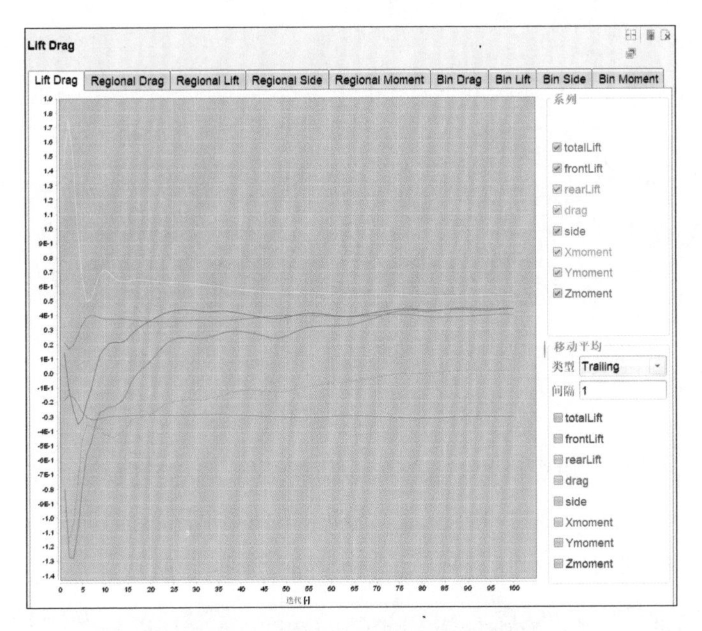

图5-4　监测功能对象输出示例

> 注：启动仿真时，图形将自动更新，但在加载旧仿真时，残差和监控变量不会自动显示在数据面板中。如需加载图形，可以单击“刷新”按钮。

5.3　停止及重启运行

在求解器执行过程中，用户可随时单击输出面板中的“停止执行”按钮来停止运行。有以下终止选项可用。

停止：停止正在运行的进程，并创建包含更新（最新迭代或时间步长）结果的时间文件夹转储。

断开：断开正在运行的进程以立即终止。

然后，只需再次选择“求解器”命令来重启案例，即可从上次可用时间转储重新启动求解器。

5.4　运行所有执行程序

如果在“网格”选择卡中选择了“虚拟化网格”命令，则可以选择“求解”选项卡中的“自动运行”命令，按顺序自动执行所有的仿真阶段（网格创建、案例设置、初始化和求解器执行）。

第6章 后处理模块

可以使用后处理模块提供的工具来检查仿真结果。后处理模块由 GUI 中的“后处理”选项卡表示。用户可通过“后处理”选项卡来使用不同的工具（如流线、切割平面、轮廓等）来检查仿真结果。“后处理”选项卡界面如图 6-1 所示。

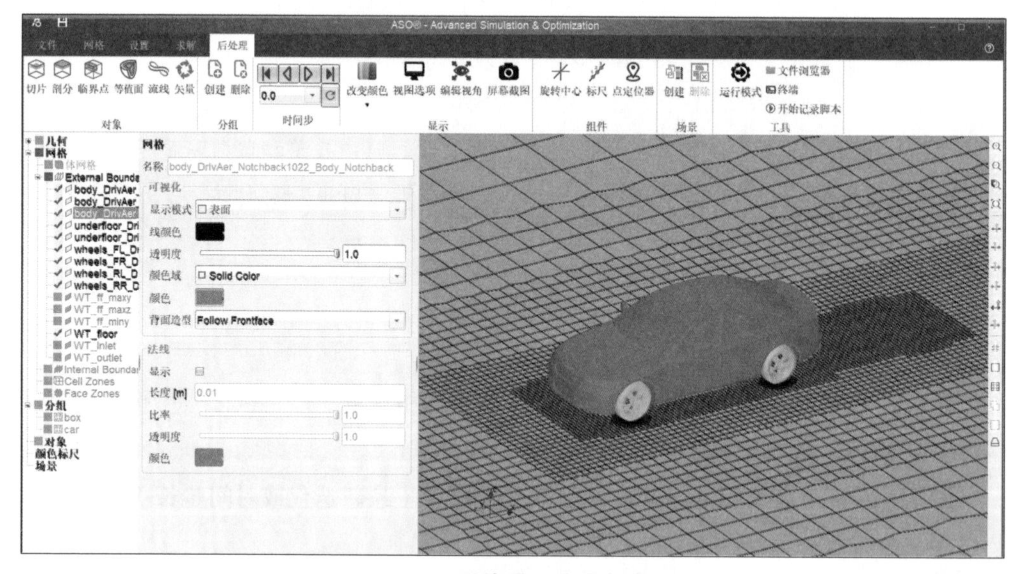

图6-1　“后处理”选项卡界面

“后处理”选项卡如图 6-2 所示。该选项卡有用来创建对象、组，更改时间或迭代，更改显示、工具和场景的命令。

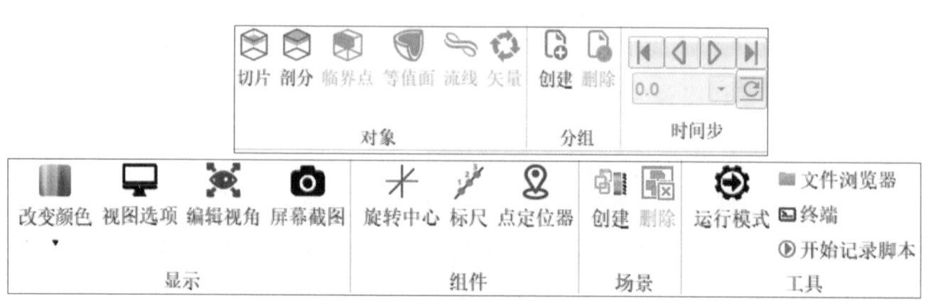

图 6-2　“后处理”选项卡

“后处理”选项卡中提供了以下命令。

（1）**对象**。

· 切片：创建一个只显示平面上网格和场的剖切面。

· 剖分：创建一个只显示平面一侧网格和场的剪辑。

· 临界点：显示依照场落入指定阈值内的所有单元格。

· 等值面：创建具有恒定标量值的曲面范围。

· 流线：创建流线（无质量粒子的路径）以查看速度矢量场的结构。

· 矢量：创建可用数据的矢量表示。

（2）**分组**。

· 创建：将对象浏览器中的项目列表分组。

· 删除：移除现有组。

（3）**时间步**。

· 显示第一个时间：移动到可用的第一个（最小）时间或迭代。

· 显示上一个时间：移动到上一个（较小的）可用时间或迭代。

· 显示下一个时间：移动到下一个（更大的）可用时间或迭代。

· 显示最后时间：移动到可用的最后（最大）时间或迭代。

· 时间步长：使用下拉列表选择想要移动到的特定时间。

· 重新加载时间：从案例目录中重新读取所有可用的时间步长或迭代。这是添加、移除步骤或迭代次数时的必要操作。

（4）**显示**。

· 改变颜色：使用场、索引或单一纯色为显示窗口中的所有对象着色。

· 视图选项：设置背景颜色、定向小部件和轴矩形网格的可见性。

· 编辑视角：手动更改显示窗口中的摄像头。

· 屏幕截图：创建当前显示窗口内容的屏幕截图，并将其保存到选定目录。

（5）**组件**。

· 旋转中心：查看并更改显示窗口的旋转中心。

· 标尺：测量显示窗口中两点间的距离。将鼠标悬停在所需点上时，使用数字键1和数字键2来设置点。

· 点定位器：请参见显示窗口中选定点的笛卡儿坐标。

（6）**场景**。

· 创建：根据显示窗口中当前显示的内容来创建场景，包括所有可见对象、摄像头设置和颜色。保存的场景显示在对象浏览器的“场景”节点，可以在其中查看、修改或保存为图像。

- 删除：移除现有场景。

（7）工具。

- 运行模式：更改运行模式。
- 文件浏览器：打开当前工作目录。
- 终端：打开已加载了HLCFD-Core环境的终端窗口。可用来运行GUI之外的特定HLCFD-Core应用程序。
- 开始记录脚本：将在GUI中执行的所有动作记录到日志文件中，该日志文件可采用批处理模式操作并重新运行，以重现相同或稍作修改的结果。

6.1 创建对象

可以使用对象来查看网格的不同部分或使用工具（如切割平面、剪辑、流线和轮廓曲面）来查看结果。本节将更详细地解释这些内容。

6.1.1 切片

利用“切片”命令创建仅在指定平面上显示网格和场的平面对象。

选择此命令后，将弹出对话框，其中包含关于待应用切片的曲面和体积网格选项列表。用户可以选择所需选项，为切割平面命名，然后单击 确定 按钮创建切片。

在对象浏览器“对象”节点下创建包含给定名称的新项。如果选择此切片项目，则可用图6-3所示的“对象”数据面板进行设置。

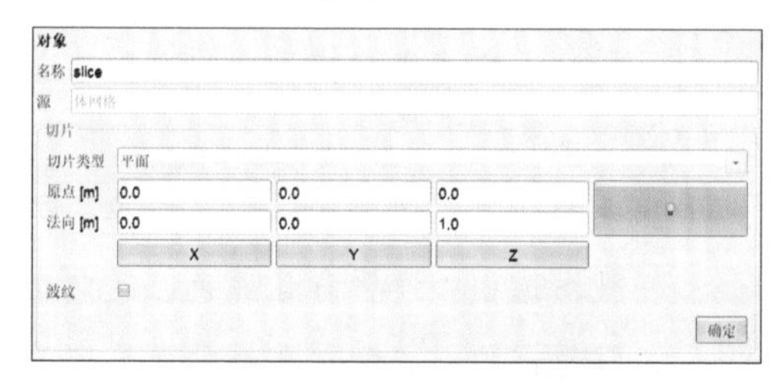

图6-3 切片设置数据面板

（1）切片类型：利用平面或圆柱体形状来选择切片。

① 对于设置为平面的切片类型，有如下设置。

- 原点：设置平面原点。
- 法向：设置平面法向矢量。

② 对于设置为圆柱体的切片类型，有如下设置。

- 中心：设置圆柱体原点。
- 轴线：设置圆柱体轴方向。
- 半径：设置圆柱体半径。

（2）波纹：显示被平面或圆柱体切割的所有单元格。

单击“显示” 按钮在显示窗口中显示切割对象，如图6-4所示。可在显示窗口中将该平面移动到所需位置。可利用 X、Y、Z 按钮确定垂直于特定轴的平面方位。当平面位于所需位置时，可单击 确定 按钮在新位置上显示切片。

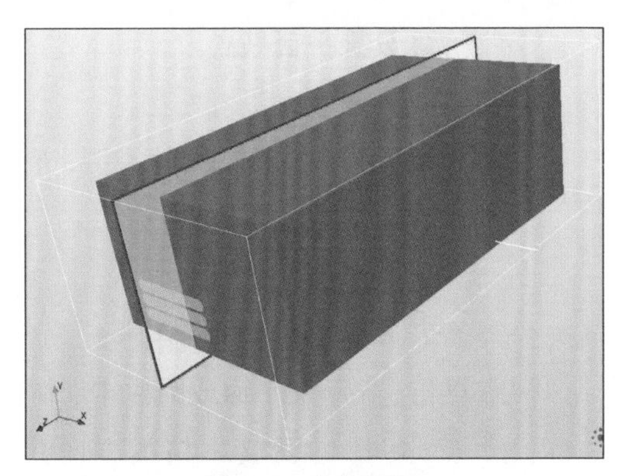

图6-4　切割平面

使用“切片”命令在网格中创建交点时，当切割平面的方位与栅格一致并精确定位在单元格之间的边界上时，显示可能出现间隙（缺少单元格），如图 6-5 所示。若要避免此类显示问题，请更改平面方向或将原点沿任一方向移动一小段距离。

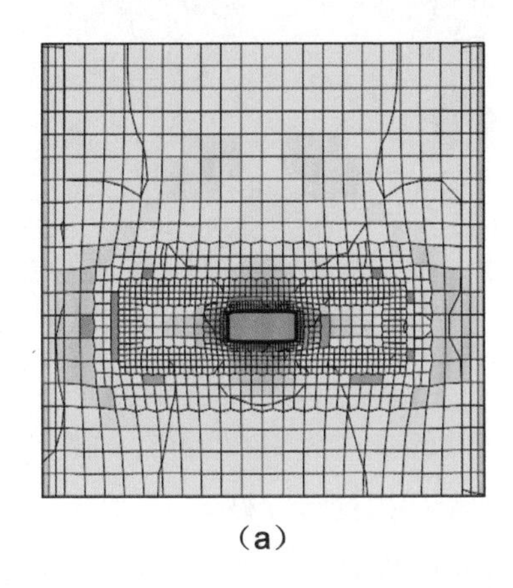

（a）

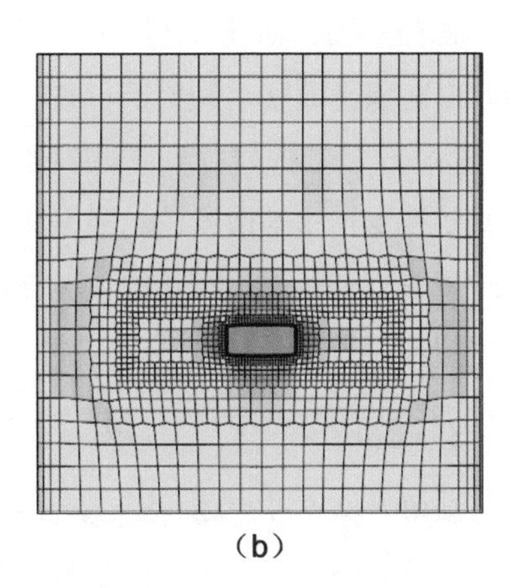

（b）

图6-5　平面小部件显示限制和补救措施
（a）明显缺失单元格显示　（b）实际网格显示

6.1.2　剖分

“剖分”命令用于仅显示平面一侧的网格和场。

选择此命令后，将弹出对话框，其中包含待应用部分的曲面和体积网格选项列表。用户可以选择所需选项，为新部分对象命名，然后单击 确定 按钮创建。

在对象浏览器中的“对象”节点下创建包含给定名称的新项。如果选择此部分项目，则可用图 6-6 所示的“对象”数据面板进行设置。

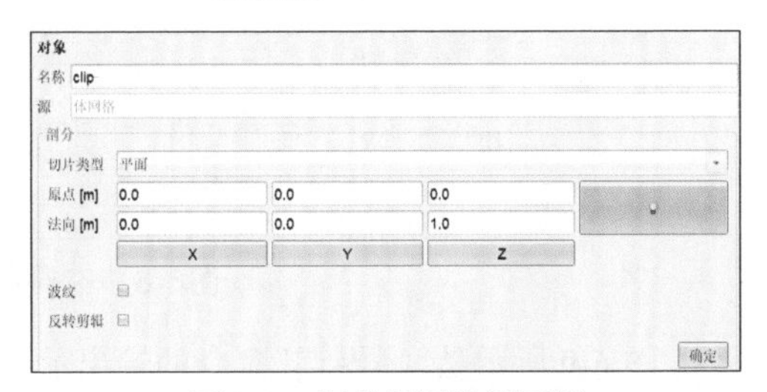

图6-6　剖分设置数据面板

（1）切片类型：利用平面或圆柱体形状来选择切片。

①对于设置为平面的切片类型，有如下设置。

· 原点：设置平面原点。

· 法向：设置平面法向矢量。

② 对于设置为圆柱体的切片类型，有如下设置。

· 中心：设置圆柱体原点。

· 轴线：设置圆柱体轴方向。

· 半径：设置圆柱体半径。

（2）**波纹**：显示被平面或圆柱体剖切的所有单元格。

（3）**反向剪辑**：翻转网格的方向并保持。

可单击“显示” 按钮在显示窗口中显示部分平面，如图 6-7 所示。可在显示窗口中将该平面移动到所需位置。可单击 X Y Z 按钮来确定垂直于特定轴的平面方位。当平面位于所需位置时，可单击 确定 按钮在新位置上显示切片。

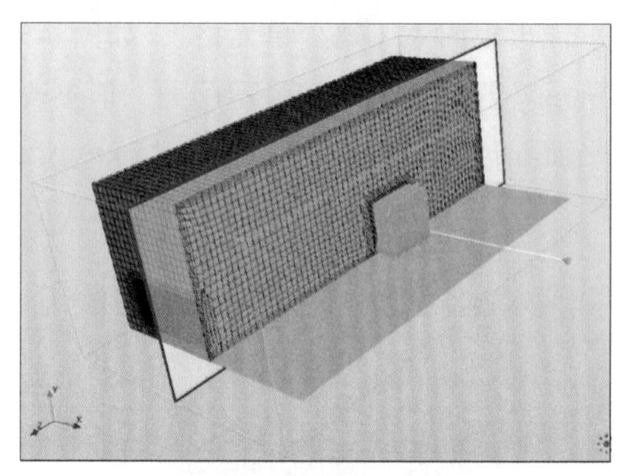

图6-7　显示的部分平面

6.1.3　临界点

可利用“临界点” 命令来查看场值落在指定范围内的单元格。

单击此命令后，将弹出对话框。用户需要选择将临界点应用到特定对象，通常是流体体积网格。用户可以选择所需选项，为新临界点对象命名，然后单击 确定 按钮创建。

在对象浏览器“对象”节点下创建包含给定名称的新项。如果选择此临界点项目，则可用如图 6-8 所示的“对象”数据面板进行设置。用户可以选择场并设置范围。

图6-8　临界点设置数据面板

图 6-9 所示是“临界点”命令的输出示例。在该示例中，将显示湍流动能 k 为 0.1 ~ 2 的所有网格，然后使用 U-Mag 给单元格着色。

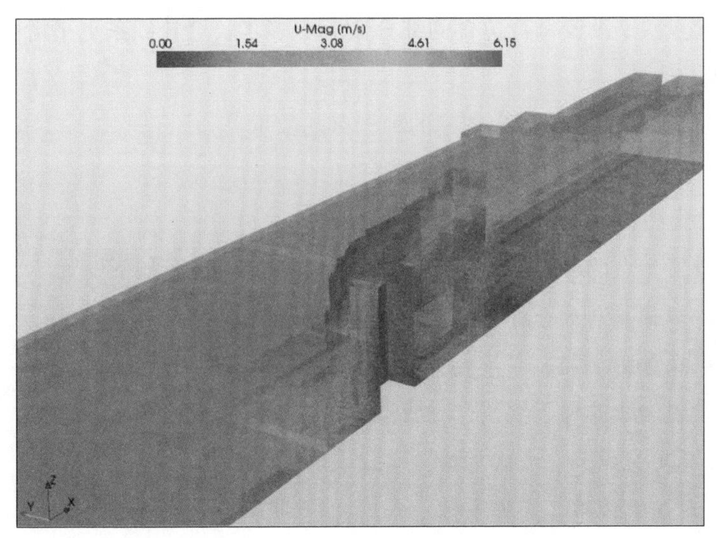

图6-9 “临界点”命令的输出示例

6.1.4 流线

可利用“流线”命令，将无质量粒子通过流的路径表示为线，对流的三维结构进行可视化。

选择此命令后，将弹出对话框，指示待加载体积网格的提示。对于多个区域，用户需要选择要将流线应用到特定的体网格。用户可以选择所需选项，为新流线对象命名，然后单击确定按钮创建。

在对象浏览器“对象”节点下创建包含给定名称的新项。如果选择此新流线项目，则可用图 6-10 所示的“对象”数据面板进行设置。

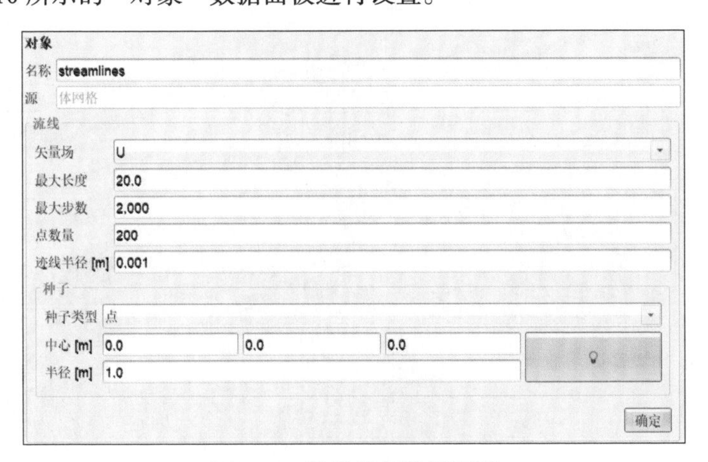

图6-10 流线设置数据面板

（1）**矢量场**：选择将应用流线工具的矢量。

（2）**最大长度**：设置流线的最大长度。

（3）**最大步数**：设置每行包含的细分数。更多步长会让线条更平滑，但会消耗更多的计算资源。

（4）**点数量**：设置要在源中创建的种子点的数量。

（5）**迹线半径**：设置每条线的半径。

（6）**种子类型**：可以设置为以下选项之一。

① 对于设置为点的种子类型，流线源分布在球体内，有如下设置。

· 中心：球体原点的坐标。

· 半径：球体的半径。

② 对于设置为线的种子类型，流线源分布在一条线上，有如下设置。

· 第1点：定义线第一点的坐标。

· 第2点：定义线第二点的坐标。

③ 对设置为面的种子类型，流线源分布在面片上，有如下设置。

· 边界：选择要在其上为流线设定源类型的面源。

可单击“显示”按钮在显示窗口中显示流线源，如图 6-11 所示。可以在显示窗口中将点或线种子类型（源）移动到所需位置。当源位于所需位置时，可单击 确定 按钮在新位置上显示切片。

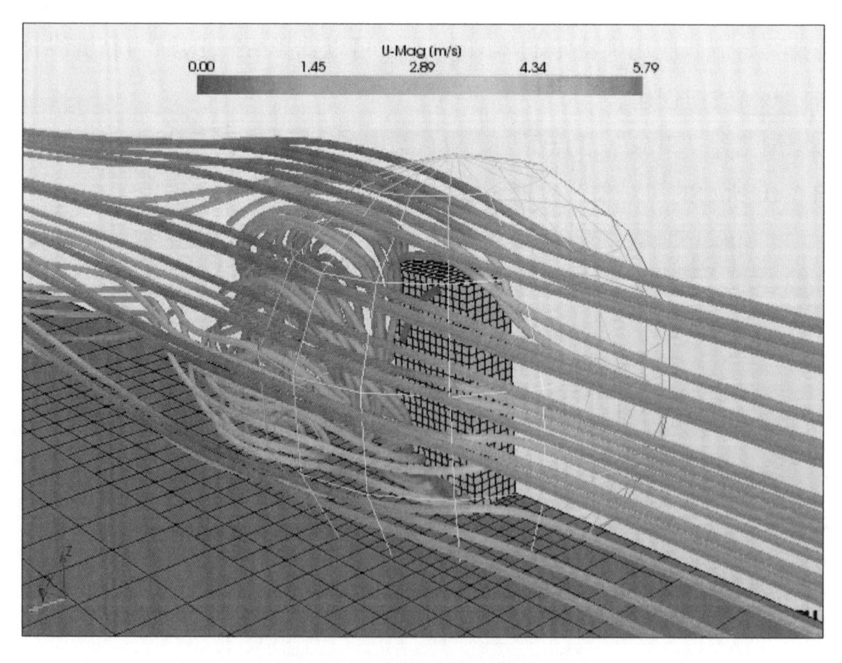

图6-11　流线源和结果

可以使用“可视化”数据面板中的设置更改流线颜色，如图 6-12 所示。

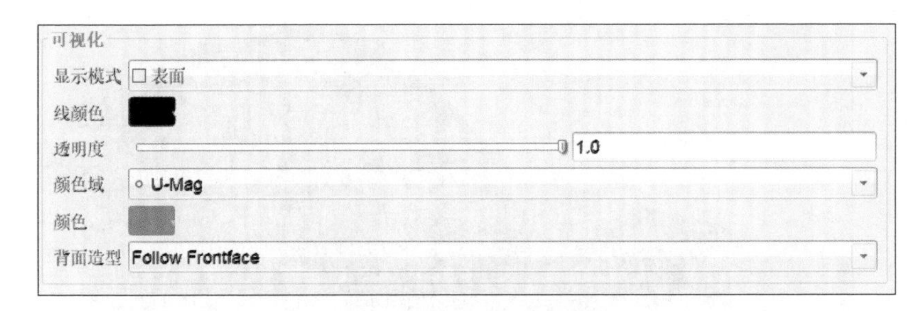

图6-12 “可视化”数据面板

6.1.5 等值面

可利用“等值曲面”命令对具有相同标量值的三维曲面表示进行可视化。

选择此命令后，将弹出对话框，指示待加载体网格。对于多个区域，用户需要选择要应用等值曲面工具的体网格。用户可以选择所需选项，为新等值曲面对象命名，然后单击 确定 按钮创建。

在对象浏览器“对象”节点下创建包含给定名称的新项。如果选择此等值曲面项，则可用图 6-13 所示的“对象”数据面板进行设置。

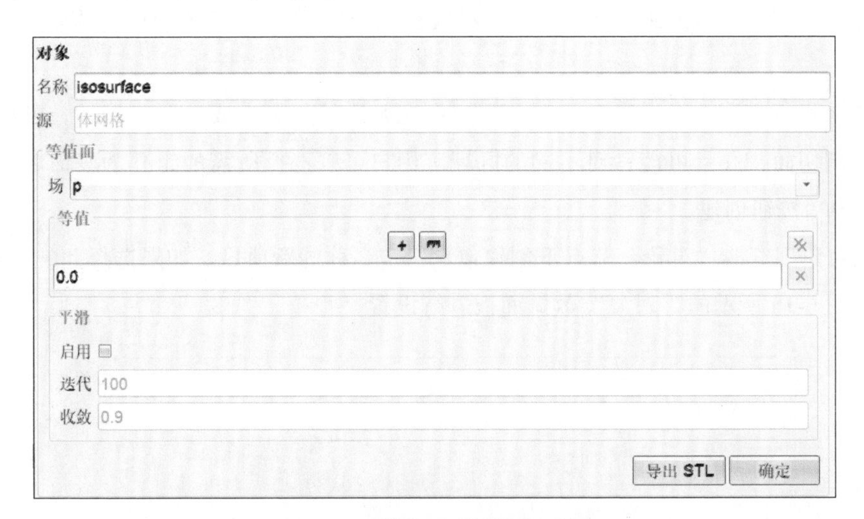

图6-13 等值面设置数据面板

（1）场：选择要在其上应用 Iso 曲面工具的标量场。

（2）等值：创建将在其中绘制曲面的标量值列表。

（3）启用：激活平滑。

（4）迭代：设置平滑迭代次数。

（5）收敛：设置收敛公差。

用户可在数据面板中设置将在其中创建曲面的等值面列表。设置此列表后，可单击 确定 按钮来显示等值曲面，如图 6-14 所示。

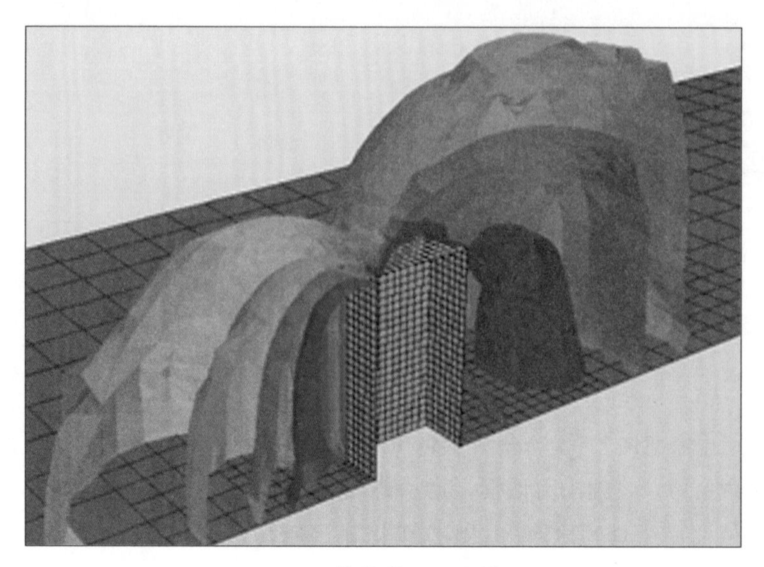

图6-14　等值曲面源和结果

6.1.6　矢量

可利用“矢量”命令来可视化三维矢量,从而便于检查相关面积内的流量大小和方向。

选择此命令后，将弹出对话框，用户可在此选择矢量生成的源。例如，可以是体网格或剖切面，并且可能针对不同的区域。用户可以选择所需的源并为其命名，然后单击 确定 按钮创建。

在对象浏览器“对象”节点下创建包含给定名称的新项目。如果选择此矢量项目，则可用图 6-15 所示的“对象”数据面板进行设置。

对象

名称	vectors
源	体网格

符号

符号	3D Arrow
方向场	U
启用按场缩放	☑
缩放场	U-Mag
最大符号长度 [m]	1.0
符号分布	Uniform
符号最大数量	1,000
播撒	10,000

确定

图 6-15　矢量设置数据面板

（1）**符号**：选择要使用的符号类型，可以是以下几种——3D Arrow（三维箭头）、Cone（圆锥）、2D Arrow（二维箭头）、2D Filled Arrow（二维填充箭头）、Triangle（三角形）。

（2）**方向场**：选择矢量场。

（3）**启用按场缩放**：启用或禁用矢量缩放。

（4）**缩放场**：选择缩放场内的参考矢量值。

（5）**最大符号长度**：指定矢量的最大值。

（6）**符号分布**：设置分布类型。可以是以下几种——Uniform（统一）、All Points（所有点）、Every N-th Point（每 N 点）。

（7）**符号最大数量**：指定图示符的最大数目。

（8）**播撒**：设置要使用的种子点数。

每次输入新设置时，可单击 确定 按钮将设置应用于显示器，如图 6-16 所示。

图6-16　使用矢量来可视化流场的示例

6.2　场景

在"后处理"选项卡中，可以保存、编辑场景并在以后重新加载场景。如需创建场景，请在显示窗口中创建所需的后处理，然后选择"场景"功能区中的"创建"命令。在对象浏览器"场景"节点下创建新场景。

如果在对象浏览器中选择了新场景，则数据面板将显示相关信息和设置，如图 6-17 所示。

（1）**名称**：更改场景的名称。

（2）**项目**：场景中显示的网格或几何体项的列表。

（3）**颜色标尺**：场景中显示的颜色图例列表。

（4）**相机**：查看摄像头设置。

（5）**视图选项**：各种显示窗口显示选项，如背景色、方向小部件、徽标和网格。

（6）**保存场景**：使用当前后处理设置覆盖选定场景。

（7）**应用于视图**：加载保存的场景并将其显示在显示窗口中。

（8）**保存为图像**：将场景图像导出到文件。

图6-17　“场景”数据面板

第7章 汽车空气动力学向导

“汽车空气动力学向导”采用一组预定义建模流程，用来指导用户完成最佳实践操作，通过各种所需的步骤来完成虚拟风洞中的外空气动力学 CFD 仿真。ASO 随附的默认设置经过 200 多个风洞的试验验证，为在开放道路中运行的各种车辆形状提供高精度阻力分析预测。

用户可以使用 DES 建模方法，在开放道路条件下利用默认方法进行阻力预测，也可以使用替代建模实践来创建并部署其自定义配置，以满足特定需求，或者对特定风洞的设置进行建模。如需了解有关如何设置自定义配置文件的更多信息，请参阅第 8 章。

可选择“向导”功能区中的“外流场”命令来访问“汽车空气动力学向导”。这样可创建“汽车空气动力学向导”选项卡并更新功能区和对象浏览器，如图 7-1 所示。用户可按照对象浏览器中的节点自上而下完成设置。本章将详细地解释“汽车空气动力学向导”的每个步骤。

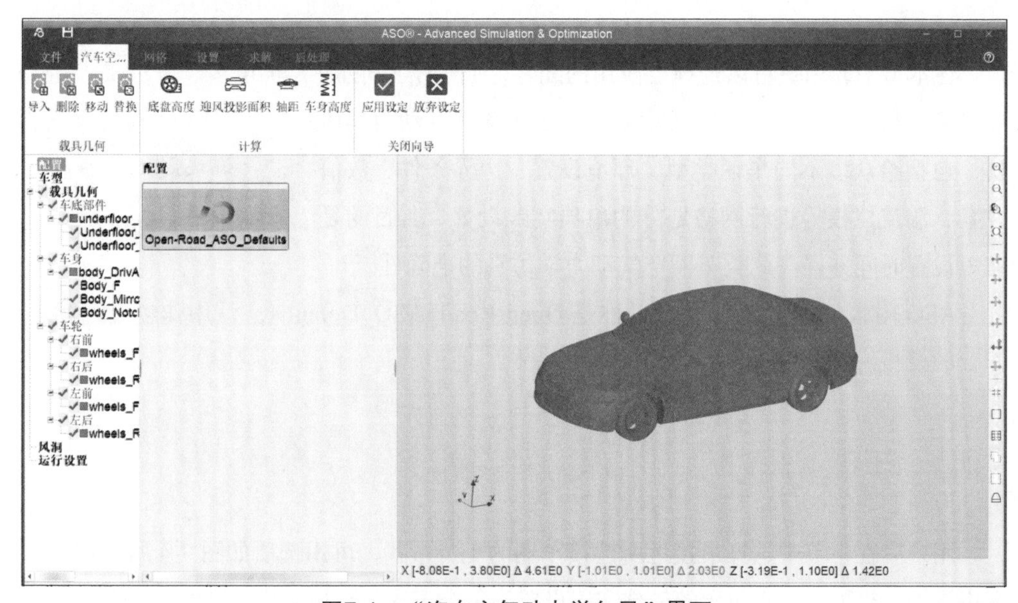

图7-1 “汽车空气动力学向导”界面

“汽车空气动力向导”选项卡如图 7-2 所示，包含以下可用命令。

（1）载具几何。

- 导入：导入几何文件。
- 删除：移除选定的几何文件。
- 移动：移动或旋转选定的几何体。
- 替换：将选定的几何体替换为另一个几何体。

（2）计算。

- 底盘高度：计算地面高度。
- 迎风投影面积：计算正面面积。
- 轴距：计算轴距。
- 车身高度：计算乘坐高度。

（3）关闭向导。

- 应用设定：保存设置并退出向导。
- 放弃设定：退出向导，但不保存设置。

图7-2　“汽车空气动力向导”选项卡

7.1　配置

在本节中，用户可以选择要应用的配置，如图 7-3 所示。配置是一组预定义的最佳实践设置，用于车辆空气动力学仿真，包括给众多不同车辆类型、环境设置、边界条件、数值方案、湍流建模等进行网格划分的最佳实践设置。其目的是缩短设置时间并提高此类车辆空气动力学仿真的准确性。

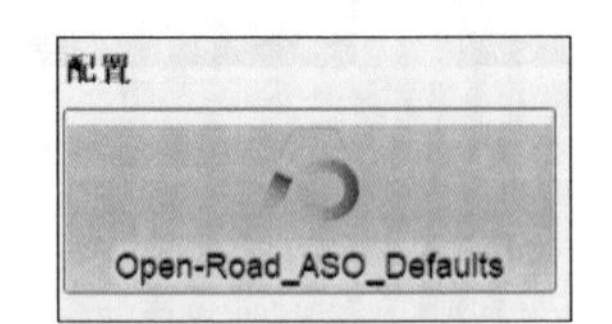

图7-3　ASO配置选择

ASO 附带一个默认配置，名称是 Open-Road_ASO_Defaults，可用作创建自定义配置的模板。选择配置后，转到“车型”节点。

7.2　车型

用户应在本节中选择最接近所建模车辆的车身形状，可用选项如图 7-4 所示。由于网格设置是根据配置中包含的最佳实践设置为每个车辆的车身形状定制的，所以该选择很重要。

当前可用的车型有 Couple，Hatchback，Pickup，SUV，Sedan，Squareback，Stock Car，Truck。

完成选择后，移至“载具几何”节点。

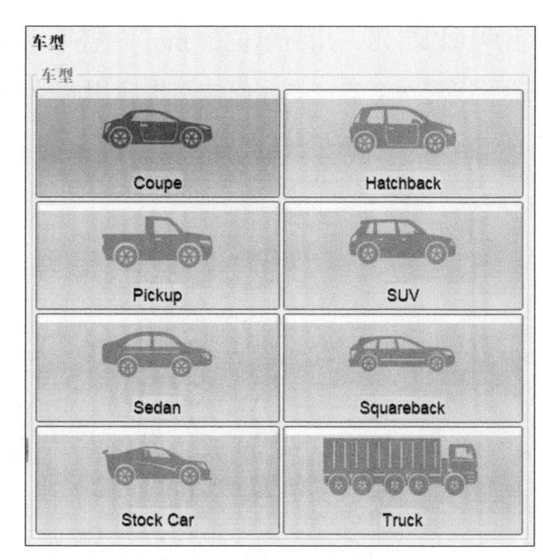

图7-4　车型

7.3　载具几何

运行车辆仿真时，需要一组几何模型文件，该组模型包括车身、发动机舱、多孔介质（冷却模块）、车底部件和车轮这几个部分，其所需的网格划分策略和建模参数输入均不相同。导入几何体后，将其自动或手动分类到不同的装配零件分组中。图 7-5 所示为包含一组“载具几何”的车身零件，以及车身零件的数据面板。

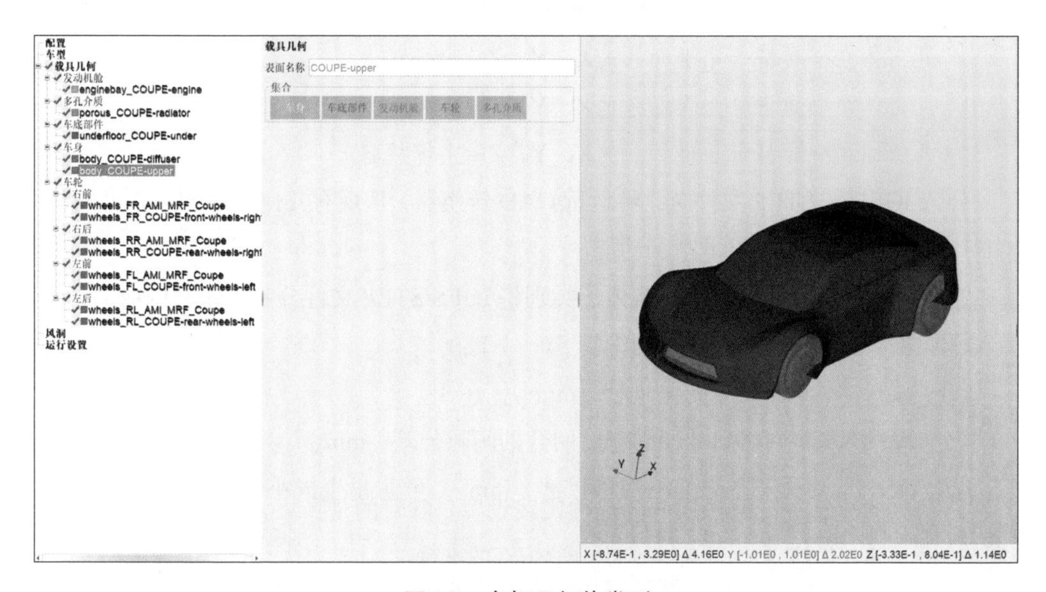

图7-5　车辆几何体类型

7.3.1　导入几何

如需导入几何文件，请选择“载具几何”功能区中的“导入”命令，弹出“载入曲面文件”对话框，如图 7-6 所示。

1. 几何文件格式和变换

可用于导入的几何文件格式包括 STL、IGES、STEP 和 OBJ 等。在导入过程中，用户可以启用“几何单位是 mm”选项，则自动将几何体单位从 m 转换为 mm。此外，还可以对每个选定的几何体部件应用简单变换选项，如下所示。

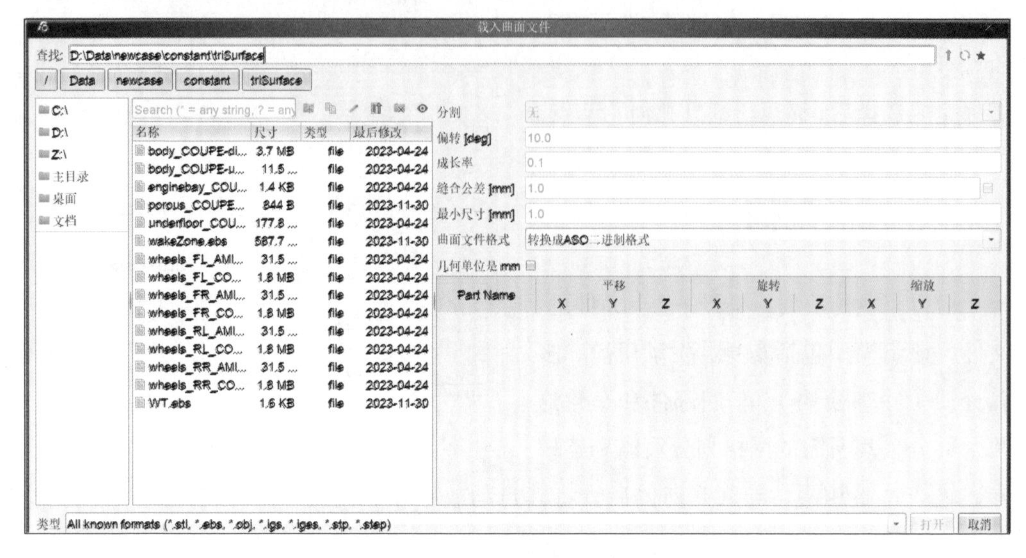

图7-6 “载入曲面文件”对话框

· 几何体在全局笛卡儿坐标系的*X*、*Y*、*Z*轴上平移。

· 几何体在全局笛卡儿坐标系的*X*、*Y*、*Z*轴上旋转。

· 几何体在全局笛卡儿坐标系的*X*、*Y*、*Z*轴上缩放。

导入 IGES 或 STEP 文件时，将运行 CAD 转换器，从现有几何体中创建多面曲面。IGES 和 STEP 文件具有以下附加功能。

（1）**分割**：根据颜色、面或实体子类别将 IGES/STEP 文件分割为单独的曲面。

（2）**偏转**：相对于形状曲率的偏转 [（°）]。

（3）**成长率**：网格尺寸变化余量（m/m）。

（4）**缝合公差**：网格划分期间将会闭合的间隙公差（mm）。

（5）**最小尺寸**：允许的最小网格尺寸（mm），可防止生成小于定义尺寸的曲面。默认尺寸不受限制。

（6）**曲面文件格式**：选择使用原始文件格式或将几何文件格式转换为二进制格式，其文件扩展名为 .ebs，该格式的文件占用空间更小且加载速度更快。

（7）**几何单位是 mm**：启用此设置可将导入文件的尺寸除以 1 000，从而将尺寸从 m 转换为 mm。

2. 几何体要求

要使 ASO 正常工作，必须满足以下几何准则。

（1）**支持的格式**：支持 ASCII 和二进制 STL 格式，也可以识别 GZIP 格式。

（2）地面方位：地面始终应用于 X-Y 平面，Z 值由用户指定，应相应确定几何体方位。

（3）行程方向：始终将气流定义在正 X 方向上，因此车辆的行驶方向应为负 X 方向。

（4）车辆对正：车辆定位时也应确保纵向的对称平面位于 Y=0 处。

（5）多孔区域：定义任何多孔区域的几何体应当保存为 STL 或 IGES 文件，如果保持为 STL 文件，则文件应以单个部件的名字命名。

7.3.2 删除、移动、替换几何

如需从仿真中删除零件，请在对象浏览器中选择该零件，然后选择“载具几何”功能区中的“删除”命令，将其从仿真中删除，但并不会从导入文件的位置删除该文件。

如需移动、旋转或缩放零件，请选择“载具几何”功能区中的“移动”命令，弹出一个对话框，如图 7-7 所示，可以在其中输入所需的变换值。

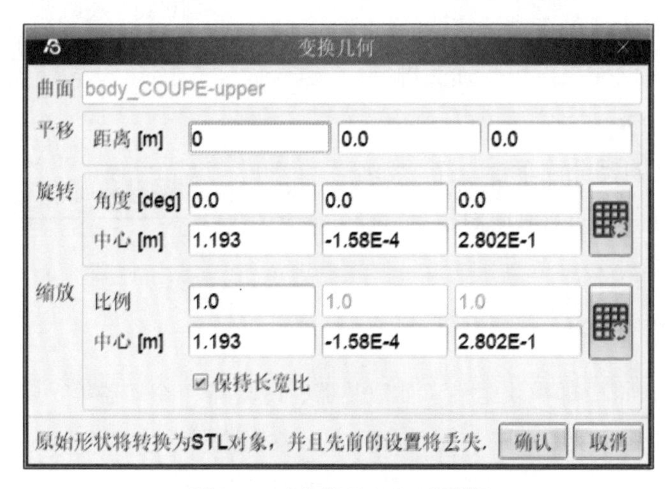

图7-7 “变换几何”对话框

当用户需要指定车辆相对于地板平面的特定对正方式时，或者在某些内部部件的相对位置可能发生变化的情况下（例如，开式车轮车辆的翼子板迎角、车辆的乘坐高度等），替换工具就非常有用。

“载具几何”功能区中的“替换”命令能够让用户将“载具几何”节点下列出的现有父几何体替换为不同的父几何体。替换现有几何体时，唯一需要满足的要求是必须保留原始几何体的层次结构，以便保持一致性。

例如，如果用户希望替换包含一个或多个子零件的特定主曲面，则新几何体必须具有相同数量的子零件，以保证其能够正常发挥功能。

在曲面没有子零件的特殊情况下，只能使用单区域 STL 几何文件进行替换。如果用户试图用不兼容的几何体文件替换现有曲面，则将显示错误信息。

7.3.3 部件分组

对于几何的每个零件，有必要指定一个分组，以便正确地应用最佳实践进行网格划分和建模设置。为此，请在对象浏览器中选择“载具几何”节点，然后在“载具几何”数据面板中选择相应的程序集组，程序集组如图 7-8 所示。

载具几何
表面名称 COUPE-upper
集合
车身 车底部件 发动机舱 车轮 多孔介质

图7-8 程序集组

如果几何文件名包含可识别的前缀，则在导入时会自动将其指定相应的程序集组，表 7-1 列出了程序集组和可识别的前缀。

如果曲面文件名包含关键字 wheels_（车轮），则还可以使用一组附加关键字，即 FL_（左前）、FR_（右前）、RL_（左后）和 RR_（右后）自动分配车轮位置。将名称中不带可识别前缀的所有曲面指定给程序集组 body（车身）。

表7-1 程序集组和可识别的前缀

程序集组	可识别前缀
车身	body
地板	underfloor
发动机舱	enginebay
车轮	wheels
多孔	porous
拆分器（仅限改装赛车）	splitter

7.3.4 多孔介质

在 ASO 中，将冷却模块组件（如散热器、冷凝器、冷却器等）定义为多孔介质。分配给多孔介质程序集组的所有零件都列在对象浏览器的“多孔介质”节点中。对于这些零件中的每一个，须在相应的数据面板中定义多孔介质坐标系和阻力系数，如图 7-9 所示。

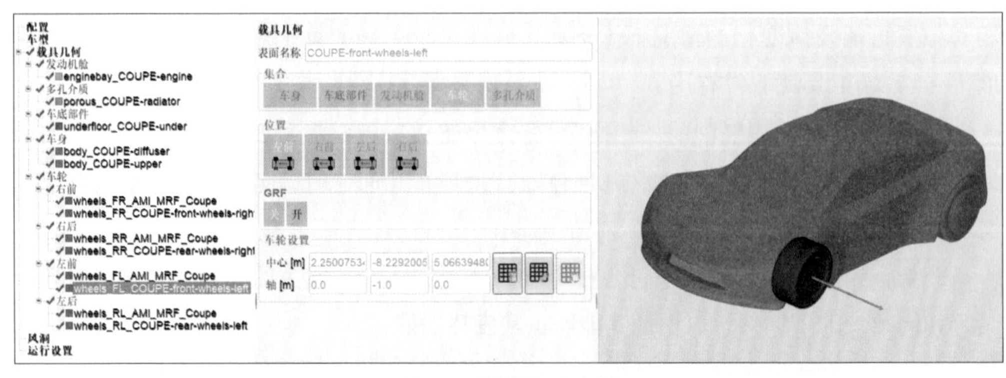

图7-9 设置多孔介质

1. 坐标系

如需定义坐标系，请首先在对象浏览器中选择适当的零件，然后转到相应数据面板中的“局部坐标系”。用户可以手动设置“原点”“流动方向”和“横轴”数值（如果已知），如果未知，则使用其提供的“编辑”按钮。

> 注 单击“编辑”按钮后，该按钮将自动被替换为“保存”按钮。

单击“编辑”按钮后，将在显示窗口底部显示一个名为“局部坐标系”的新选项卡，如图 7-10 所示。

局部坐标系				
说明	选择点			
选取3个点来定义坐标系.	原点	0.0	0.0	0.0	选中
1. 选择坐标系的原点	主流方向点	0.0	0.0	0.0	选中
2. 选择主流方向的点	法向点	0.0	0.0	0.0	选中
3. 选择主流方向的法向点					

图7-10 “局部坐标系”选择卡

首先，单击（原点）按钮并在显示窗口中所示的模型上拾取一个点，将该点视为局部坐标系的原点。

然后，单击（主流方向点）按钮并在显示窗口中所示的模型上拾取一个点，以便由从原点到该点的方向来定义流动方向（或局部 X 方向），由原点与该点之间的距离来定义沿局部 X 方向上多孔介质的厚度。

最后，单击（法向点）按钮并在显示窗口中所示的模型上拾取一个点，以便由从原点到该点的方向来定义横轴（或局部 Y 方向），结果如图 7-10 所示。单击“保存”按钮保存更改并关闭“局部坐标系”选项卡。

2. 孔隙率

默认在所有情况下均采用 Darcy-Forchheimer 孔隙度模型，其适用于各向同性和各向异性的多孔介质。来源由两部分组成：黏性损失项和惯性损失项。

$$S_i = -\left(\sum_{j=1}^{3} D_{ij}\mu U_j + \sum_{j=3}^{3} F_{ij}\frac{1}{2}\rho\bar{U}U_j\right)$$

其中，$\sum_{j=1}^{3} D_{ij}\mu U_j$ 是达西的黏性损失项；$\sum_{j=3}^{3} F_{ij}\frac{1}{2}\rho\bar{U}U_j$ 是达西的惯性损失项；S_i 是第 i 个（X，Y 或 Z）动量方程的源项；D_{ij}，F_{ij} 是规定的多孔介质张量；μ 是流体的动态黏

度，单位为Pa·s；ρ是流体密度，单位为kg/m³；U_j是速度矢量的第j个（X、Y或Z）分量；$\bar{U}$是速度大小，单位为m/s。

用户需要在“多孔系数”选项区域指定 Darcy-Forchheimer 模型系数和值。ASO 提供不同的选项，用于指定 Darcy-Forchheimer 系数，如下所示。

（1）默认值：为默认选项，允许用户以 m^{-2} 为单位指定黏性损失系数（d），以 m^{-1} 为单位指定沿流动方向的惯性损失系数（f）。同时，可以很容易地从特定多孔区域分组的特征速度 - 压力曲线中推导出这些系数。

（2）模型 1：用户输入沿流动方向的黏性损失系数（单位为 s^{-1}）和惯性损失系数（单位为 m^{-1}）。

（3）模型 2：用户输入沿流动方向的黏性损失系数 [单位为 $kg/(s \cdot m^3)$] 和惯性损失系数 [单位为 $kg/(s \cdot m^4)$]。

（4）压降曲线：用户输入多孔介质厚度（单位为 m），并输入表格形式的压降，利用第一点和第二点之间的距离从局部坐标系自动计算厚度，但可以手动更改。可将压力损失曲线手动输入表格或从 Excel 导入，第一列代表速度值（单位为 m/s），第二列代表压降值（单位为 Pa）。

7.3.5 车轮设置

分配给“车轮”程序集组的所有零件在数据面板中都有附加设置，如图 7-11 所示。如果车轮有可识别的前缀，则会自动分配到相应的位置，并自动计算车轮旋转中心和轴。

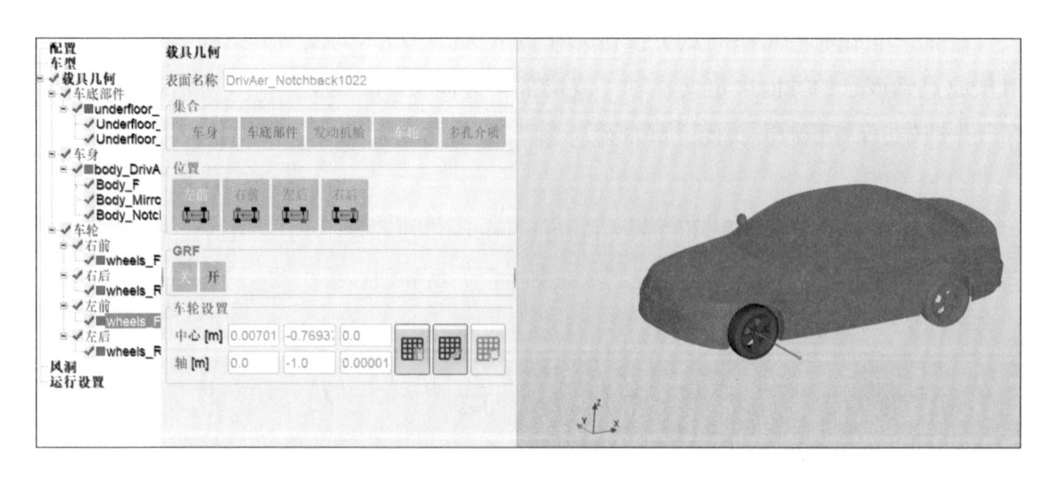

图7-11　车轮设置

根据几何尺寸自动计算每个车轮的车轮转速、轴距、旋转中心、旋转轴、轴位置（前部或后部）和侧面位置（左侧或右侧），车轮参数定义如图 7-12 所示。

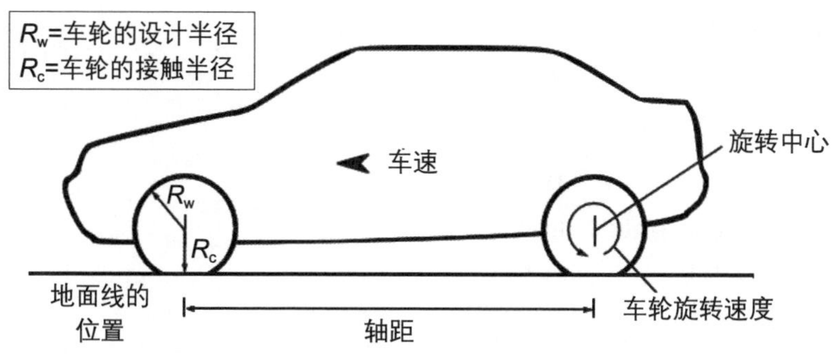

图7-12　车轮参数定义

用户可利用“位置”选项区域中的按钮手动分配或覆盖车轮位置。同样，也可以在“车轮设置”选项区域中编辑旋转轴和旋转中心。

7.4　风洞

ASO根据导入的几何体尺寸和配置文件中包含的预设设置来自动确定域方向、大小和细化框。选择“风洞”节点时，GUI将显示图7-13所示的域和加密区域。

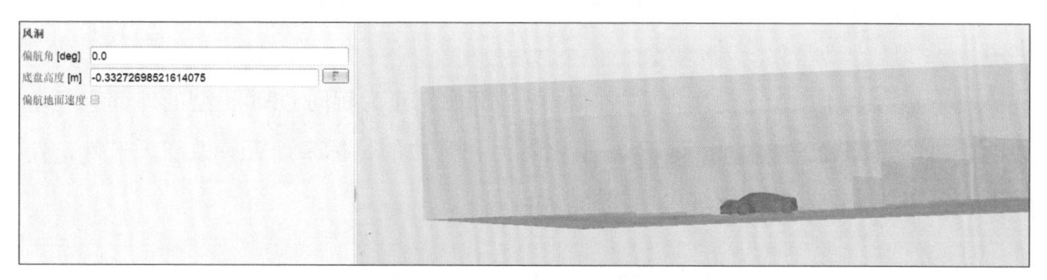

图7-13　“风洞”数据面板

用户可在“风洞”数据面板中设置“偏航角”和“底盘高度”并勾选“偏航地面速度”复选框。

最初将底盘高度设置为接触车轮底部，但现实情况通常并非如此，汽车的质量和轮胎的弹性会使其稍微高一些。因此，用户一定要输入相对于车辆的正确底盘高度，以获得最准确的结果。

7.5　运行设置

“汽车空气动力学向导”的对象浏览器中最后一个节点是“运行设置”。“运行设置”

数据面板如图 7-14 所示。

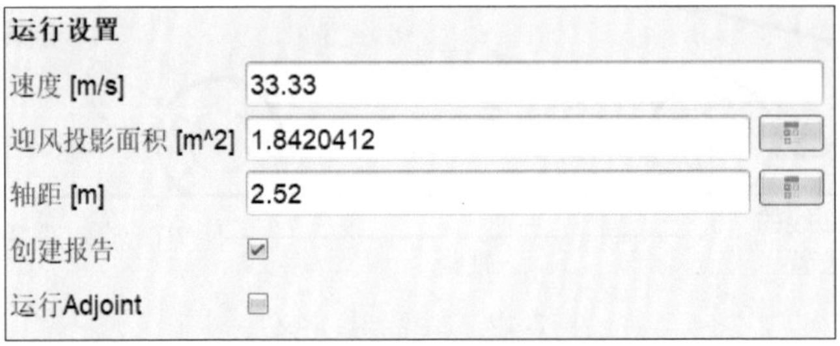

运行设置

速度 [m/s]	33.33
迎风投影面积 [m^2]	1.8420412
轴距 [m]	2.52
创建报告	☑
运行Adjoint	☐

图7-14 “运行设置”数据面板

可以定义以下设置。

（1）**速度：** 车辆的移动速度，单位为 m/s。

（2）**迎风投影面积：** 车辆的最大横截面积，单位为 m^2，单击即可自动计算。

（3）**轴距：** 轮轴之间的距离，单位为 m，单击即可自动计算。

（4）**创建报告：** 创建 Word 格式的 CFD 设置和结果综合报告，包括力 / 速度等高线图、压力（静态和总压力）、近壁面速度以及评估车辆空气动力学性能所需的其他参数量。所有图像将保存在案例目录下的 report 文件夹中，Word 报告将保存在案例文件夹中。

（5）**运行 Adjoint：** 启用伴随矩阵模块。例如，作为相同 DES 类型的外部空气动力学分析的一部分，可利用其基于最小化阻力和升力的目标来计算灵敏度。另外，伴随矩阵模块需要额外的有效许可证才能运行。

第 8 章 向导高级配置参数

ASO 提供了一套默认的车辆建模实践，通过配置文件的部署使用户能够利用“汽车空气动力学向导”快速设置并执行车辆外部空气动力学仿真。

针对车辆空气动力学分析的默认配置是基于 DES 方法，由恒典信息科技（苏州）有限公司针对带旋转车轮的开放道路条件进行开发和验证，涵盖了各种车辆形状。

也可以在“汽车空气动力学向导”中创建其他定制配置，以部署不同的建模策略。依照配置文件中指定的设置自动更新“汽车空气动力学向导”中显示的选项。

可以在用户或应用程序级别应用配置文件，以指定本地或全局设置。对于本地设置，在 GUI 中选择“文件”→“首选项”命令，在弹出的对话框中单击“显示文件”按钮（在默认字典旁边）或直接打开 ~/.ASO/v3.3.0/dictData/ASO/auto 文件夹来访问用户配置文件。

类似地，为了使这些配置可供所有操作人员通用，需要将配置文件保存在 <INST_DIR>HLCFD/ASO/v3.3.0/GUI/auto 文件夹下的安装目录中。

注：在安装ASO期间，虽然位于用户主目录中的本地自动文件夹是自动创建的，但位于全局安装目录中的自动文件夹则需要由具有管理权限的用户创建。

8.1 配置文件说明

用户可在本地自动文件夹（~/.ASO/v3.3.0/dictData/ASO/auto）中找到 Open-Road_ASO_Defaults 目录，其中存有针对默认汽车空气动力学建模设置的配置文件。这些配置文件包含定义和运行仿真所需的所有网格和求解器设置、为风洞几何体建模所需的 STL 文件，以及用于尾流和特定车辆组件的网格细化框。

Open-Road_ASO_Defaults 文件夹包括以下项。

- cars（汽车）文件夹：包含此配置中支持的每种车型（即Sedan，Couple，SUV，Stock Car，Hatchback，Squareback，Pickup和Truck）的特定建模设置。
- auto.defaults文件：包含此配置中支持的风洞和车辆形状的网格和求解器全局设置。
- STL文件，用于根据需要对风洞几何体和自定义体积细化框建模。

在通常情况下，在 cars（汽车）文件夹中指定的建模设置会覆盖 auto.defaults 配置文件中定义的设置。在 cars（汽车）文件夹中，用户将找到以下文件结构。

- 会针对每个特定的车辆型号创建一个名为 auto.<car_name> 的文件，其与 auto.defaults 文件的结构完全相同。在默认配置中，将 <car_name> 定义为 Sedan、Couple、SUV 等。
- icons（图标）文件夹：包含一系列PNG格式的车辆特定图像；在该文件夹下，为每个车辆形状列出一张图像。

应了解 auto.defaults 的通用结构和用户输入，并且 auto.<car_name> 是在外部空气动力学 GUI 中创建及部署新配置的基础。每个文件由一系列标题组成，涵盖 CFD 模型定义的主要方面。

- 车辆配置，如vehicleGeometry { }标题中指定。
- 车轮配置，如wheels{ }标题中指定。
- 风洞，如tunnel{}标题中指定。
- 网格体积细化框，如volumes{ }标题中指定。
- 车辆几何体的网格，如mesh{ }标题中指定。
- 求解器的案例设置，如caseSetup{ }标题中指定。
- $avgStartTime 是字段平均开始的时间。

本章的剩余部分详细描述了完成配置文件每一部分所需的用户输入。

8.1.1 全局变量

对于风洞和网格设置，用户可以采用以下车辆特定的设计变量。

- （scaleX, scaleY, scaleZ）是根据实际车辆（X, Y, Z）尺寸缩放风洞几何体的矢量或比例因子。
- （posX, posY, posZ）是（X, Y, Z）中的平移矢量，用于将风洞几何体与车辆前桥的位置对正。

此外，ASO 还依赖以下内部状态变量来方便案例定义。

- $Umag是入口速度大小，单位为m/s。

- $UDirection 是入口速度单位矢量。
- $UmagVector是入口速度矢量，单位为m/s。
- $endTimeRun是仿真结束时间。
- $timeStep是时间步长表，单位为s。在默认配置文件的瞬态中，将应用初始较粗略的时间步，然后是精细的时间步。
- $writeIntervalInit是字段写入间隔时间步长。
- $patches是计算空气动力和力矩的车辆曲面面片列表。
- $Aref是GUI中指定的参考面积值（一般是正投影面积），单位为m^2。
- $refPointLocation是力矩和平衡计算的旋转中心。
- $wheelbase是在Wheels（车轮）选项卡中计算的轴距长度。

8.1.2 车辆程序集设置

用户可更改 auto.defaults 文件中的 vehicleGeometry{} 部分来修改 GUI 中的部件分类组（见图 8-1）和相关按钮。

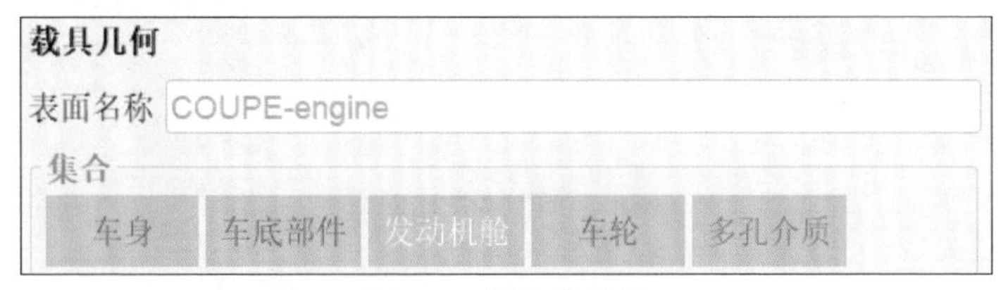

图8-1　部件分类组

例如，图 8-2 所示为自定义添加的后视镜（mirror）和尾翼（wing）的默认条目、自定义部件分类以及两个新分类。

```
vehicleGeometry
{
 assembly
  {
// 以下是预设的部件默认值
//
//body {key body; label Body; prefix body_; color #0000FF;}
//underfloor {key underfloor; label Underfloor; prefix under-
floor_; color #FF0000;}
//enginebay {key enginebay; label “Engine Bay”; prefix engine-
bay_;  color #00FF00;}
//wheels {key wheels; label Wheels; prefix wheels_; color
```

```
#FF00FF;}
//porous {key porous; label Porous; prefix porous_; color
#00FFFF;}
// 可自定义的类型有
// customWheel
// {
//     key wheel;              // 这是要定制的类型
//     label “Custom Wheel”; // 自定义类别
//     prefix WH_;             // 自定义前缀
// }
// 或者增加一个新类别
// mirror {key splitter; label Splitter; prefix splitter_; color
#00FF00 frontalArea false;}
// wing {key wing; label Wing; prefix wing_; color #FF0000; fron-
talArea true;}
}
}
```

图8-2　部件分类配置

每个条目的设置如下所示：

<label> {key <type>; label <name>; prefix <ref>_; color <colorCode>;}

包括以下设置，每个设置后面都有一个“；”。

- <label>是在配置文件中引用的程序集组的用户定义句柄。
- key <type>定义该组所属的程序集类型，并确定其将在“设置”选项卡的“对象浏览器”中的列出位置。例如，如果某个几何属于车轮部件分类，则该几何将在对象浏览器的车轮标题下列出。
- label <name>定义了将显示在按钮上的名称。如果标签中有多个单词，则应在引号中定义名称，例如“发动机舱”。
- prefix <ref>_定义了关键<ref>_，可用于根据导入的文件名中存在的<ref>_，自动将几何体指定给程序集组。

几何体文件可以有多个前缀，例如：

wheels_frontLeft_MRF_coupeWheel.stl

- color <colorCode>用于定义按钮的背景色以及程序集类型的文本颜色，将颜色定义为十六进制格式，例如#FF00FF。

8.1.3 车轮设置

在 auto.defaults 配置文件中，wheels {} 部分的示例如图 8-3 所示。

```
wheels
{
wheelsSetup byWheel; // byAxle（按轴）或byWheel（按单个的轮子）
wheelsTreatment default; // default（默认），MRF或AMI
wheelLocation
{
// 以下是预定义车轮位置类型的默认值
//
// frontLeft {key FL; label “Front Left”; prefix FL_; color #000000;}
// frontRight {key FR; label “Front Right”; prefix FR_; color
#000000;}
// rearLeft {key RL; label “Rear Left”; prefix RL_; color #000000;}
// rearRight {key RR; label “Rear Right”; prefix RR_; color #000000;}

// 可定义类型有
// frontLeft {key FL; prefix fl_;}
}
// MRF {on {key mrf_on; prefix MRF_;} off {key mrf_off;}}
// AMI {on {key ami_on; prefix AMI_;} off {key ami_off;}}
// GRF {on {key grf_on; prefix GRF_;} off {key grf_off;}}
}
```

图8-3 配置车轮位置和设置

设置描述如下。

可将 wheelsSetup 设置为 ByAxle 或 byWheel，其含义如下。

- ByAxle是指两个成对定义，并构成相同几何体一部分的车轮。由于同一车桥上的车轮之间存在差异，所以这并非大多数四轮车辆的推荐设置，但这是四轮以上卡车或其他车辆的默认设置。
- byWheel指的是在单独的几何体中单个定义的车轮，也是四轮车辆的默认设置。

可将 wheelsTreatment 设置为 default、AMI 或 MRF，其含义如下。

- default表示将车轮视为移动壁面。
- AMI表示使用AMI方法来处理轮毂等车轮内部零件，以便移动壁面更为准确地计算该区域的空气动力学。
- MRF表示使用MRF方法来处理轮毂等车轮内部零件，以便比移动壁面更为准确地计算该区域的空气动力学。

wheelLocation 根据几何体名称来定义可用的车轮位置、颜色和自动分配。

> 每个位置条目的设置如下所示：
>
> label> {key <type>; label <name>; prefix <ref>_; color <colorCode>;}

包括以下设置，每个设置后面都有一个“；”。

- <label>是在配置文件中引用的车轮位置的用户定义句柄。
- key <type>定义了此组所属的车轮位置。
- label<name>定义了将在GUI中使用的名称。如果标签中有多个单词，则应使用引号定义名称，例如“Front Left”（左前侧）。
- prefix <ref>_定义了关键<ref>_，可用于根据导入期间文件名中存在的<ref>_，自动将几何体指定给车轮位置。

> 几何文件可以有多个前缀，例如：
>
> wheels_frontLeft_MRF_coupeWheel.stl

- ocolor <colorCode>用于定义车轮位置的文本颜色，将颜色定义为十六进制格式，例如#FF00FF。

MRF 是用户更改用来识别 MRF 几何体前缀的地方，默认前缀为 MRF_，因此，如果几何体文件名包含前缀 MRF_，则会在 GUI 中进行相应处理。

> 几何体文件可以有多个前缀，例如：
>
> wheels_frontLeft_MRF_coupeWheel.stl

AMI 是用户更改用来识别 AMI 几何体前缀的地方。由于默认前缀是 AMI_，所以如果几何体文件名包含前缀 AMI_，则会在 GUI 中进行相应处理。

> 几何文件可以有多个前缀，例如：
>
> wheels_frontLeft_AMI_coupeWheel.stl

8.1.4 风洞设置

图 8-4 给出了 auto.defaults 和 auto.<car_name> 的风洞设置样本规范。

```
tunnel
{
Scale (0.6*scaleX 0.2*scaleY 0.2*scaleZ);
translate (posX-1 posY posZ);
WT
{
file unitWT.stl;
regions
{
inlet
{
type inlet;
// 可以定义部件的表面加密和边界层
// refinementSurfaces {level (0 0);}
// layers {nSurfaceLayers 0;}
}
Outlet {type outlet;}
ff_miny {type sides;}
ff_maxy {type sides;}
floor {type movingwall;}
ff_maxz {type sides;}
}
}
}
```

图8-4 风洞设置配置文件示例

在上面的示例中，用户可以指定一个或多个 STL 文件来定义风洞的几何体。更准确地说，在该示例中，认为 unitWT.stl 风洞几何体采用 0.6 ∶ 0.2 ∶ 0.2 比例因子（相对原始的风洞模型）和（posX-1，posY，posZ）平移矢量，将会调整风洞几何体的大小和位置，地板在垂直方向上也会与车辆最小 *Z* 坐标匹配。

风洞面片可采用以下边界类型。

- Inlet（入口）：固定速度入口类型。
- Outlet（出口）：压力出口边界类型。

- Sides（侧面）：侧面的滑动墙。
- Slipwall（滑移）：滑移壁面。
- Noslipwall（无滑移）：无滑移壁面。
- Movingwall（移动墙）：以恒定切向速度移动地板。

用户可以为每个面片指定以下标题。

- refinementSurfaces（细化曲面）用来定义曲面细化的最小和最大级别。
- refinementRegions（细化区域，可选项）用来定义基于距离的体积细化。
- layers（层）用来定义特定近壁层设置。

8.1.5 网格设置

用户可以在 auto.defaults 和 auto.<car_name> 文件的 volumes{}（体积）和 mesh{}（网格）标题中，为针对不同车辆组件创建的网格指定自定义设置。

在 volumes{}（体积）部分，用户可以使用自定义形状（如 searchableBox）或 STL 文件来规定体积网格细化，如图 8-5 所示。

```
volumes
{
wakeBox1
{
type searchableBox;
min (minX-scaleZ-3.5*0.5*scaleX -7.5*0.5*scaleY+posY posZ);
max (minX+11*0.5*scaleX+2*scaleZ 7.5*0.5*scaleY+posY
9.0*0.5*scaleZ+posZ);
refinementRegions {mode inside; levels ((1E5 1));}
}
wakeZone.stl
{
type triSurfaceMesh;
file coupeUnitWakeZone.stl;
scale (scaleX scaleY scaleZ);
translate (posX posY frontCenterOfRoationZ ); refinementRegions
{mode inside; levels ((1E5 6));}
}
}
```

图8-5 配置文件体积设置示例

在 mesh{}（网格）部分，用户可以按照图 8-6 所示的示例来定义主要网格设置。可以使用以下关键词。

- blockData：指定最大网格大小（如示例中的1.536 m）。
- locationInMesh：域内用来定义流体域的点。

此外，以下条目适用于每种车辆面片类型。

- refinementSurfaces（细化曲面）：用来定义曲面网格细化级别。
- refinementRegions（细化区域）：用来定义基于距离的体积细化。
- layers（层）：用来指定边界层设置。

```
volumes mesh
{
blockData (0.135*scaleX 0);

locationInMesh (-2.0*0.5*scaleX+posX-1 posY 1.0*0.2*scaleZ+posZ);

body {refinementSurfaces {level (7 8);} layers { nSurfaceLayers
4;} refinementRegions { mode distance; levels ((0.025*0.5*scaleX
6)(0.1*0.5*scaleX 5));}}

enginebay { refinementSurfaces { level (6 6); } layers { nSur-
faceLayers 0;}}

wheels {refinementSurfaces {level (8 8);} layers { nSurfaceLayers
0;} refinementRegions { mode distance; levels ((0.025*0.5*scaleX
6)(0.1*0.5*scaleX 5));}}

underfloor {refinementSurfaces {level (7 7);} layers { nSur-
faceLayers 0;} refinementRegions {mode distance; levels
((0.05*0.5*scaleX 6)(0.1*0.5*scaleX 5));}}

porousZone {refinementSurfaces {level (7 7); cellZoneInside in-
side; cellZone name; faceZone name;} refinementRegions {mode dis-
tance; levels ((0.006*0.5*scaleX 7));}}
// *** MRF车轮的预留注释 ***
// mrfZone {refinementSurfaces {level (7 7); cellZoneInside in-
```

图8-6　网格设置配置文件示例

```
side; cellZone name; faceZone name;} refinementRegions {mode in-
side; levels ((1E5 7));}}

// *** AMI车轮的预留注释 ***
// amiZone {refinementSurfaces {level (7 7); cellZoneInside in-
side; cellZone name; faceZone name;} refinementRegions {mode in-
side; levels ((1E5 7));}}

// *** GRF设置的预留注释 ***
// grfPatch {refinementSurfaces {level (7 7);}}

// *** 新部件的细化定义 ***
// mirror {refinementSurfaces {...}}
// wing {refinementSurfaces {...}}

// *** 网格设置高级选项 ***
        // crackDetection true;
        // crackTol 1E-5;
        // allowTopoChanges true;
        // finalDecomposition ptscotch;
        // meshMode quality;

        // meshAlgorithm extrude;

        // castellatedMeshControls {}
        // snapControls {}
        // addLayersControls {}
        // meshQuality {}
    }
```

图8-6　网格设置配置文件示例（续）

用户可以在“网格”节点下的配置文件中修改该车辆类型中存在的、与装配零件相关的默认细化设置。这包括正常的车辆装配零件，如车身、车轮等，还包括 MRF、AMI 和其他自定义车辆几何体的网格设置。

只有在用户希望修改默认设置时，才需要在此处进行更改。

8.1.6 案例设置值

用户可以在 auto.defaults 和 auto.<car_name> 文件的 caseSetup{} 部分定义针对案例设置的设置值，包括边界条件、物理模型和求解器控件。

默认采用瞬态 DES 设置值，同时可以修改配置文件的内容来指定不同的解决方案状态，以便替代烦琐的仿真流程，如稳态 RANS 设置。图 8-7 给出的示例显示了应用稳态 RANS 模型的典型 caseSetup{} 定义。

```
caseSetup
    {
// *** customise modificationSwitches ***
        // modificationSwitches
        // {
        // }

        state (SIMPLE incompressible ras);
        turbulenceModel kOmegaSST;

        materials (air);

// *** customise materialProperties ***
        // materialProperties
        // {
        // air
        // {
        // pRef pRef [1 -1 -2 0 0 0 0] 12345.6;
        // TRef TRef [0 0 0 1 0 0 0] 123.4;
        // }
        // }

        fields
        {
            U {initialisation {type potentialFlow;}}
            p {initialisation {type potentialFlow;}}
            k {initialisation {type Prandtl;}}
            omega {initialisation {type Prandtl;}}
```

图8-7 RANS模拟的配置文件案例设置示例

```
        }
boundaryConditions
        {
body
            {
    U
                {
                    type    fixedValue;
                    value   uniform (0 0 0);
                }
        p {type wallPressure; startDampingAngle 20; zeroGradien-
tAngle 50;}
            }
enginebay
            {
    U
                {
                    type    fixedValue;
                    value   uniform (0 0 0);
                }
        p {type wallPressure; startDampingAngle 20; zeroGradien-
tAngle 50;}
            }
underfloor
            {
        U {type fixedValue; value uniform (0 0 0);}
         p {type wallPressure; startDampingAngle 20; zeroGradien-
tAngle 50;}
            }
            wheels
            {
                U
                {
                    type        wheelVelocity;
                    value       uniform (0 0 0);
                    origin      (0 0 0);
```

图8-7 RANS模拟的配置文件案例设置示例（续）

```
                    axis            (1 0 0);
                    contactRadius   0;
                    hubSpeed        $Umag;
                }
        p {type wallPressure; startDampingAngle 20; zeroGradien-
tAngle 50;}
            }

// *** 为新定义部件指定边界条件 ***
            // mirror {}
            // wing {}
noslipwall
            {
      U {type fixedValue; value uniform (0 0 0);}
      p {type wallPressure; startDampingAngle 20; zeroGradientAn-
gle 50;}
            }
slipwall
            {
      U {type slip;}
      p {type wallPressure; startDampingAngle 20; zeroGradientAn-
gle 50;}
                nuTilda {type slip;}
                nuSgs {type slip;}
            }
movingwall
            {
      U
                {
                    type            tangentialVelocity;
                    magnitude       $Umag;
                    direction       $UDirection;
                    value           $UmagVector;
                }
       p { type wallPressure; startDampingAngle 20; zeroGradien-
tAngle 50;}
```

图8-7 RANS模拟的配置文件案例设置示例（续）

```
        }
inlet
        {
            U
            {
                type        fixedValue;
                value       $UmagVector;
            }
        }
mappedInlet
        {
   U
              {
                    type        timeVaryingMappedFixedValue;
                    offset      (0 0 0);
// ***  在planarInterpolation（平面插值）和nearest（最近插值）之间进
行选择 ***
                    mapMethod   planarInterpolation;
                    setAverage  off;
              }
        }
outlet
        {
    p {type fixedValue; value uniform 0;}
        }
sides
        {
    U {type slip;}
    p {type wallPressure; startDampingAngle 20; zeroGradientAngle
50;}
            //nuTilda {type slip;}
            //nut {type slip;}
        }
symmetry
        {
            //U         { type symmetry; }
```

图8-7 RANS模拟的配置文件案例设置示例（续）

```
            //p        { type symmetry; }
            //nuTilda { type symmetry; }
            //nut      { type symmetry; }
        }
    }

// *** 在custom文件夹中添加自定义设置 ***
    constant
    {      }
// *** 在system文件夹中添加自定义设置 ***
system
    {
        controlDict
        {
            startFrom        latestTime;
   endTime           2000;
   deltaT            1;
   writeControl      runTime;
   writeInterval     250;
   purgeWrite        2;
   writePrecision    8;
    writeCompression uncompressed;
    writeFormat         binary;
   timePrecision     8;
   libs              ( “libHelyxAdjointPlus.so” );
   adjustTimeStep    no;
}
}
```

图8-7　RANS模拟的配置文件案例设置示例（续）

用户还可以使用 materialProperties{} 部分来添加自定义材质特性。

> 注
>
> caseSetup{}部分中指定的设置遵循与定义 caseSetupDict 文件所需的用户输入完全相同的原则，该文件负责控制 HLCFD-Core 提供的caseSetup 实用程序。

8.1.7 自定义设置

用户可在 auto.defaults 和 auto.<car_name> 文件的 custom{} 标题中定义案例专用设置，以覆盖由 GUI 编写的默认设置。将 custom{} 部分提供给用户，作为覆盖 GUI 的方式，以便将代码中可能尚未录入 GUI 的特征功能实施。

自定义部分反映了底层案例结构，通常由 0、constant 和 system 目录组成。如需覆盖特定文件，用户需要将其包含在正确的父目录中，并使用正确的名称和设置。将 custom{} 标题中的设置保存到 caseSetupDict 文件中。

例如，如果用户希望利用尚未在 GUI 或 caseSetup 实用程序中实施的特定湍流模型，则可以利用自定义词典明确指定。配置文件自定义部分示例如图 8-8 所示。

```
custom
{
    constant
    {
        turbulenceProperties
        {
            simulationType RAS; RAS
            {
            RASModel myNewTurbModel; turbulence on; printCoeffs on;
```

图8-8　配置文件自定义部分示例

8.1.8 可变设置

用户可在 variables{} 部分定义变量和方程，以便在它所定义的整个文件中使用。每个条目都定义有一个唯一的名称和一个包含在引号内的值或表达式，图 8-9 给出了部分示例。

```
variables
    {
// 以下变量已定义
// Umag      : 速度 [m/s]
// Yaw       : 偏航角 [rad]
// Aref      : 正投影面积 [m^2]
// wheelbase : 前后轴距 [m]
```

图8-9　配置文件变量部分示例

```
// isAdjoint : 伴随与否（=1）或（=0）;
// patches   : 车辆部件（PID）列表

      UmagVector          ( “Umag” “Umag*tan(Yaw)” “0” );
      minusUmag            “-Umag”;
      UDirection          ( “1” “tan(Yaw)” “0” );
      refPointLocation   ( “posX+(wheelbase/2)” “posY” “posZ” );
      timeStepInit         “0.005”;
      timeStepRun          “(scaleY/Umag)/200.0”;
      endTimeInit          “20*scaleX/Umag”;
        timeStep                ( ( “0”   “timeStepInit” )
( “round(endTimeInit/timeStepInit)” “timeStepInit” ) (
“round(endTimeInit/timeStepInit)+1” “timeStepRun” ) );

      startAveragingTime   “23*scaleX/Umag”;
      averagingTime        “5*scaleX/Umag”;
        endAveragingTime        “startAveragingTime+averaging-
Time+isAdjoint*4*averagingTime”;

       endTimeRun             “endAveragingTime+isAdjoint*25000*-
timeStepRun”;

      writeIntervalInit    “20*scaleX/(5.0*Umag)”;
      writeIntervalRun     “(8.0*scaleX)/(10.0*Umag)”;

   }
```

图8-9 配置文件变量部分示例（续）

对于已在使用以下变量，如果在 variables {} 部分重新定义，则忽略这些变量。

- Umag是车辆行驶时的速度大小，单位为m/s。
- Yaw是艏摇角，单位为rad。
- Aref是参考（横截面）面积，单位为m^2。
- wheelbase（轴距）是前桥和后桥之间的距离，单位为m。
- isAdjoint表示是否选择了伴随。
- patches（边界）是车辆部件边界（PID）的完整列表。

8.2 创建新配置

如需创建新的配置文件以便对备选风洞和车辆设置进行建模，最简单的方法是复制本地 auto 目录下的 Open-Road_ASO_Defaults 文件夹，并将其用作新配置的模板。新文件夹名称很重要，它可被识别为“汽车空气动力学向导”中的新配置。

图 8-10 中显示了两个新的配置文件夹，用于车轮的 AMI 和 MRF 处理。auto 目录中存在这些配置意味着它们可以自动显示在 GUI 的“配置”数据面板中。

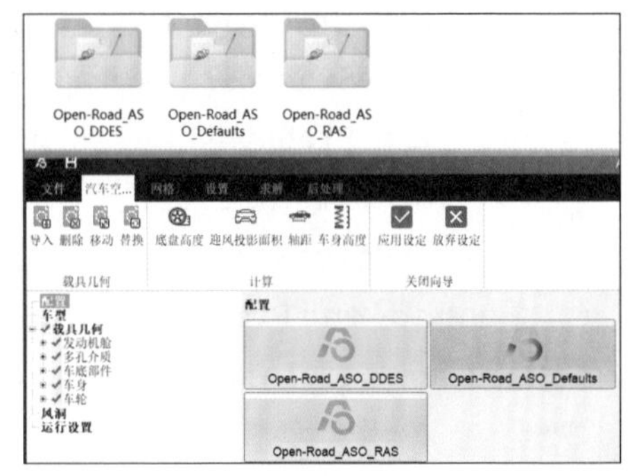

图8-10　“汽车空气动力学向导”的新配置

对于这些新配置，用户可以根据需要修改 auto 目录中的 auto.defaults 文件和多个 auto.<car_name> 文件。8.1 节中详细解释了这些文件。

GUI 中显示有每个配置中支持的车辆形状显示，如图 8-11 所示。每个按钮对应一个位于 cars 目录中的 auto.<car_name> 文件。在提供的示例中，<car_name> 后缀被相应的车辆形状所取代，即 car、hatchback、coupe 等。

```
1  coupe
2  {
3      key      coupe;
4      label    Coupe;
5      icon     icons/coupe.png;
```

图8-11　auto.couple文件内容

用户还必须在每个 auto.<car_name> 文件中定义以下关键字，用文本编辑工具打开该文件，如图 8-11 所示（以 coupe 车型为例）。

- key（关键字）：标识文件名中定义的车辆形状。例如，图8-12中给出的是Coupe。
- label（标签）：定义要在“汽车空气动力学向导”选项卡的“车型”数据面板中显示的特定车辆形状的按钮。例如，图8-12中给出的是Coupe。
- icon（图标）：提供待显示的图像文件路径。图像必须以PNG格式保存，并放置在位于cars目录下的icons文件夹中。例如，图8-12所示的Coupe图像的文件路径为icons/coupe.png。

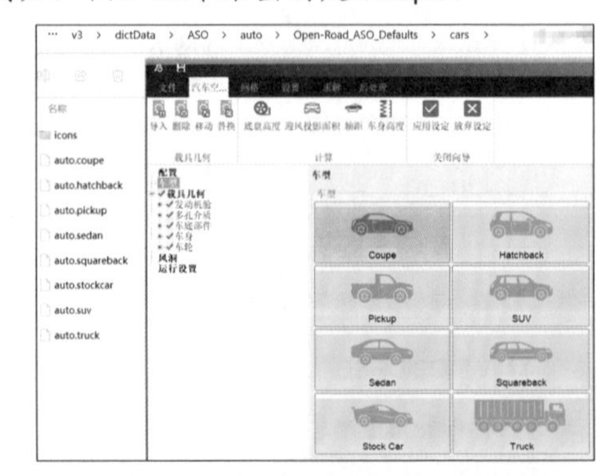

图8-12　用于“汽车空气动力学向导”的车辆形状

有关如何在“汽车空气动力学向导”选项卡中创建自定义建模配置的更多信息，请参阅第 10 章。

第 9 章 作业执行

本章将讨论以串行或并行方式执行应用程序的各种选项，通过运行模式设置改变客户机 - 服务器连接的工作模式。

9.1 运行模式

ASO 提供了不同选项用来控制 GUI 在串行和并行模式下执行应用程序的方式。用户可选择“工具”功能区中的“运行模式”命令，弹出“运行模式管理器”对话框，如图 9-1 所示。

“运行模式管理器”对话框中有“添加”“编辑”“克隆”“删除”“导入”“导出”等按钮，单击“LocalRunMode”按钮，弹出“运行模式类型:新建”对话框，如图 9-2 所示。

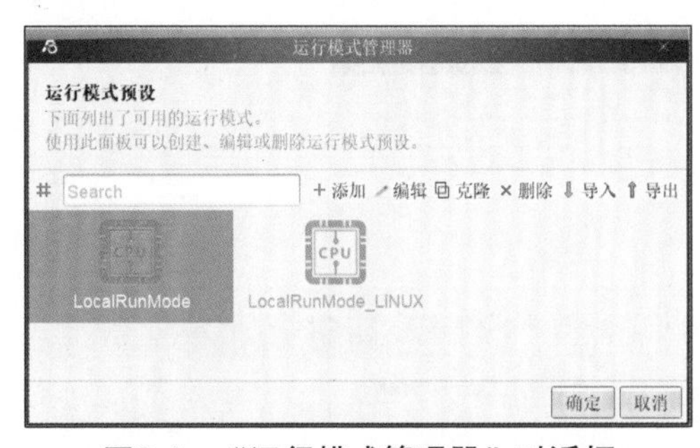

图9-1 “运行模式管理器”对话框

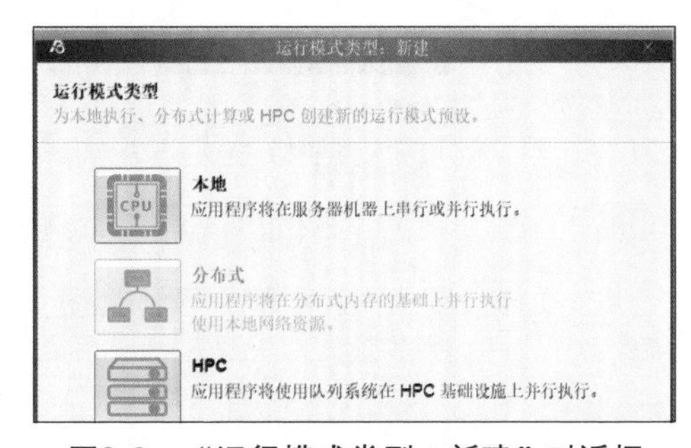

图9-2 “运行模式类型：新建”对话框

有 3 种类型的运行模式可供用户选择。

（1）**本地**：在本地共享内存主机上运行所有并行应用程序。

（2）**分布式**：在属于同一本地网络的一组给定分布式内存机器上执行并行应用程序。

（3）**HPC**：利用排队系统在 HPC 上执行应用程序。

以上运行模式可用于任何客户机 - 服务器连接，可用的默认模式是具有本地运行模式的本地服务器（localhost）。

> 注：提交求解器运行后，由于可在后台继续进行求解器的执行而无中断，因此始终可以关闭GUI来释放许可证。然后，用户可以随时将正在运行的案例加载回GUI，以重新连接并以交互方式继续监视解决方案。有了单个许可证，用户就可以在后台任意数量的处理器上运行多个仿真，同时利用GUI来处理新仿真。

9.1.1 本地计算

本地计算意味着利用本地资源以串行或并行方式运行仿真，这是默认配置。

如需创建本地运行模式，请单击“运行模式类型”界面中的“本地”按钮，进入“执行环境”文本编辑器界面，用户可以手动修改该界面，以便正确地获取执行环境的源代码；用户对执行环境感到满意后，可单击[下一步>]按钮进入“应用程序脚本”文本编辑器界面，其为用户提供了修改应用程序执行脚本的机会；再次单击[下一步>]按钮，然后单击“保存运行模式”按钮，用户可以在其中指定运行模式名称；完成后，单击[完成]按钮完成运行模式创建。

9.1.2 分布式计算

分布式计算允许用户利用同一网络上使用共享内存的任意数量机器。如需创建分布式运行模式，用户应单击“运行模式类型”界面中的“分布式”按钮，进入“分布式计算参数”界面，如图 9-3 所示。

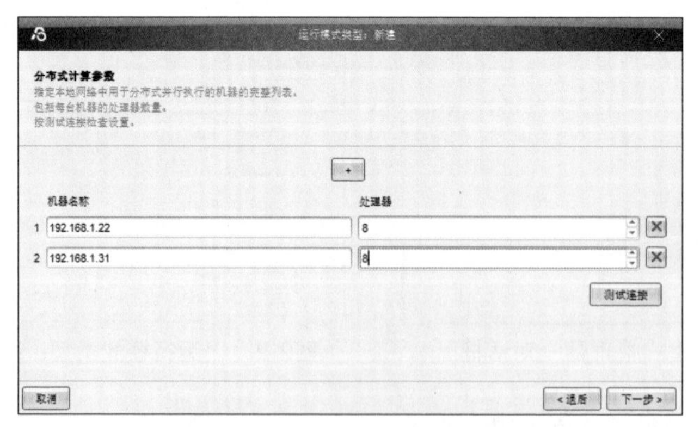

图9-3 “分布式计算参数”界面

可单击[+]按钮添加机器。对于列出的每台机器，用户应输入相应的机器名称和处理器数量。添加机器后，用户可以单击[测试连接]按钮来验证各种机器之间的连接，并确保未报告任何错误。

用户可单击下一步按钮，进入“执行环境”文本编辑器界面，手动修改脚本，以便正确地获取执行环境的源代码。用户对执行环境感到满意后，可单击下一步按钮转到“应用程序脚本”文本编辑器界面。其为用户提供了修改应用程序执行脚本的机会。再次单击下一步按钮，然后单击“保存运行模式”按钮，用户可以在其中指定运行模式名称。完成后，单击“完成”按钮完成运行模式创建。

注：目前，仅Linux操作系统完全支持分布式计算，相同的功能仅作为Windows操作系统的测试版功能提供。

在使用分布式计算运行应用程序的每台机器上，必须可以访问相同版本的 ASO。在 Linux 操作系统中，通常在所需执行的所有机器上安装公共 NFS 共享来实现该功能。

分布式计算列表中的每台计算机都必须使用含相同用户名和密码的公共 SSH 账户进行访问，且分布式计算机之间的 SSH 登录访问应当无密码。

项目工作文件夹应当可见，并且可以通过分布式计算列表中的每台计算机进行访问。同样，在 Window 操作系统中，通常在所有相关机器上安装公共 NFS 共享来实现该功能。

9.1.3 HPC与队列系统

通常通过队列系统来控制 HPC 集群的并行执行，而队列系统需要特殊的命令来管理应用程序的启动。ASO 具有一个专用界面，利用队列系统来提交运行脚本并执行基本作业处理操作。

如需使用队列系统在 HPC 上启用并行执行，用户应在“运行模式类型”界面中单击 HPC 按钮。进入“队列系统参数”界面，如图 9-4 所示。需要设置的第一个参数是“队列系统类型”，其下拉列表框中包括以下参数选项：NONE、PBS、PBS Pro、LSF、SGE、Slurm。

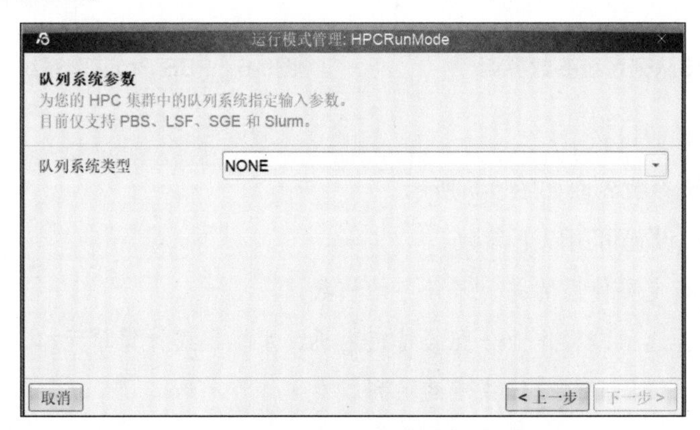

图9-4　“队列系统参数”界面

1. PBS 队列系统设置

PBS 队列系统参数界面如图 9-5 所示。

PBS 队列系统设置可用以下参数。

- 节点数：要使用的HPC群集节点数。
- 节点名称：执行节点的名称。
- 单节点核心数：每个节点处理器的物理核数。
- 特征：队列系统功能名称。
- 队列名称：将作业分配给指定的队列。
- 超时：执行超时（单位为h）之后 PBS 作业将被终止。

2. PBS Pro 队列系统设置

PBS Pro 队列系统参数界面如图 9-6 所示。

PBS Pro 队列系统设置可用以下参数。

- 节点数：要使用的HPC群集节点数。
- 单节点核心数：每个节点处理器的物理核数。
- 独有：开启节点独占模式。
- 队列名称：将作业分配给指定的队列。
- 超时：执行超时（单位为h）之后 PBS 作业将被终止。

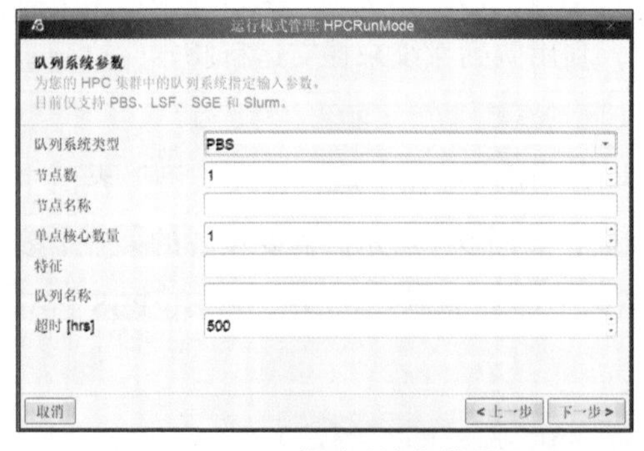

图9-5　PBS队列系统参数界面

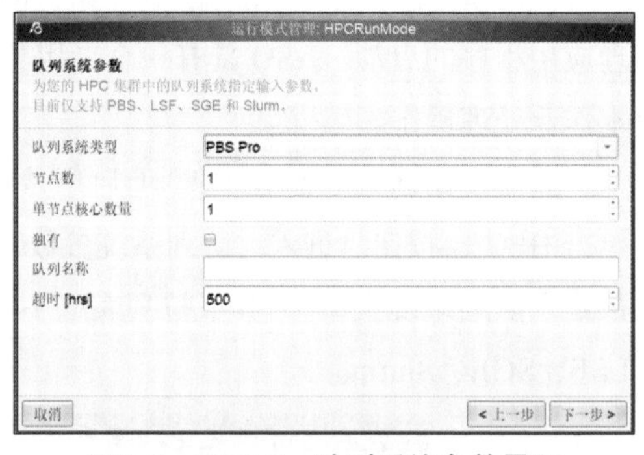

图9-6　PBS Pro队列系统参数界面

3. LSF 队列系统设置

LSF 队列系统参数界面如图 9-7 所示。

LSF 队列系统设置可用以下参数。

- 核心数：指定要使用的并行子任务的核数。
- 作业主机首选项：将作业分配给特定主机、主机组或计算单元格。
- 队列名称：将作业分配给指定的队列。
- 项目：将作业分配给特定项目。

- 资源要求：在满足资源要求的主机上运行作业。
- 独有：开启节点独占模式。
- 超时：执行超时（单位为h）之后LSF作业将被终止。

4. SGE 队列系统设置

SGE 队列系统参数界面如图 9-8 所示。

SGE 队列系统设置可用以下参数。

- 并行环境：定义要启动的并行编程环境。
- 插槽数：指定要使用的并行进程数。
- 队列名称：将作业分配给指定的队列。
- 作业优先级：定义与其他作业相比的相对作业优先级。作业优先级是一个-1 023~1 024的整数。

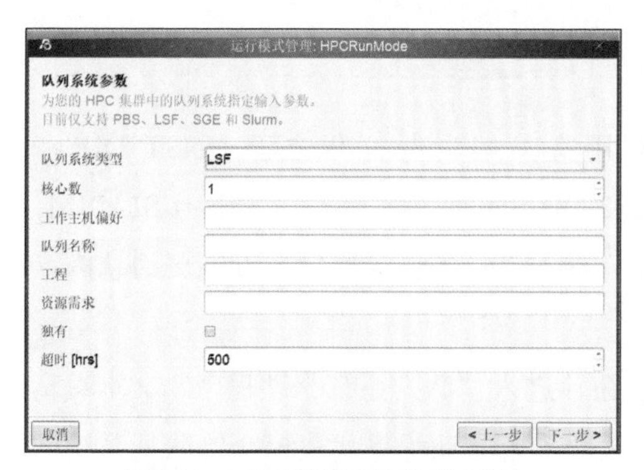

图9-7　LSF队列系统参数界面

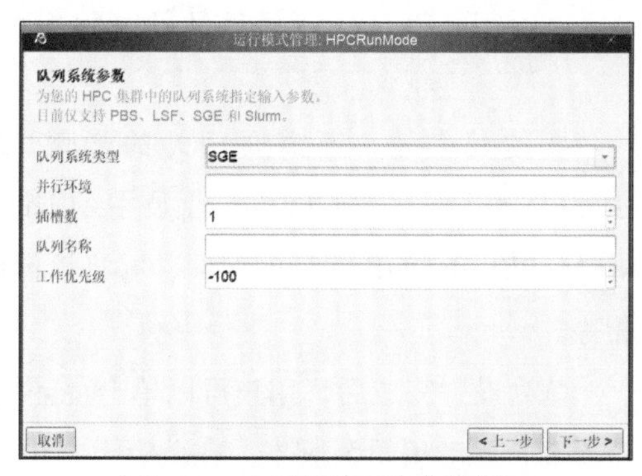

图9-8　SGE队列系统参数界面

5. Slurm 队列系统设置

Slurm 队列系统参数界面如图 9-9 所示。

Slurm 队列系统设置可用以下参数。

（1）分区名称：作业队列的名称。

（2）节点数：指定要使用的节点数。

（3）任务数：指定要提交的任务数。

（4）单节点任务数：指定每个节点的并行任务数。

（5）单任务核心数：为每个任务分配的核数。

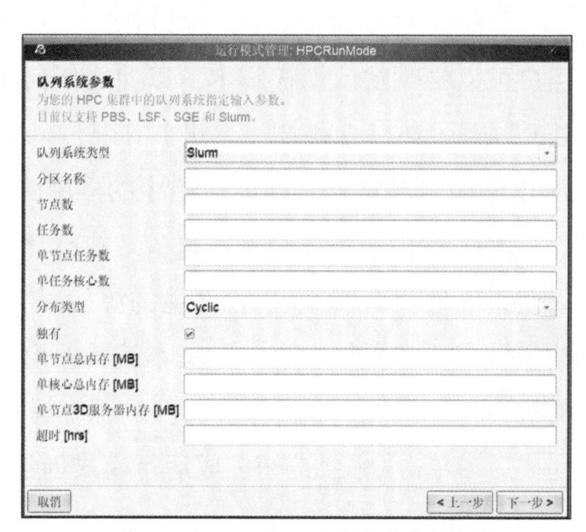

图9-9　Slurm队列系统参数界面

（6）分发类型：可以设置为以下类型。

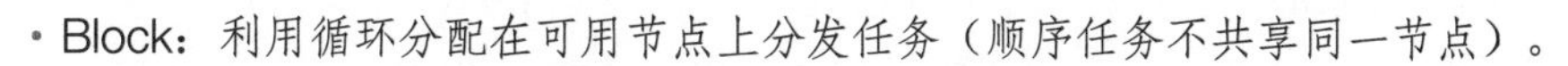

- Block：利用循环分配在可用节点上分发任务（顺序任务不共享同一节点）。
- Cyclic：在可用节点上分发任务，以便顺序任务共享同一节点。

（7）独有：开启节点独有模式。

（6）单节点总内存：设置每个节点的内存限制（单位为MB）。

（9）单核心总内存：设置每个CPU的内存限制（单位为MB）。

（10）超时：执行超时（单位为h），之后作业将被终止。

（11）单节点3D服务器内存：为GUI进程留出每个节点的一些总内存（单位为MB）。

> 注 这是为运行HLCFD-GUI进程而预留的内存限制。将每个节点的剩余总内存用于运行HLCFD-Core进程。如果未设置此限制，则会将每个节点的所有内存保留给在执行案例之前启动的GUI进程。例如，如果每个节点的总内存为120 GB，并且用户希望为GUI进程设置16 GB的限制，那么每个节点将为HLCFD-Core进程保留114 GB的可用内存。

要使其生效，还需要额外的步骤。利用文本编辑器打开位于 <INST_DIR> / HLCFD/ASO/v3.3.0/GUI/bin 目录中的 launch3DServer.sh，取消对含 export SLURM_MEM_PER_NODE 的行的注释，并将该值设置为与为 3D 服务器每节点定义的总内存相等。

队列设置完成后，用户可以单击 下一步 按钮，进入“队列系统驱动程序”文本编辑器界面，手动编辑该脚本。在此上下文中，队列系统驱动程序代表提交给队列系统的实际队列系统脚本（例如，使用用于 PBS 队列系统的 qsub 提交命令）。

目前，ASO 仅支持耦合到 PBS、PBS Pro、LSF、SGE 和 Slurm 队列系统；但是，用户可以修改默认模板脚本，以使用任何所需的可用队列系统进行操作。用户也可以随时联系恒典信息科技（苏州）有限公司的技术支持团队，以获取有关将 ASO 耦合到自己的 HPC 集群硬件基础设施中的可用队列系统的更多信息。

用户可单击 下一步 按钮，进入“执行环境”文本编辑器界面，在其中手动修改脚本，以便正确地获取 ASO 执行环境的源代码；用户对执行环境感到满意后，可单击 下一步 按钮转到“应用程序脚本”文本编辑器窗口，其为用户提供了修改应用程序执行脚本的机会；再次单击 下一步 按钮打开“保存运行模式”，用户可以在其中指定运行模式名称；完成后，单击 下一步 按钮完成运行模式创建。

9.1.4 应用程序脚本

在不同平台和环境上执行求解器和实用程序的脚本库中包含了 ASO 功能。运行模式是这些脚本的不同集合，如果需要，用户可以自定义这些脚本。在服务器上执行这些运行模式应用程序脚本，需要匹配相关环境。

可选择位于各个功能区中的“运行模式”⚙命令，或者在设置新的客户机 - 服务器连接时访问运行模式应用程序脚本，选择所需的运行模式，然后单击 Edit 按钮查看相关脚本。

第一个脚本是执行环境，如图 9-10 所示。该脚本控制 ASO-Core 环境的来源及并行执行命令。

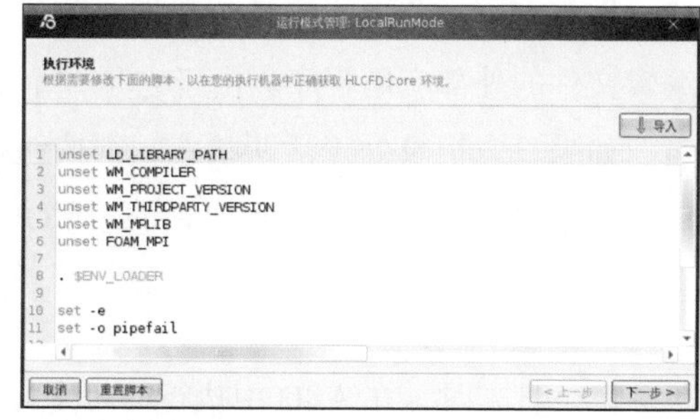

图9-10 “执行环境”界面

（a）Windows平台执行环境脚本；（b）Linux平台执行环境脚本

下一个将出现的窗口是图 9-11 所示的“应用程序脚本”界面。此窗口包含所有应用程序脚本列表，以及在实用程序和求解器运行时将执行的命令。Windows 和 Linux 平台之间的应用程序脚本略有不同，高级用户可在必要时修改这些脚本。

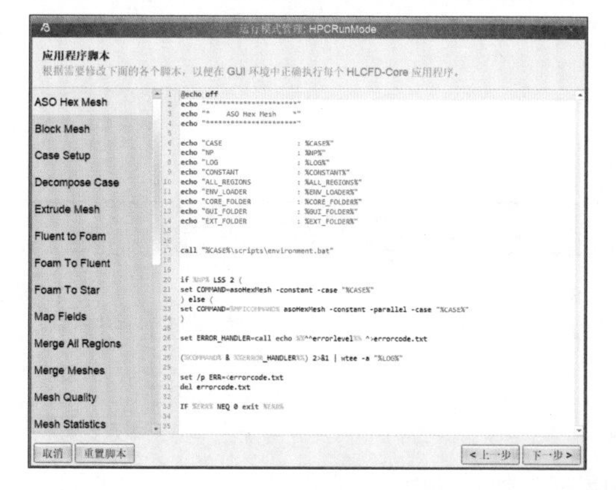

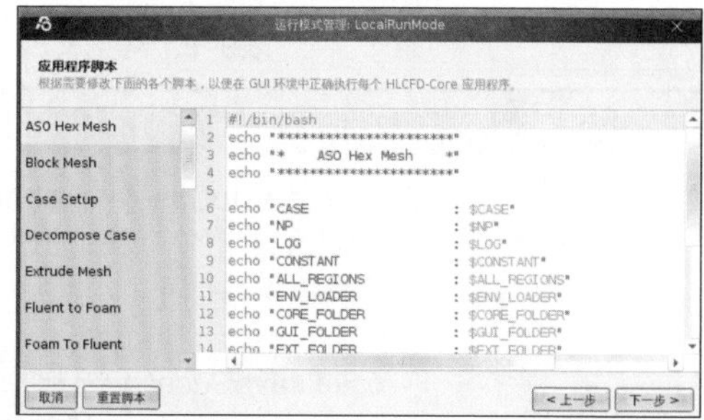

图9-11 “应用程序脚本”界面

（a）Windows应用程序脚本示例；（b）Linux应用程序脚本示例

9.2 日志

ASO 可以在 Python 脚本中记录其在 GUI 中执行的所有操作；可以手动修改、复制并以批处理模式运行 Python 脚本或日志；可以以不同的方式使用此功能。例如，可将此功能用于参数研究，方法是更改设置中的特定变量，重新运行案例，生成所需的数据或图像并进行比较。

这为矩形网格细化研究和产品设计调查等任务节省了大量时间。由于使用 Python 脚本对日志记录进行了简化，所以用户可以将任务与 Python 编程的多功能性结合起来。

9.2.1 开始和停止日志记录

如果开始记录任务，请单击功能区中的“开始日志记录”按钮。将出现一个新窗口，用户需要在其中指定日志文件名和目录。文件扩展名并不重要，但可能影响用于编辑文件的外部应用程序。由于它是一个 Python 脚本，所以用户也可以使用 .py 扩展名。如果日志记录处于活跃状态，则按钮将更改为“停止日志记录”，可利用此按钮来停止记录过程，但在此期间将记录 GUI 中的每个动作。

9.2.2 日志文件内容

记录日志时，在 ASO 中执行的每个操作都将自动记录于日志文件中。所编写的命令是用于任务的 Python 包装器，其名称类似 GUI 操作以及与每个任务相关的变量。

下面介绍一些常见任务示例。所描述的任务列表不包括所有任务，因为任务太多，此处无法全部展示，只是涵盖了最常用的任务。用户只需创建一个日志文件，完成所需的操作，然后查找最新的对应条目，即可找到面向任务的任何 Python 命令。

1. 文件任务

常见文件任务的日志条目说明如表 9-1 所示。

表9-1 常见文件任务的日志条目说明

任务	描述
新建	case.createCase(“path/to/case”, 2) 利用给定的名称和处理器数量（上例中为2），在指定的路径上创建一个新案例并打开
保存	case.saveCase( ) 保存当前打开的案例并覆盖原案例
另存为	case.saveCaseAs(“path/to/case”) 使用给定的新案例路径和名称创建并保存当前打开案例的副本
打开	case.openCase(“path/to/case”) 打开指定的案例

2. 网格划分任务

常见网格划分任务的日志条目说明如表 9-2 所示。

表9-2　常见网格划分任务的日志条目说明

任务	描述
导入几何文件	paths = String_array(“path/to/sf1.stl” ,” path/to/sf2.stl”) case.addTrisurfaces(paths) 从给定目录中导入曲面文件sf1.stl 和 sf2.stl，并将其添加到案例中
表面细化	sr = case.getSurfaceRefinement(“chip”) sr. setLevel(Integer_array(2 , 2)) 在名为chip的曲面上分别将最小和最大曲面细化设置为2和2
边界层	slm = case.getSurfaceLayersMaster(“motherboard”) slm.getParameter1().setnSurfaceLayers(3) 将名为motherboard的曲面层数设置为3
创建单元格区域	sz = case.getSurfaceZone(“chip”) sz.setType(SurfaceZoneType.INTERNAL) sz.setCellZone(True) sz. setCellZoneName(“chip”) 定义在网格划分过程中应使用chip曲面来创建内部单元格区域
材质点	mps = case.getMaterialPoints( ) mps.getDomainMaterialPoint( ).setPoint(Point3d(0, 0, 0)) 将材质点设置为位置（0，0，0）
创建网格	case.createMesh() 利用默认的设置创建网格划分实用程序
分割网格	case.splitMeshToRegions(“((default ()) (chip (chip)) (heatsink (heat- sink)))”) 利用给定的设置运行分割网格实用程序

3. 设置任务

常见设置任务的日志条目说明如表 9-3 所示。

表9-3　常见设置任务的日志条目说明

任务	描述
解决方案状态	solution = case.getSolution() solution.setSolverType(SolverType.SEGREGATED) solution.setTime(Time.STEADY) solution.setFlow(Flow.INCOMPRESSIBLE) solution.setSolverFamily(SolverFamily.SIMPLE) solution.setG(double_array(0.0 , 0.0 , -9.81)) solution.setEnergy(False) case.changeSolution(solution) 将解决方案状态设置为分离、稳定、不可压缩、等温，其重力矢量为（0.0, 0.0,-9.81）

续表

任务	描述
材质	material = CompressibleMaterial( ) material.setName(“air”) material.setnMoles(1) material.setMolWeight(28.9) material.getTransport().setMu(1.84E-5) material.getTransport().setPr(0.7) material.getThermodynamicModel( ).setCp(1007.0) case.changeMaterial(material)
材质	将材质更改为具有给定特性的可压缩流体。如果将CompressibleMaterial（可压缩材质）更改为IncompressibleMaterial（不可压缩材质）或SolidMaterial（固体材质），则可以定义不同类型的材质。也可以使用addMaterial（添加材质）或removeMaterial（移除材质）命令而不是changeMaterial（更改材质）来添加或移除材质
建模	case.setPhases(“airRegion” , String_array(“air”)) modelling = case.getModelling(“airRegion”) modelling.setMethod(Method.RANS) modelling.getTurbulenceModel().setName(“kOmegaSST”) modelling.getTurbulenceModel().setType(TurbulenceModelType. K_OMEGA_TYPE) 将空气材质指定给空气区域，使用RANS方法将该区域建模为湍流，并将湍流模型设置为k-ω SST。 对于固体，可以使用以下建模。 modelling = case.getModelling(“heatsink”) modelling.setMaterialType(MaterialType.SOLID) modelling.setBuoyant(False) case.changeModelling(“heatsink” , modelling)
边界条件	bcs = BoundaryConditions() momentumBC = VelocityComponentsCartesianInlet() case.setBoundaryConditions(“inlet”,” airRegion” , BoundaryType.INLET , bcs) bcs = case.getBoundaryConditions(“inlet” , “ airRegion”) bcs.getMomentumBC().setVelocity(Vector3d(0.0, 0.0, 5.0)) 将airRegion（空气区域）的inlet（入口）面片定义为由矢量（0, 0, 5）m/s定义的速度分量入口。 bcs = BoundaryConditions() momentumBC = FixedPressureOutlet() momentumBC.setValue(100000.0) bcs.setMomentumBC(momentumBC) case.setBoundaryConditions(“outlet”,” airRegion”, BoundaryType.OUTLET , bcs) 将airRegion（空气区域）的outlet（出口）面片定义为固定值为100 kPa的压力出口
来源	src = case.getSources(“chip” , “chipRegion”) thermalSource = ThermalSemiImplicitSource() thermalSource.getSu().setValue(11.0) src.setThermalSource(thermalSource) 为切片区域中的chip单元格区域设置半隐式类型的热源

任务	描述
监控功能	fo = VolumeReport() fo.setName(“VR”) case.addMonitoringFunctionObject(“chip”, fo) fo = case.getMonitoringFunctionObject(“VR”, “chip”) fo.setFields(String_array(“T”)) 为切片单元格区域的温度创建体积报告监控功能
运行时间控件	rc = case.getRuntimeControls( ) rc.setEndTime(1000.0) rc.getDeltaT( ).setValue(1) rc.setPurgeWrite(0) rc.setWritePrecision(10) rc.setWriteCompression(WriteCompression.UNCOMPRESSED) rc.setTimePrecision(6) 设置运行时间控件
初始化	fi = PotentialFlowInitialisation( ) case.setFieldInitialisation(“U”, “airRegion”, fi) fi = PrandtlInitialisation( ) case.setFieldInitialisation(“k”, “airRegion”, fi) case.initialiseFields() 将空气区域中速度的初始化设置为“潜在流”，将湍流强度设置为“普朗特”

4. 求解器任务

常见求解器任务的日志条目说明如表 9-4 所示。

表9-4　常见求解器任务的日志条目说明

任务	描述
运行求解器	case.runSolver( ) 运行求解器

5. 查看任务

常见后处理和数据后处理任务任务的日志条目说明如表 9-5 所示。

表9-5　常见后处理和数据后处理任务的日志条目说明

任务	描述
换乘时间	case.changeTimeStep(1000.0) 从时间1000加载结果
面片可见性	patch = case.getPatches(“airRegion”).getByName(“chip”) patch.setVisible(True) 使空气区域中的面片chip（碎片）在Viewport（显示窗口）中可见。使用False（假）让面片不可见

续表

任务	描述
创建一个场景	case.addScene(“scene”) scene = case.getScenes().getByName(“scene”) camera0 = Camera() camera0.setFocalPoint(Point3d(-0.1, -0.01, 0.01)) camera0.setUp(Vector3d(0.1, 0.8, 0.5)) camera0.setPosition(Point3d(-0.06, 0.1, -0.1)) camera0.setParallelScale(0.08) scene.setCameras([camera0]) 创建一个场景并设置摄像头
保存场景图像	case.saveSceneImage(“scene”) 创建一个场景并设置摄像头
创建剪辑或切片	parent = case.getVolumeMesh(“airRegion”) object.setSourceId(parent.getId()) case.addObject(object) object = case.getObjects().getByName(“slice0”) object.getSliceType().setNormal(Vector3d(1.0, 0.0, 0.0)) case.updateObject(object) colorField = case.getColorFields().getByKey(“U-Mag.CELL”) colorMap = case.getColorMaps().getByColorFieldName(“U-Mag”) object = case.getObjects().getByName(“slice0”) object.getVisualisation().setColorField(colorField) object.getVisualisation().setColorMap(colorMap) 使用空气区域中的体积网格来创建切片（名为slice0），设置垂直于X轴的切割平面，并将颜色更改为速度幅值

9.2.3 运行日志文件

日志文件中的任务和相关变量可以复制、修改，并与 Python 编程结合，以生成略有不同的案例重新运行。

如需在 Linux 操作系统中运行日志文件，请在 ASO.sh 所在的安装目录中打开一个终端，然后执行以下命令：

ASO.sh –pythonExecute /path/to/journal.py

如需在 Windows 操作系统中运行日志文件，请在 ASO.bat 所在的安装目录中打开命令提示符终端，然后运行以下命令：

ASO.bat –pythonExecute D:\path\to\journal.py

该文件应以批处理模式执行，并产生与 GUI 相同的结果，但对日志所做的任何更改除外。

应用案例

DrivAer 标准模型外流场计算

风力机流场仿真

气液两相流仿真

螺旋桨空化仿真

电池包冷却水路仿真

伴随矩阵（拓扑优化）仿真

伴随矩阵（形状优化）仿真

汽车涉水仿真

定制化报告

第10章 DrivAer标准模型外流场计算

在汽车生产制造领域，减小整车风阻系数是提升车辆的动力续航里程或燃油经济性的有效手段，因此，进行汽车外流场仿真分析、研究整车风阻系数变化具有非常重要的意义。本章以DrivAer标准模型为例，使用定制化外流场模板，对整车外流场，以及整车风阻系数的求解过程进行讲解。

10.1 问题描述

本案例中整车模型如图10-1所示，X轴方向总长度为4.61 m，Y轴方向总长度为2.03 m，Z轴方向总长度为1.42 m。按车身结构特点划分为车身、车底盘、发动机舱、车轮和多孔介质共五大部件，定制化外流场模板根据所选车型，自动创建符合风洞测试的前、后车区域，旨在降低仿真人员的操作难度。流体域入口采用法向速度边界，气体流速设置为33.33 m/s，车辆地板边界设置为移动壁面，方向与气体流速相反，速度为33.33 m/s，用于模拟汽车真实行驶过程。外流场定制化模板可根据汽车模型，自动计算其余参数，包括汽车迎风投影面积、轴距、底盘高度等。

图10-1　整车模型

本案例涉及的方法和需要的设置如下。

- 设置汽车外流场定制化模板，进行一键便捷设置。
- 将仿真数据与风洞试验数据进行对比，包括整车外流场分布图、车身表面阻力系数分布等。

气动阻力计算公式为

$$D=\frac{\rho}{2}c_D AV^2 \tag{10.1}$$

气动阻力系数计算公式为

$$c_D=\frac{D}{\frac{\rho}{2}AV^2} \tag{10.2}$$

10.2　外流场模板概述

外流场模板为自定义仿真流程，旨在为使用者简化仿真流程，提高仿真工程师的工作效率及容错率；ASO 能够根据用户所在行业及特定的使用习惯，定制化仿真流程，避免冗长的设置流程，加快产业更新迭代。

以汽车风阻仿真流程为例，传统的仿真分析步骤如下。

- 面网格生成。
- 体网格生成。
- 边界条件设置。
- 计算设置。
- 后处理。

本软件将以上步骤简化成 4 步，并通过一个软件实现所有功能。简化后的步骤如下。

- 选择车型类别。
- 零部件分类。
- 条件设置。
- 自动后处理。

在 ASO 中进行的模板化操作流程如下。

通过预设的汽车仿真模板界面，选择类型，并对车辆零部件进行分类，如图 10-2 所示。

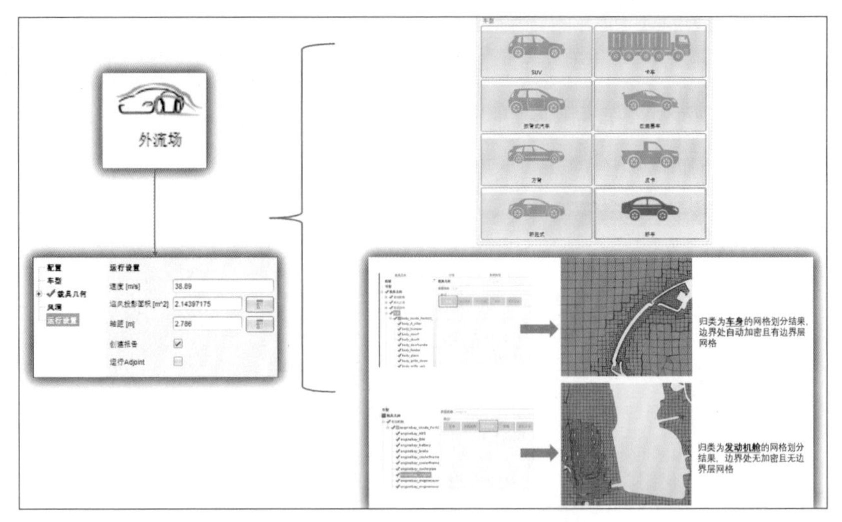

图10-2 选择车型及分类零部件

简化了专业而烦琐的网格设置，根据车辆模型的具体尺寸大小、模型边界，绘制风洞，更改模型表面加密级别并绘制边界层，如图 10-3 所示。

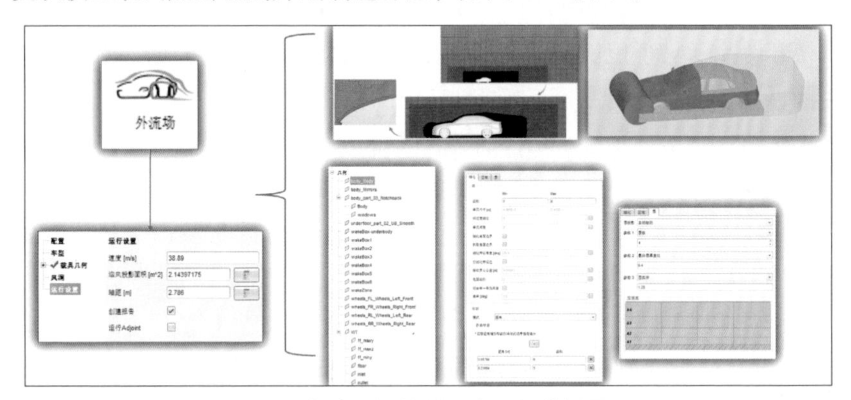

图10-3 自动风洞设置及表面细化设置

简化边界条件、监测值、湍流模型等设置，提高工程师调整运行设置的效率，如图 10-4 所示。

图10-4 自动设置模块

一键式后处理功能，通过编写脚本模板，一键生成流场可视化图片和数据后处理报告，如图 10-5 所示。

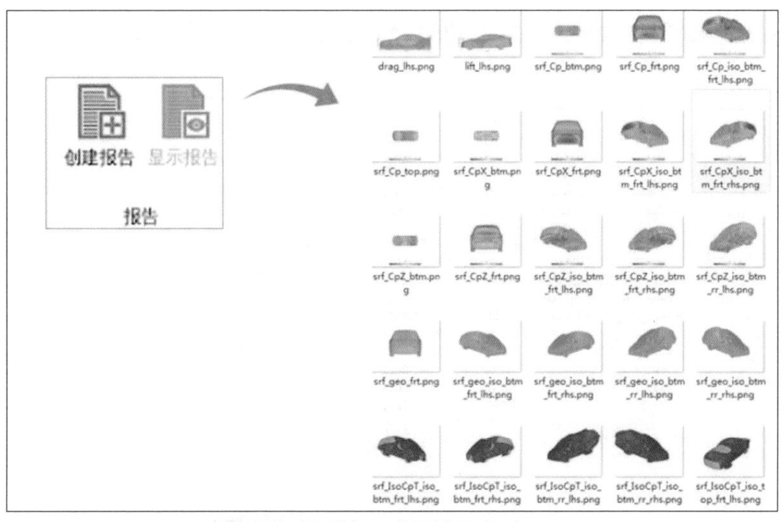

图10-5　一键生成图片和报告

10.3　模型导入

本案例使用 ANSA 前处理软件对整车模型进行面网格预处理，输出 STL 文件。

（1）新建外流场模板。选择“向导”功能区中的“外流场” 命令，进入外流场模板设置界面，如图 10-6 所示，选择默认模板“Open-Road_ASO_Defaults”。

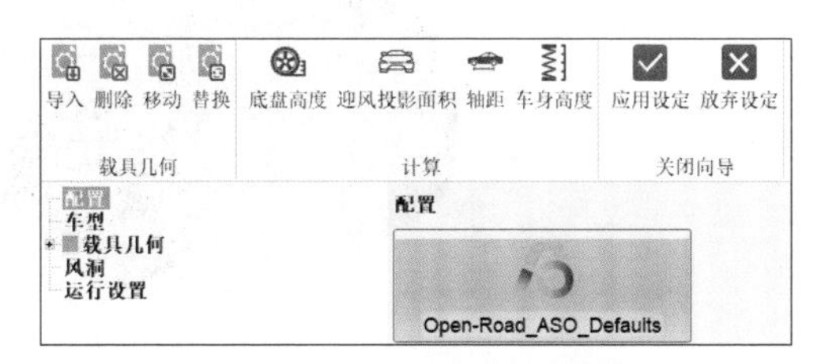

图10-6　外流场模板设置界面

（2）选择车型。根据计算汽车特点在模板中选择具体车型，如图 10-7 所示。使用 DrivAer 模型 Sedan，在“车型”数据面板中选择 Sedan，模板可根据汽车尺寸大小定制化流程，包括加密区大小、网格绘制策略、物理模型的选择、时间步长调整等。

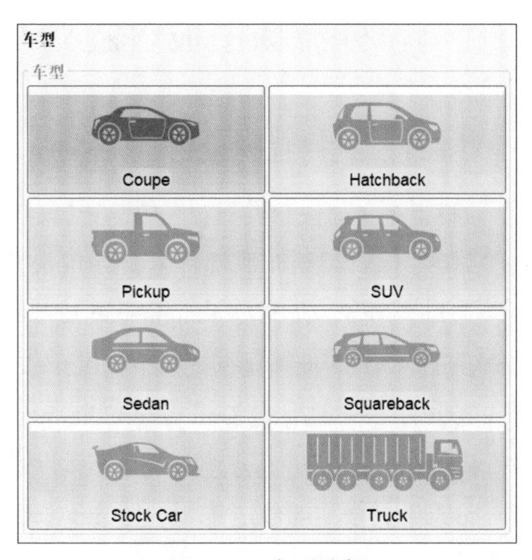

图10-7　车型选择

（3）导入模型。选择功能区内“载具几何”中的“导入”命令，弹出“载入曲面文件”对话框，如图 10-8 所示，选择汽车 STL 模型文件，单击打开，导入车辆模型；可勾选“几何单位是 mm”复选框进行模型缩放，也可根据模型特点在 X、Y、Z 三个方向上进行等比例缩放，如图 10-9 所示。

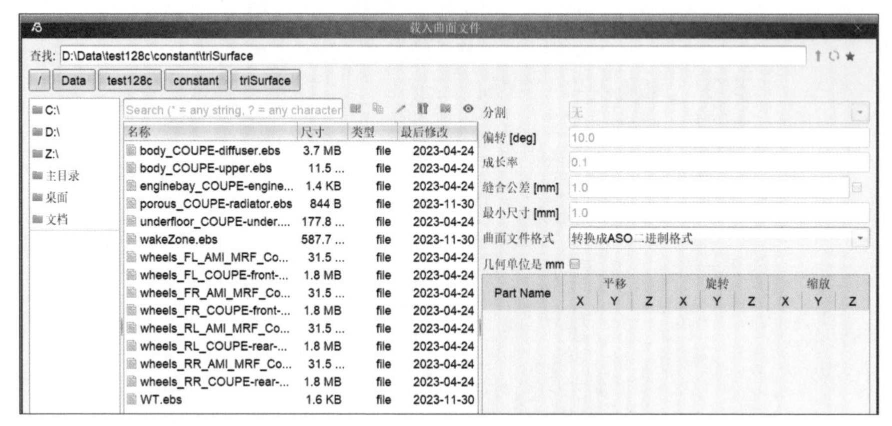

图10-8　“载入曲面文件”对话框

图10-9　汽车STL模型

10.4　外流场模板自定义设置

10.4.1　载具几何设置

将整车零部件归类到对应的车身集合中，例如：将车辆底盘中的排气管、油箱、底护板等零件归类至车底部件（underfloor）；将发动机舱中的发动机、电动机、电瓶等零件归类至发动机舱（enginebay）；将发动机舱内的水箱模块归类至多孔介质（porous），并可指定 Darcy-Forchheimer 多孔系数；将四个车轮归类至车轮（wheels），其余零部件定义为车身（body），如图 10-10 所示。

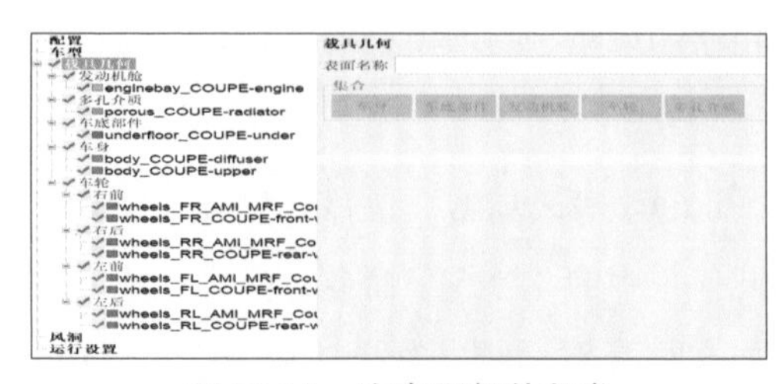

图10-10　汽车零部件归类

其中，多孔介质区域和车轮可根据车辆具体工况进行详细设置。

多孔介质区域设置如图 10-11 所示，单击▦按钮，可自动识别多孔介质原点位置、流动方向；也可单击▦按钮，选取三个点自定义坐标系，进行多孔介质区域参数设置，其中原点代表坐标系的原点，主流方向点代表流体流动的主方向，法向点代表主流方向的法向点，如图 10-12 所示。

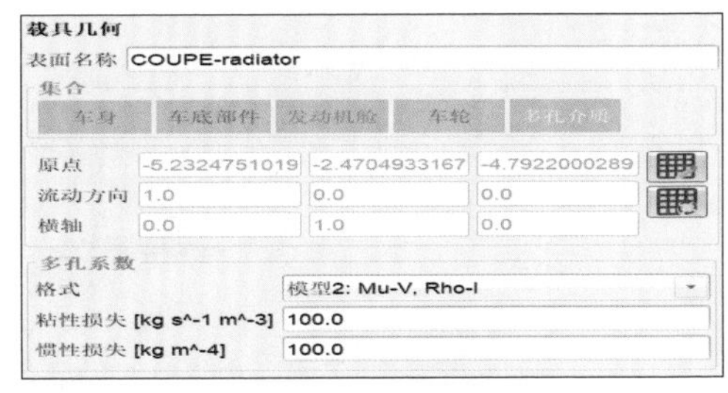

图10-11　多孔介质区域设置

图10-12　自定义多孔介质坐标系

如图 10-13 所示，首先确认车轮位于左前、右前、左后、右后的具体位置，然后可根据仿真要求开启或关闭 GRF 旋转模型，如果不应用 GRF 旋转模型，则外流场模板默认车轮壁面为旋转壁面，最后单击▦按钮，软件可根据轮胎外轮廓自动识别车轮中心与车轮旋转轴位置，四个车轮的操作一致。

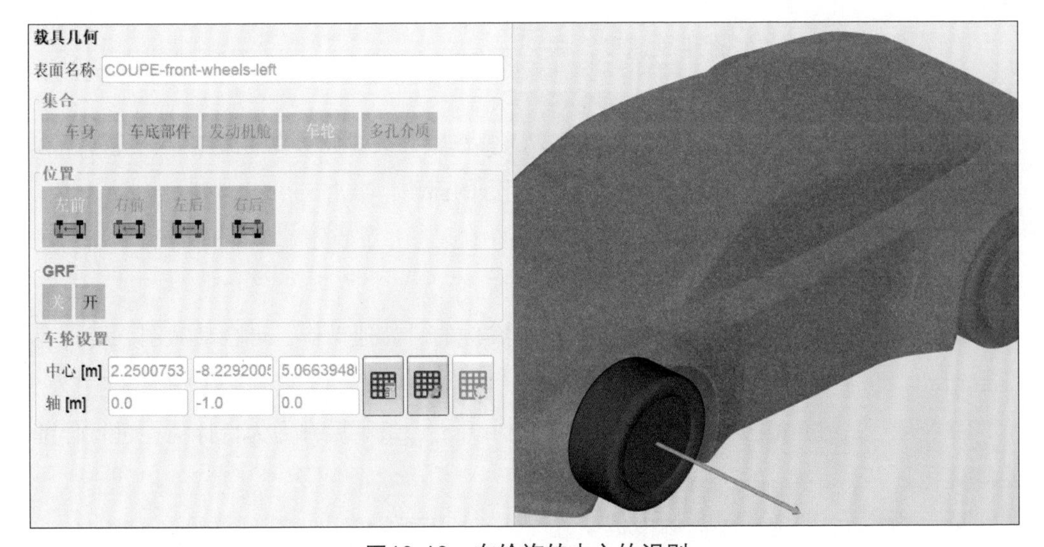

图10-13　车轮旋转中心的识别

10.4.2　风洞及运行设置

在汽车空气动力学仿真计算中，工程师需根据汽车尺寸手动添加计算域，按照规范要求对添加的计算域分级加密。风洞功能旨在为车辆自动建立加密计算域，提高工程师的工作效率。

在风洞设置中，可根据计算要求设置汽车的偏航角；单击▭按钮，可自动计算汽车底盘高度，前提是汽车轮胎已分好类别。根据汽车外形、偏航角、底盘高度，虚拟风洞计算域会自动调整并显示在显示窗口中，如图 10-14 所示。

图10-14　虚拟风洞计算域显示

10.4.3　运行设置

在“运行设置”数据面板中，可对速度、迎风投影面积、轴距、自动报告模板、Adjoint 优化模板进行设置，如图 10-15 所示。

图10-15　“运行设置”数据面板

（1）速度：代表汽车的迎风速度，根据仿真计算工况并进行调整。

（2）迎风投影面积：表示在车头正前方（整车坐标系的 X 方向）发射平行光源，在车后方垂直于光源入射方向的屏幕上形成的阴影的面积，单击按钮可进行自动计算。

（3）轴距：表示车辆同一侧相邻两车轮的中点，并垂直于车辆纵向对称平面的二垂线之间的距离，单击按钮可进行自动计算。

（4）创建报告：调用 Python 脚本，进行案例的后处理操作，可自动截图、统计监测数据等。

（5）运行 Adjoint：以汽车最小阻力、最小升力、最小后升力为目标值，进行伴随矩阵优化。

单击按钮，可完成外流场模板设置，外流场模板设置可改变网格绘制策略。

也可单击按钮，退出外流场模板设置，随之跳转至求解界面。

10.5　网格模块

ASO 会根据模板内置的网格处理方法自动设置、划分、加密网格，网格设置已按模板自动调整，无须额外操作（定义基础网格大小、设置面网格大小、设置边界层和设置材质点等），自动生成加密域，如图 10-16 所示。车身表面会生成边界层，默认对阻滞区和尾流区进行网格加密；在“网格”面板中单击按钮，网格生成结果如图

10-17 所示。

图10-16　网格加密域

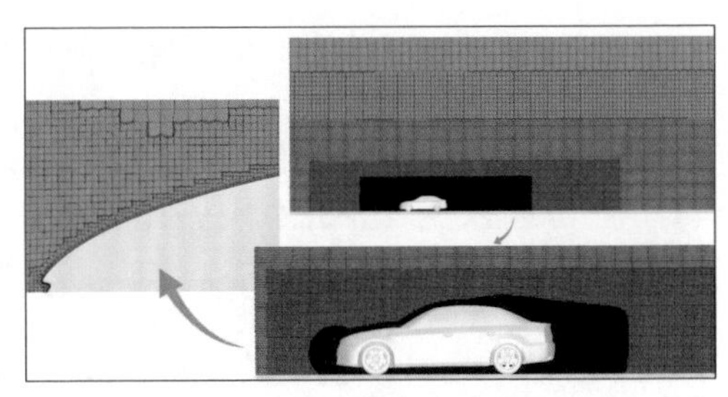

图10-17　网格生成结果

10.6　设置模块

选择“设置”选项卡，其已经将求解和边界设置集成于内，这里不做更详细的介绍，需要调整的用户可参考第 4 章。以下介绍几个汽车空气动力学中常用的功能。

10.6.1　场运算参数监视

模板已默认将速度 U、压力 P、压力系数 C_p、近壁面速度 UnwMean、壁面剪切力 tauw 等参数加入监控设置，但是仍可以继续添加更多的关注参数。如图 10-18 所示，选择“场运算”节点中的 FP1 项目，单击“场运算”数据面板中的“+ 新增”按钮，在弹出的“添加操作”对话框中，可增加若干自定义的监控参数，例如 Total Pressure（总压）、Vorticity（涡度）、Vortex Core Indicator（涡核指标 λ_2 或 Q 值）、壁面 $y+$ 等参数。

对于瞬态计算而言，需要计算某段物理时间内的均值场，ASO 也提供了均值物理场的设置功能，在“场运算”节点中的 FA1 项目，可以看到相关设置，如图 10-19 所示，均值后的参数，会在场名字的后面增加一个 Mean 字段作为标注。

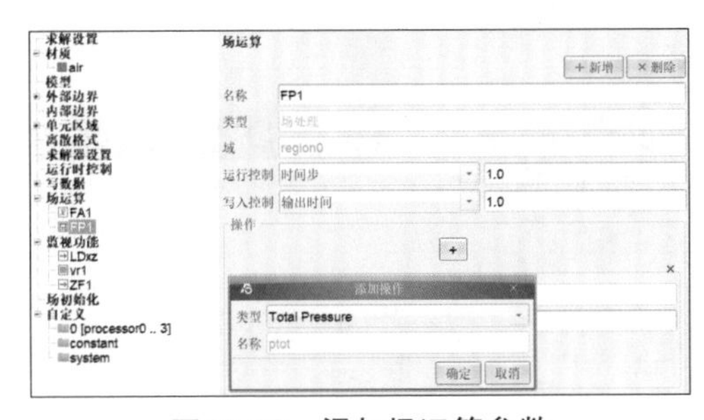

图10-18　添加场运算参数

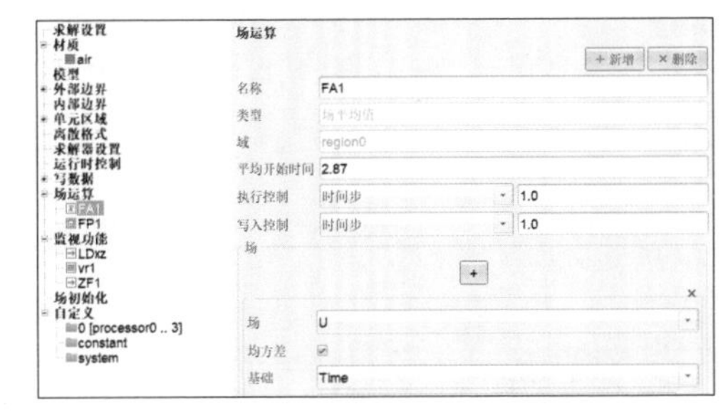

图10-19　添加场平均参数

可供设置的项如下。

- 名称：定义监控窗口名称。
- 平均开始时间：从这一步的时间开始计算平均。
- 执行控制：建议使用“时间步”，即每隔多少步计算一次平均。

· 写入控制：建议使用“时间步”，即每隔多少步写入一次结果文件。

· 场：增加关注的物理场（须在“场运算”数据面板中的FP1项目中提前添加）。

其余设置建议保持默认即可，以上设置添加完成后，将在下一步的计算中生效。

10.6.2 数据写入EnSight格式

出于统一管理风阻数据的要求或自建平台的结果自动输出的要求，或者瞬态结果的第三方软件的要求，某些汽车用户希望将仿真结果导出成中间格式，以实现上述的功能。这里 ASO 提供了 EnSight 格式的数据导出功能。

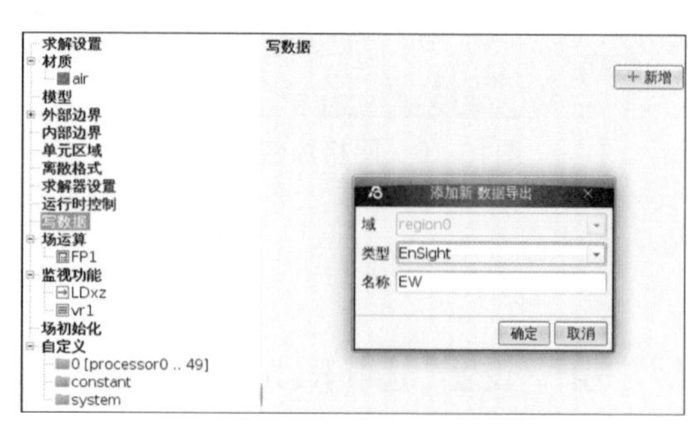

图10-20　添加EnSight格式输出

单击“写数据”数据面板中的“+新增”按钮，然后在弹出的对话框中选择“类型”下拉列表框中的“EnSight”选项，如图 10-20 所示。

单击“确定”按钮，在“写数据”数据面板中，可按行逐步修改写入参数，如图 10-21 所示。

可供设置的项如下。

（1）场：单击右边的“…”按钮，在弹出对话框中可选择关注的物理量（须在 10.6.1 节中提前设置），通常关注的物理量为压力 p，速度 U，压力系数 C_p，总压 ptot，如图 10-22 所示，按住 Ctrl 键多选，然后单击“>>”按钮将其确认选到右边窗口，单击“确定”按钮。

图10-21　写入EnSight数据的设置

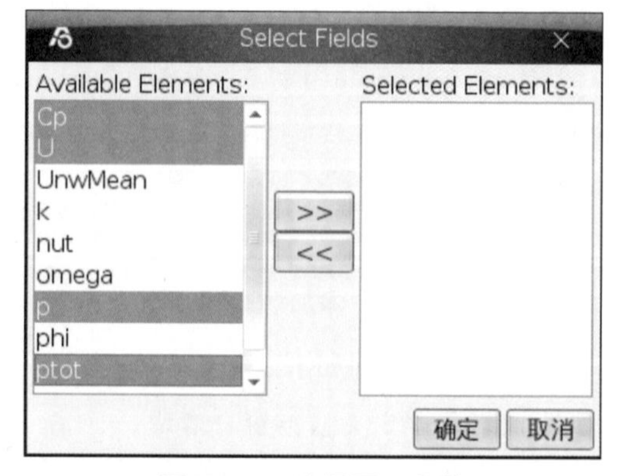

图10-22　选择写入参数

（2）写入控制：如只需最后一步的结果，则在“写入控制”下拉列表框中选择“终止时间”选项，其他的按需设置。

（3）输出：

- All Data（输出全部数据，包括体网格及结果）；
- Only Surface Data（仅输出面结果，在瞬态仿真中可大大降低输出文件大小，如风噪仿真）；
- Only Volume Data（仅输出体结果）。

10.6.3　升阻力的监控

利用监控模板，可方便地提供汽车案例的阻力与升力的监控，单击“监视功能”节点中的 LDxz 项目，外流场模板已默认完成相关选项的设置，如图 10-23 所示。

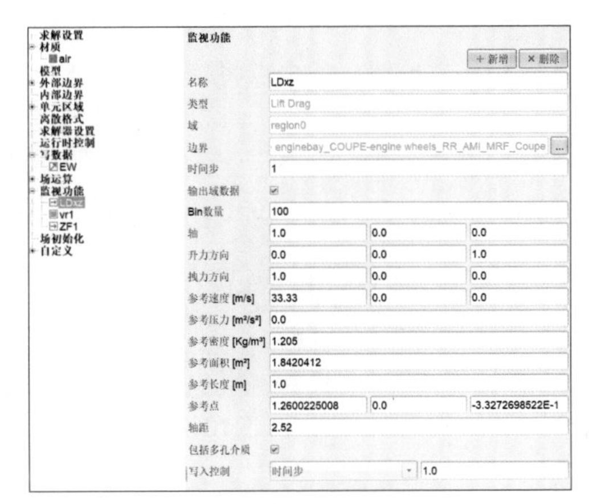

图10-23　升阻力监控

需要注意的设置项如下。

- 边界：默认勾选车身所有部件，包括冷却模块，但计算域的壁面除外。如果在“网格”数据面板中手动更改过几何，则须在此确认各个部件是否齐全。
- Bin数量：车身域的取点个数，用于生成升力/阻力的累积发展曲线。
- 参考速度：车速。
- 参考密度：空气密度。
- 参考面积：车辆的正投影面积。
- 参考点：力矩和平衡计算的旋转中心。
- 轴距：前、后轮轴距，用于升力计算，但不能留空，否则会影响阻力的一并生成。

10.6.4　测压点的监控

汽车风洞试验中的一项重要测试，是在汽车尾部安放压力测点，用于仿真试验的对标工作。ASO 提供了测点参数的功能，由于测点位置不固定，所以 ASO 模板并未集成这项功能，需要手动增加这些测点。单击“监视功能”节点的“+ 新增”按钮，然后选择“Volume Probes”选项，如图 10-24 所示。

在新增的窗口中，可选择测点的压力系数“场”，然后单击“Cp”按钮，在“写入控制”下拉列表框中选择“终止时间”选项，单击“+”按钮，手动输入点的坐标，或者单击💡按钮，在显示窗口中查看这个点在三维模型中的实际位置，手动拖动这些点。

如果测点比较多，还可直接导入点坐标的 Excel 表，如图 10-25 所示。

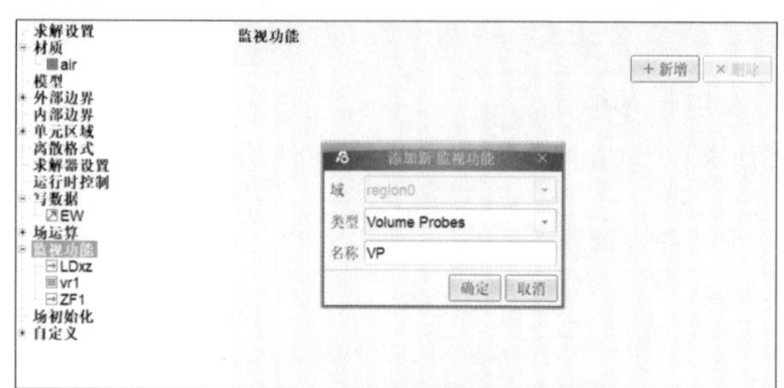

图10-24　打开点参数监控

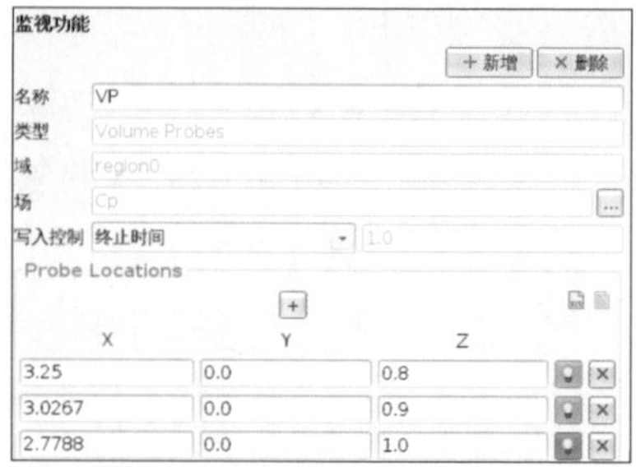

图10-25　点参数监控的设置

单击按钮，各个点将按颜色区分并显示在显示窗口中，如图 10-26 所示。

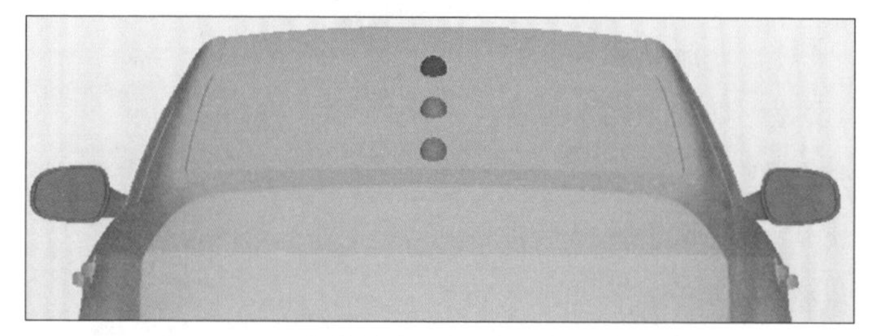

图10-26　监控点在三维模型中的实际位置

10.7　求解模块

选择“求解”选项卡，如已生成了体网格，则选择“求解”命令，即可开始计算。如果选择“自动运行”命令，则将重新生成体网格，完成后自动开始计算，如图 10-27 所示。

图10-27　“求解”选项卡

计算开始之前，可确认一下计算步数，选择“运行时控制”节点，图 10-28 所示是稳态的步数设置。“结束时间”为“6 000”表示计算 6 000 步停止，“写入控制”为“时间步，1 000”，“清除写入”为“1”，表示每隔 1 000 步保存一次结果，且只保留最后一次保存的结果。更多设置请参考 4.9 节。

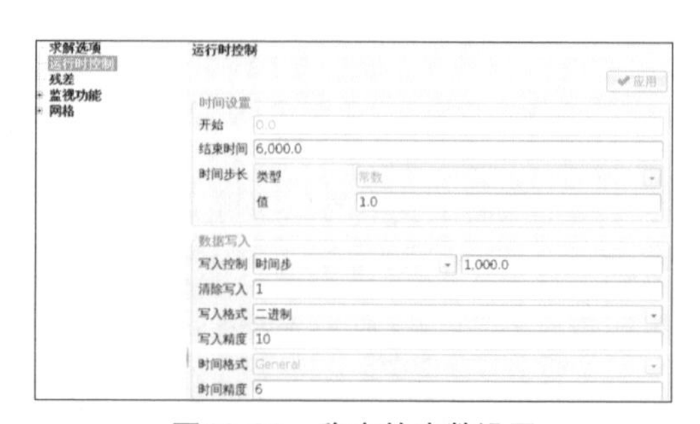

图10-28　稳态的步数设置

风阻仿真的计算残差如图 10-29 所示。

选择“监视功能”节点中的“LDxz”项目，单击“LiftDrag”标签，可以显示阻力系数 Cd 值的波动情况，单选 drag 曲线，然后拖动框选曲线图内的一个范围，可显示这个范围的放大效果，如图 10-30 所示。

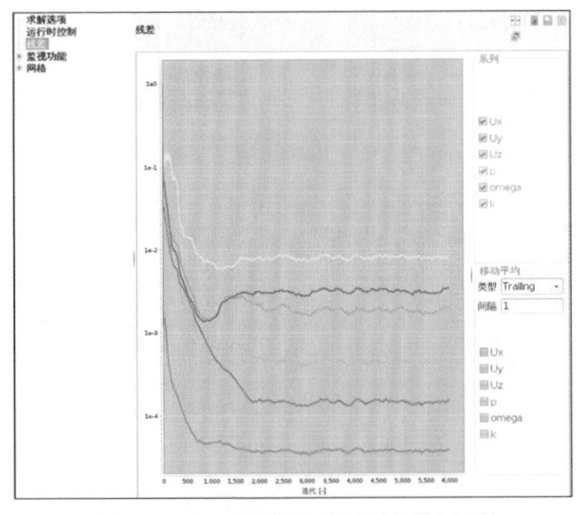

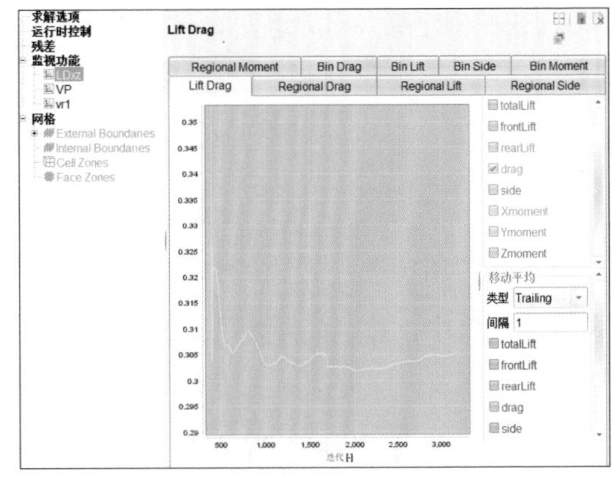

图10-29　风阻仿真的计算残差　　　　　　　　图10-30　Cd值在计算过程中的波动情况

切换到“Bin Drag”选项卡，可显示阻力系数累计发展曲线，如图 10-31 所示。

切换到“Regional Drag”选项卡，可显示各个部件对阻力系数的贡献量，红色为正，蓝色为负，拖动下方的滚动栏，可以查看所有部件的贡献量，如图 10-32 所示。

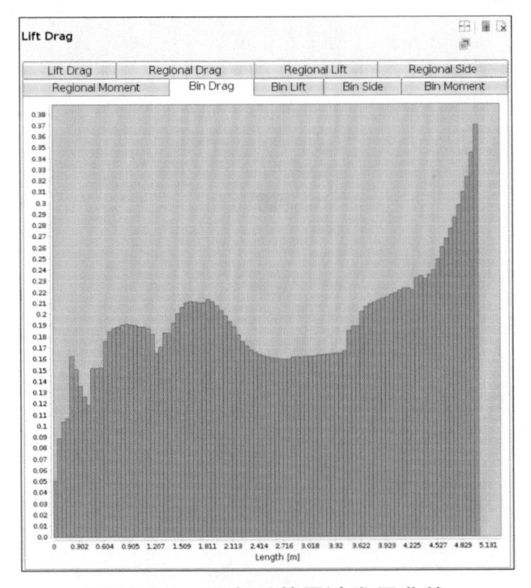

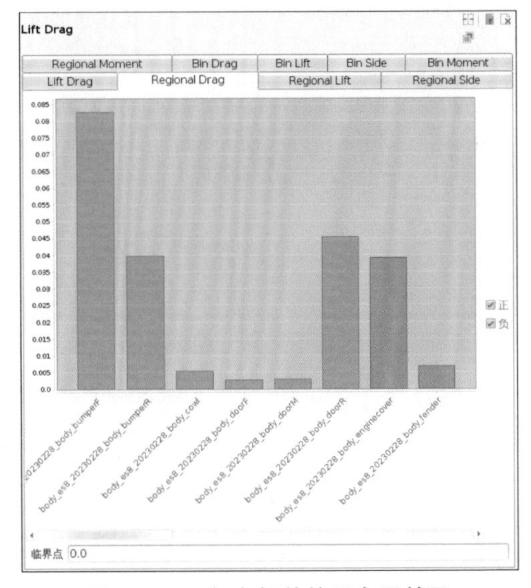

图10-31　阻力系数累计发展曲线　　　　　　　　图10-32　各个部件的阻力贡献量

10.8　后处理模块

10.7 节已经介绍了汽车风阻仿真中最为关键的风阻系数显示方式，这里继续介绍云图的显示功能。

选择“后处理”选项卡，首先切换“时间步”到有结果的步数，本案例中是切换到第 6 000 步，如图 10-33 所示。

由于汽车的部件较多，所以逐个手选部件再显示云图会比较烦琐，可以使用分组的方式，快速创建感兴趣的组件。选择“分组”功能区中的“创建”命令，如图 10-34 所示。

图10-33　切换到有结果的步数

图10-34　创建分组

在弹出窗口中，按住Ctrl键选中感兴趣的多个对应选项（注意是在“体网格”这一栏下进行选择），这里选中了所有车身表面，如图10-35所示，再单击右边的“>>”按钮选择这些部件到右方，单击“OK”按钮确认。

在左边的对象浏览器中仅选择刚才创建的位于“分组”节点下的“group”项目，在“颜色域”下拉列表框中选择“Cp”选项，如图 10-36 所示。

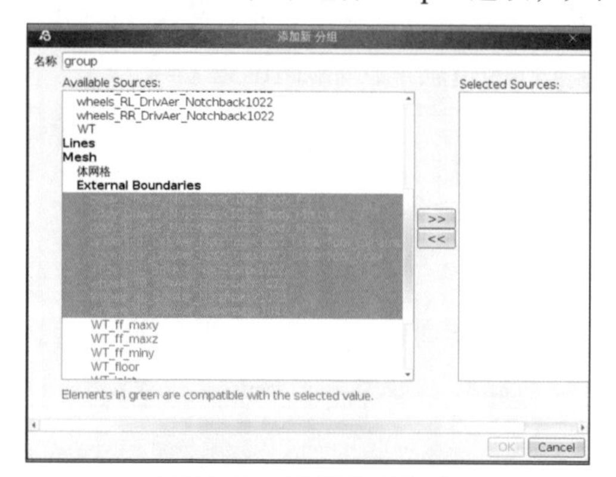

图10-35　选择分组部件

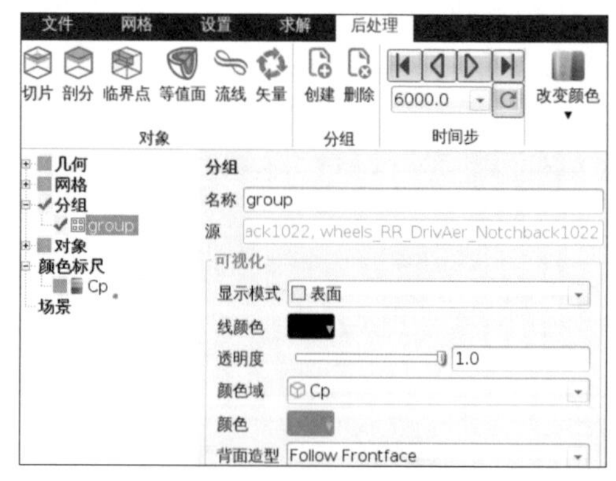

图10-36　显示分组

修改“颜色标尺”节点下的“Cp”项目的设置，取消勾选“自动范围”复选框，并将“范围”设置为 -0.5~0.5，如图 10-37 所示。

最后在右边显示的压力系数云图如图 10-38 所示。

图10-37　修改标尺

图10-38　车身表面的压力系数云图显示

更多切面、流线等后处理功能请参考第 6 章。

第 11 章 风力机流场仿真

在实际工程中，旋转机械的用途十分广泛，如各种泵、风机、螺旋桨、发动机和叶片风机等，对于旋转机械的模拟方法有很多，如移动参考坐标系、滑移网格、移动网格模型等。下面以叶片风机为例对滑移网格（AMI）的使用进行讲解。

11.1 问题描述

本案例中的风机模型如图 11-1 所示，*X* 轴方向总长度为 1.392 5 m，*Y* 轴方向总长度为 10.43 m，*Z* 轴方向总长度为 7.15 m。按风机结构划分为风机塔、叶片、叶毂和机舱四个部件，并设有足够大的模拟风洞区域，旨在软件中建立流体计算域。流体域入口采用速度边界，设置气体流速为 20 m/s，流体域出口设置为压力出口，叶片和叶毂设置为旋转壁面，设置旋转角速度为 2.1 rad/s，以模拟风机运行过程中叶片外流场的变化情况。

图11-1 风机模型

本案例涉及的方法和需要的设置如下。

- 设置适合的叶片旋转域。
- 设置滑移网格。
- 设置适合的湍流模型。
- 设置边界条件。
- 进行涡场及总压场的计算，获取涡量云图和总压云图。

11.2 模型导入

本案例使用 ANSA 前处理软件对风机模型进行面网格预处理，输出 STL 文件。

1. 导入网格文件

在 GUI 界面中选择“几何”→“导入文件”→“STL 模型文件”命令，导入面网格文件，显示窗口显示几何模型，选择显示窗口右侧其他工具栏中带边界线的表面命令，显示面网格模型信息，如图 11-2 所示。

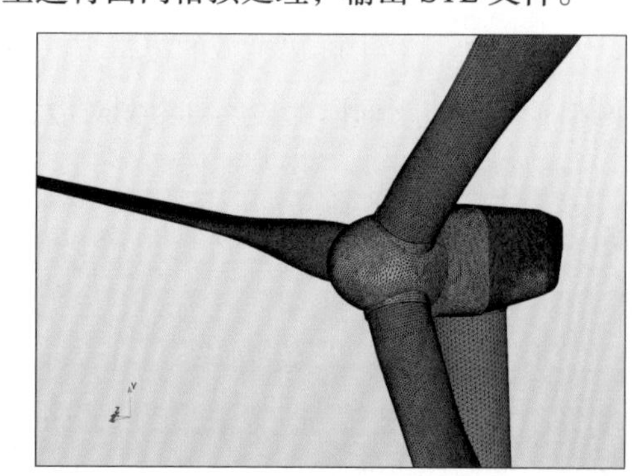

图11-2　面网格模型

2. 检查网格信息

- 通过显示窗口检查模型边界有无缺失。
- 通过对象浏览器检查模型边界命名是否完整。

11.3 网格模块

网格模块的主要工作包括选择网格算法、选择网格尺寸、体网格区域划分、生成体网格。接下来介绍网格模块的主要工作内容。

1. 选择网格算法

网格算法的选择标准参考 3.1.1 节，本案例选择标准算法。

2. 基本网格间距

基本网格间距影响全局网格尺寸，根据问题描述的几何模型尺寸信息，选择合适的基本网格间距。本案例选择的基本网格间距为 0.2 m。

3. 几何特征尺寸

设置几何特征尺寸用于重构壁面边界面网格尺寸大小，针对部分特征面，可根据几何特征，调节壁面网格细化等级，用于保证几何特征的完整性。具体壁面网格细化等级如表 11-1 所示。

表11-1　具体壁面网格细化等级

边界名称	Max 级别	Min 级别
tower	3	3
blades	5	5
hub	4	4
nacelle	4	4
box	4	4
inlet	2	2
outlet	2	2
ground	3	3
tunnel	0	0

4. 邻近度细化

为了提高渲染或仿真的质量和效率，同时保持网格良好的适应性，对 box 和 tower 面网格进行邻近度细化。

在对象浏览器中选择“几何”→ box →“细化”→“邻近度细化”命令，设置细化等级为 3。具体设置如图 11-3 所示。

图11-3　邻近度细化具体设置

5. 设置旋转域包络面

在风力机外流场仿真中设置旋转域包络面的目的是模拟风机叶片旋转时所产生的影响，并且更准确地捕捉到旋转部分周围的流场特性。设置旋转域包络面主要有以下几个原因。

（1）模拟叶片旋转效应：在风机运行过程中，叶片的旋转会导致周围气流产生旋转和湍流，从而影响风机周围的外流场。为了更准确地模拟这种旋转效应，需要在仿真中考虑叶片旋转对流场的影响，设置旋转域包络面就是为了模拟这种旋转效应。

（2）提高仿真精度：将叶片旋转考虑在内的外流场仿真可以更准确地预测风机的性能，包括风力发电机的发电效率和叶片受力情况等。设置旋转域包络面可以更好地捕捉到叶片旋转产生的湍流和涡流，从而提高仿真的精度。

（3）**降低计算成本**：对于整个外流场进行完全三维仿真的计算成本通常很高。通过设置旋转域包络面，可以将仿真区域限制在叶片周围的较小区域内，从而减少计算量，并且保证了叶片旋转效应的准确模拟。

（4）**优化网格划分**：设置旋转域包络面有助于优化仿真区域的网格划分，使叶片周围的区域有更高的网格密度，从而更准确地捕捉到流场的细节和特性，提高仿真的准确性。

在对象浏览器中选择“几何”→ box →“区域”→“类型”命令，设置类型为 Boundary（non-conformal patches），如图 11-4 所示。

图11-4　旋转域包络面设置

6. 选择材质点

在对象浏览器中选择“材质点”节点，在打开的“材质点”数据面板中设置原始材质点。本案例中材质点坐标选择（-7.0，11.0，0.0）。单击按钮检查材质点位置是否符合要求，如图 11-5 所示。

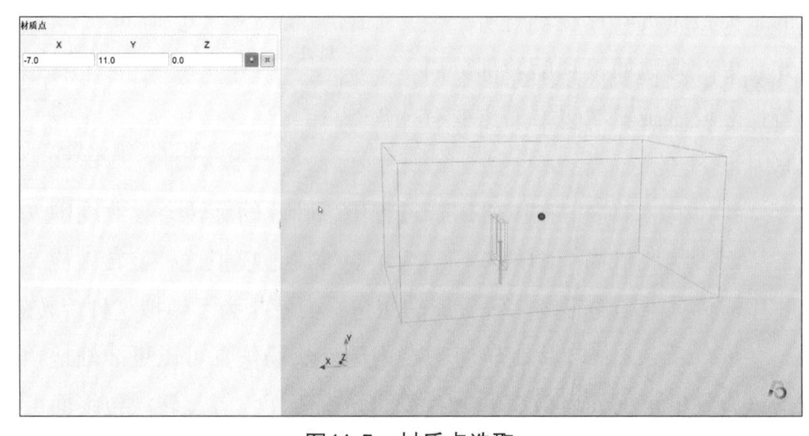

图11-5　材质点选取

7. 生成体网格

在 GUI 中选择“网格”→“创建网格”命令，完成体网格生成。

在 GUI 左侧的对象浏览器中选择“网格”节点，在“网格”数据面板中查看网格统计、边界、网格质量等信息，如图 11-6 所示。本模型计算域为一个整体域，因此并不需要多网格进行区域划分。

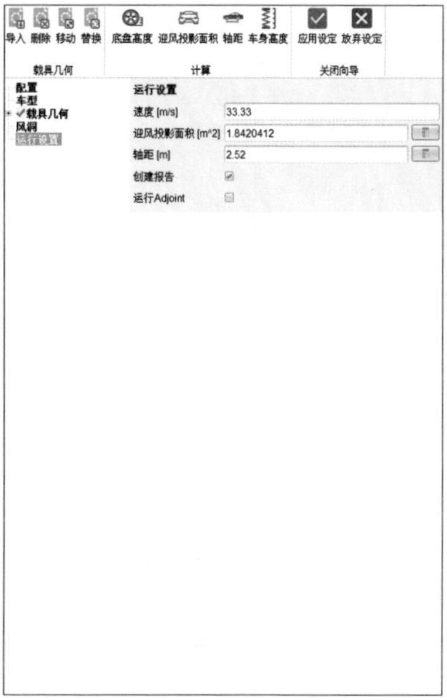

图11-6　网格质量信息

体网格生成完成后，网格模块的操作工作已结束，可进行下一步设置模块的操作。本小节注意事项如下。

- 包络面应紧密围绕旋转部件（如风机叶片）的外形，同时确保包络面足够远离旋转部件，以充分涵盖叶片旋转引起的流场变化。
- 模型文件以STL类型为主，也包括其余类型文件（IGS、STP等），但相较于STL文件，其余类型文件在解析速度方面略有不足。
- 在模型的前处理阶段，需对模型的特征边界进行命名，省去处理模型的时间。
- 网格细化（邻近度细化）操作需要综合考虑网格质量、计算成本、收敛性、稳定性等因素，以确保细化操作的合理性和有效性。

11.4　设置模块

设置模块的主要工作包括设置求解（稳态或非稳态、流动类型可压缩或不可压缩、多相流模型、重力加速度、输运方程等）、设置材质、选择湍流模型、设置边界条件、设置离散格式、设置求解器、设置时间步长和计算时长、设置场运算等。接下来介绍设置模块的主要工作内容。

1. 求解设置

具体设置如图 11-7 所示。

- 求解类型：分离（默认）。
- 求解时间类型：瞬态。
- 流动类型：不可压缩。

· 重力模型：X=0.0 m/s^2，Y=0.0 m/s^2，Z=-9.81 m/s^2。

图11-7 “求解设置”数据面板

2. 材质设置

由于默认的流体材料为空气，所以设置默认流体材料为空气即可。

3. 模型设置

通过“模型”数据面板，设置湍流算法为“LES/DES”，湍流模型为“DDES k–ω SST”，设置网格运动的模式为“刚体单元区域运动”，如图 11-8 所示。

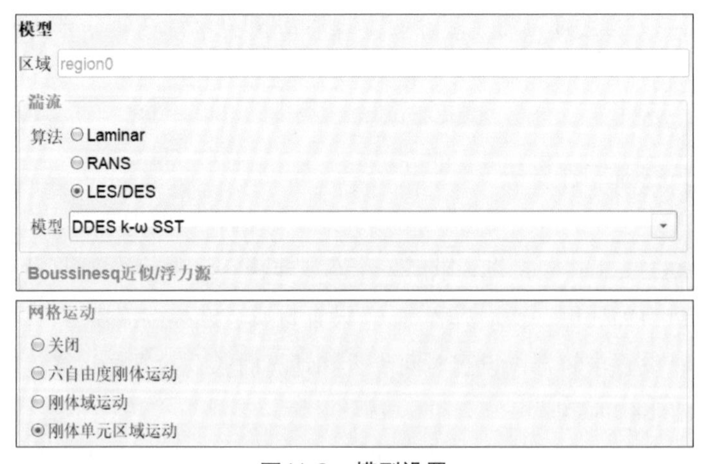

图11-8 模型设置

4. 外部边界设置

设置外部边界条件，控制模型的运行条件，具体操作如下。

在“外部边界”数据面板中，设置“边界类型”，修改特征边界的类型，其具体类型设置如表 11-2 所示。

表11-2　边界类型设置

特征边界	边界类型	动量
box	Wall	①类型：Cyclic AMI。 ②匹配容差：0.0001。 ③相邻边界：box_slave。 ④转换类型：Coupling
box slave	Cyclic AMI	①类型：Cyclic AMI。 ②匹配容差：0.0001。 ③相邻边界：box。 ④转换类型：Coupling
tower	Wall	①类型：固定壁面。 ②壁面类型：无滑移
winturbine1_blades	Blade	①类型：移动壁面。 ②速度类型：旋转壁面。 ③旋转中心：(0.160 523，7.118 65，-0.037 06)。 旋转轴：(-0.994 85，-0.101 32，0.0)。 ④角速度：2.1 rad/s
winturbine1_hub	Wall	①类型：移动壁面。 ②速度类型：旋转壁面。 ③旋转中心：(0.160 523，7.118 65，-0.037 06)。 旋转轴：(-0.994 85，-0.101 32，0.0)。 ④角速度：2.1 rad/s
winturbine1_nacelle	Wall	①类型：固定壁面。 ②壁面类型：无滑移
tunnel_inlet	Inlet	①类型：速度。 ②指定方法：全局笛卡儿。 ③速率：x=-20 m/s，y=0，z=0
tunnel_outlet	Outlet	①类型：压力。 ②定义方法：固定压力=0 Pa
tunnel_ground	Wall	①类型：固定壁面。 ②壁面类型：无滑移
tunnel_tunnel	Symmetry plane	默认设置

5. 单元区域

在“单元区域”数据面板中选择“运动”选项卡。将“运动类型”设置为“轴旋转运动”，将“旋转中心”设置为（0.160 523，7.118 65，-0.037 06）；将“旋转轴”设置为（-0.994 853 847 65，-0.101 320 391 86，0.0），将“旋转速度”设置为 2.1 rad/s，如图 11-9 所示。

6. 离散格式

在“离散格式”数据面板中，设置计算域的离散格式。此处的“梯度项”“对流项”“拉普拉斯项”均保持默认值，如图 11-10 所示。

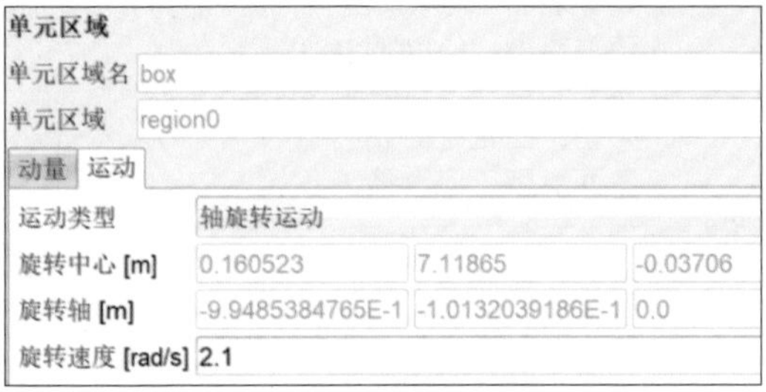

图11-9　单元区域设置

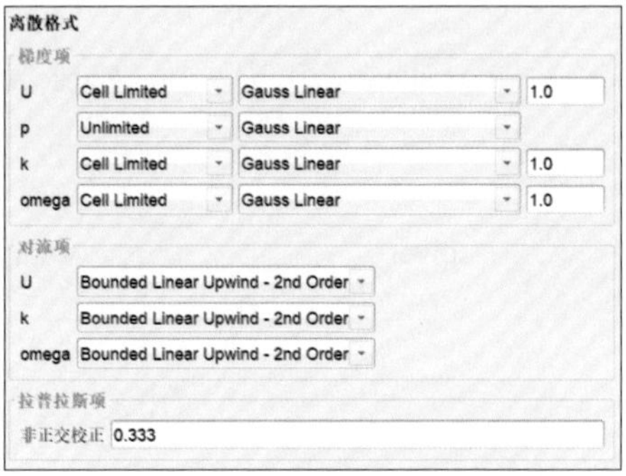

图11-10　计算域离散格式设置

7. 求解器设置

在“求解器设置”数据面板中，设置计算域求解器。“求解算法”保持默认值 PIMPLE；在“残差控制”选项区域中，U、p、k、omega 设置为 0，“松弛因子”保持默认值，如图 11-11 所示。

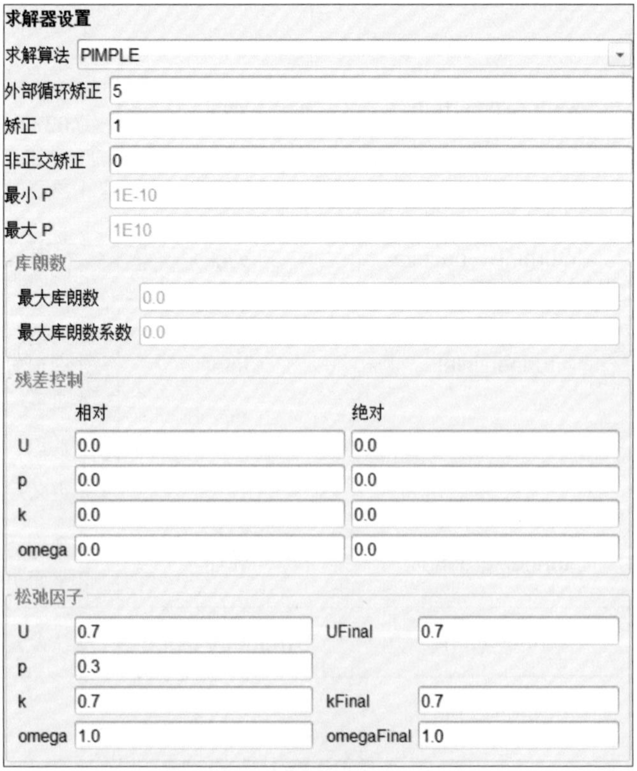

8. 运行时控制

在“运行时控制”数据面板的“时间设置”选项区域，将“结束时间”设置为 6.0，将“时间步长”的“类型”设置为 Constant，其“值”设置为 0.03，同时在“数据写入”选项区域，将“写入控制”设置为 Run Time 和 0.06，表示运行数据每隔 0.06

图 11-11　计算域求解器设置

s 保存一次，其余设置保持默认值，如图 11-12 所示。

9. 场运算

在“场运算”数据面板中进行 magU（矢量值）、ptot（总压）、Vorticity（涡量）和 Q（涡流核心区）的计算设置，如图 11-13 所示。

10. 场初始化

在“场初始化”数据面板中，对计算域进行初始化设置，计算时，良好的初始流场对计算收敛速度的提升有很大的帮助。设置 U、p、k、omega 的“类型”为 Boundary Value，其意义在于按照边界条件所设置的数值来对各个边界进行初始化，如图 11-14 所示。设置完成后，单击“设置”模块选项卡中的“初始化”按钮进行初始化操作。

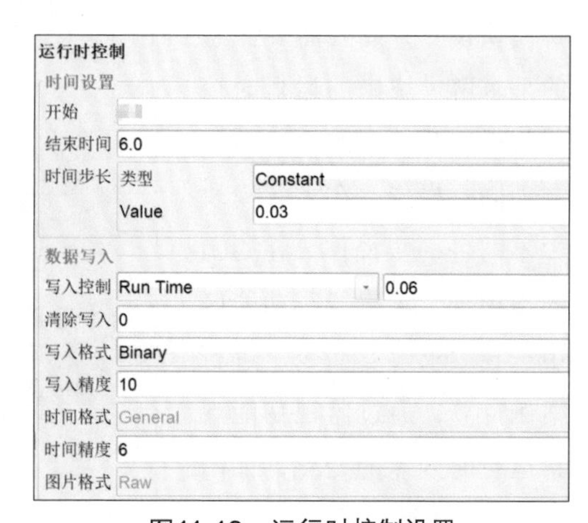

图11-12　运行时控制设置

图11-13　场运算计算参数设置

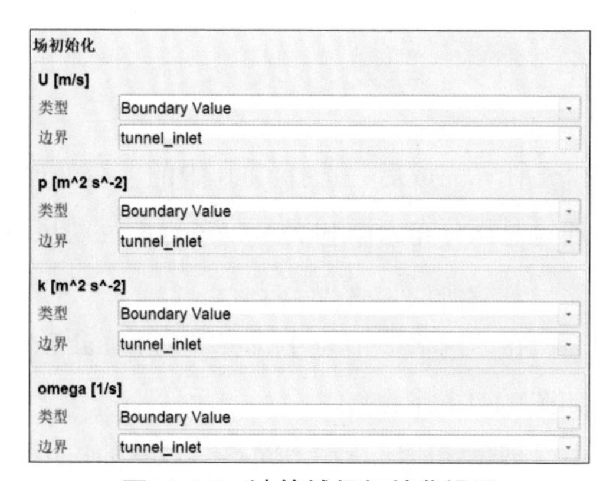

图11-14　计算域场初始化设置

对运算场初始化后，设置模块操作已结束，可进行下一步求解模块操作。本小节注意事项如下。

- 边界条件设置，AMI设置。

· 网格运动模式设置。
· 单元区域旋转区域设置。
· 包络面设置。
· 网格细化设置。

11.5　求解模块

在完成设置模块的初始化操作后，选择GUI中的“求解”选项卡，进行下一步求解模块设置，此处需要注意的是求解模块中的运行时控制与设置模块中的运行时控制为同一操作，在求解模块中不需进一步操作。在GUI的选项卡“求解器”功能区中选择“求解”命令，进行案例计算，通过监视功能观察运行时残差的变化，如图11-15所示。

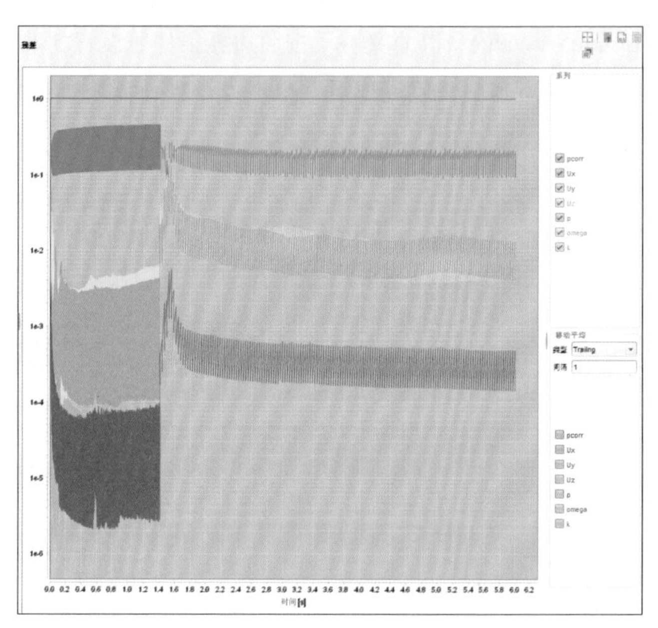

图11-15　运行时残差的变化

11.6　后处理模块

计算完成后，选择GUI中的“后处理”选项卡进行案例后处理。后处理模块主要通过总压分布云图和涡量分布云图反映风机外流场及涡量的变化。

1. 总压分布云图

在“网格”节点中选择“External Boundaries”项目，仅显示风机部分的体网格，如图11-16所示。

创建完成后，在“网格”数据面板中可以对总压进行设置，如图11-17所示。

可视化部分如下。

· 显示模式：轮廓。
· 颜色域：ptot。

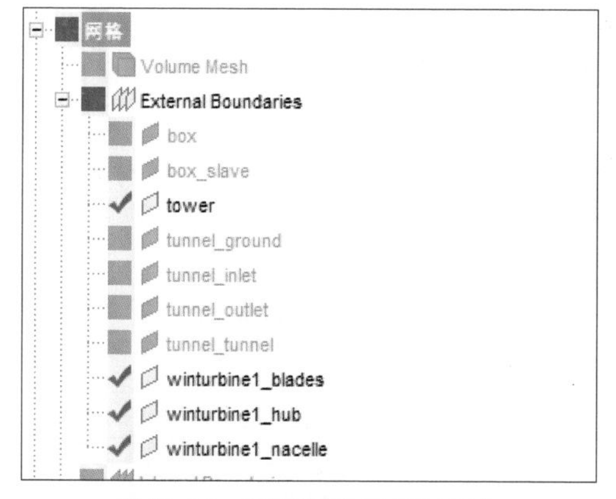

图11-16　网格树风机显示部分

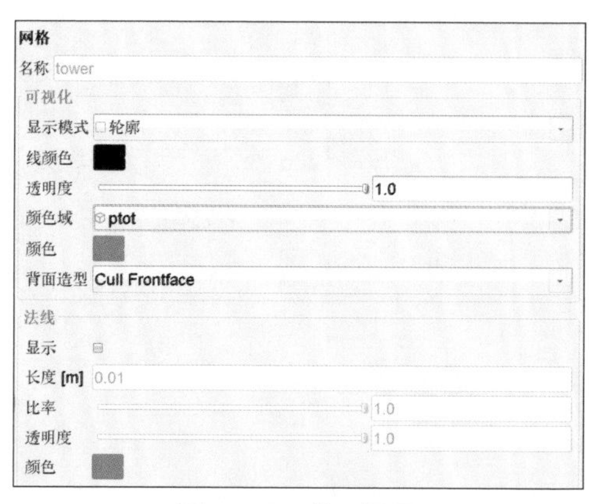

图11-17　总压设置

其余设置保持默认值。设置完成并确认后，可在“后处理”选项卡的“时间步”功能区设置当前时间步，其意义在于展示当前时间步的总压分布情况，如图11-18所示。可在显示窗口观察风机表面总压分布云图，如图11-19所示。

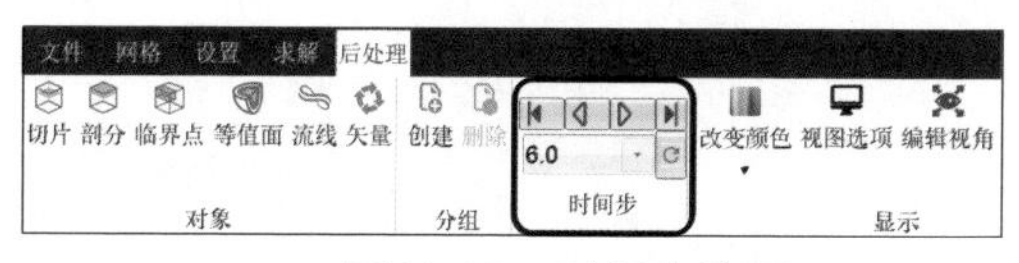

图11-18　时间步选择

(a)

(b)

图11-19　风机表面总压分布云图

2. 涡量分布图

选择GUI的“对象”功能区中的“等值面”命令，在弹出的对话框中创建等值面并命名为Q，如图11-20所示。

图11-20　等值面创建

等值面创建完成后，在“对象”数据面板中对新建等值面的属性进行设置，如图11-21所示。

对象
名称 Q
源 Volume Mesh
Iso-surface
场 Q
Iso-values
0.01
12.0
平滑
启用
迭代 100
收敛 0.9
导出 STL 确定
可视化
显示模式 表面
线颜色
透明度 1.0
颜色域 Solid Color
颜色
背面造型 Cull Frontface

图11-21　等面值设置

将 Iso-values 设置为 0.01，12.0。

可视化部分如下。

- 显示模式：表面。
- 透明度：1.0。
- 颜色域：Solid Color。

其余设置保持默认值，设置完成并确认后，可在“后处理”选项卡的“时间步”功能区设置当前时间步，其意义在于展示当前时间步的涡量分布情况。可在显示窗口观察风机的涡量分布图，如图 11-22 所示。此外，将“对象”数据面板中的“场”对应的值由 Q 改为 U-Mag，可观察用速度场 U-Mag 着色的涡量分布图，如图 11-23 所示。

图11-22　风机涡量分布图

图11-23　风机涡量分布图（速度着色云图）

第12章 气液两相流仿真

在实际工程中，许多问题都会涉及两相流，特别是水和空气的两相流问题，如溃坝、水箱晃动及气体冲击等问题。本章以气液两相流的气体冲击流场为例，增加多孔介质区域，对 VOF 模型的使用方法及多孔介质设置方法进行讲解。

12.1 问题描述

本案例中气体冲击模型如图 12-1 所示，X 轴方向总长度为 0.3 m，Y 轴方向总长度为 0.2 m，Z 轴方向总长度为 0.17 m。气体冲击模型由气体入口区域、多孔介质区域和液体区域组成，其中入口采用速度边界，设置气体流速为 3 m/s，出口为开放边界，在液体区域的底部设置有 0.05 m 高度的液态水。

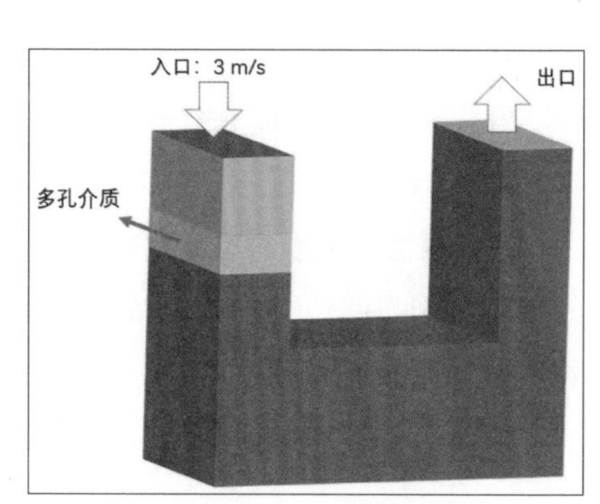

图12-1 气体冲击模型

本案例涉及的方法和需要的设置如下。

- 设置VOF多相流模型。
- 设置多孔介质区域模型。
- 设置适合的湍流模型。
- 设置边界条件。
- 通过截面气液两相分布图反映液体区域内气体冲击液体表面的气液两相运动情况。

12.2 模型导入

本案例使用 ANSA 前处理软件对气体冲击模型进行面网格预处理，输出 STL 文件。

1. 导入网格文件

在“网格”选项卡的“几何”功能区选择“导入文件”→“STL 模型文件”命令，导入面网格文件，显示窗口显示几何模型，选择显示窗口右侧的其他工具栏中的“带边界线的表面”，则显示窗口命令，显示模型面网格信息，如图 12-2 所示。

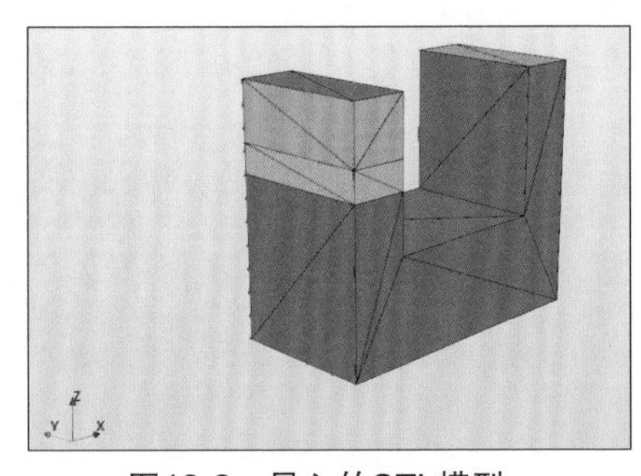

图12-2　导入的STL模型

2. 检查网格信息

· 通过显示窗口检查模型边界有无缺失。

· 通过对象浏览器检查模型边界命名是否完整。

12.3　网格模块

网格模块的主要工作包括选择网格算法、选择网格尺寸、生成体网格、体网格区域划分。接下来介绍网格模块的主要工作内容。

1. 选择网格算法

网格算法的选择标准参考 3.1.1 节，本案例选择标准算法。

2. 基本网格间距

基本网格间距影响全局网格尺寸，根据问题描述的几何模型尺寸信息，选择合适的基本网格间距。本案例选择的基本网格间距为 0.005 m。

3. 几何特征尺寸

几何特征尺寸如表 12-1 所示。

表12-1　几何特征尺寸

边界名称	Max 级别	Min 级别
inlet	2	2
outlet	2	2
inlet_wall	2	2
porous_up	2	2
porous_down	2	2
porous_wall	2	2
wall	2	2
bottom	2	2

边界层生成需要对整个壁面区域（inlet_wall、porous_wall、wall 和 bottom）表面建立边界层。在“层”选项卡中，设置“层投影”为“自动检测”；“参数 1”为“层数”，值为 3；“参数 2”为“最终层厚度比”，值为 0.4；“参数 3”为“层拉伸”，值为 1.1。可通过层预览模块，观测边界层生成效果，如图 12-3 所示。

4. 设置计算域网格细化方式

在 GUI 的“几何”功能区选择“创建盒子几何”命令，设置盒子几何尺寸，X、Y、Z 各轴最小和最大点为（0.0，0.0，0.0）和（0.5，0.5，0.5）。

在对象浏览器中选择“几何”→ box →“细化”→“体积”→“模式”命令，设置“模式”为“内部”，“类型”为“各向同性”，并设置“内部级别”为 2，如图 12-4 所示。

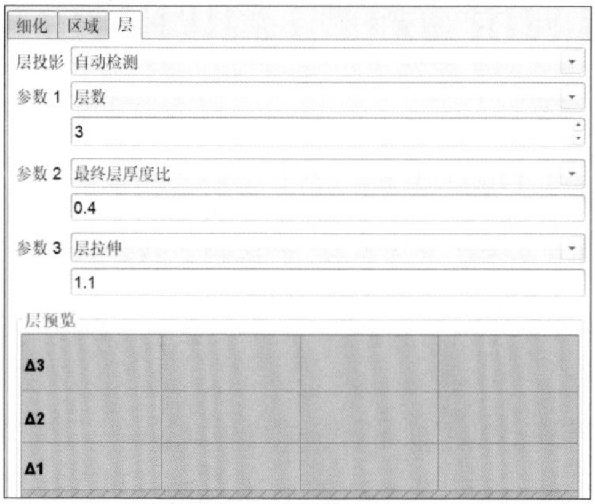

图12-3　边界层操作

图12-4　计算域网格细化设置

5. 选择材质点

本模型的计算域有三种，需创建多个材质点，以满足多域条件下网格的生成工作。在 GUI 的“创建”功能区选择“网格选项”命令，在弹出的“高级选项”对话框中，选择“通用”选项卡，勾选“使用多个材质点”复选框，如图 12-5 所示。

在对象浏览器中“材质点”节点，在“材质点”数据面板中的“未域化网格区”选项区域中勾选“启用”复选框，关闭原始材质点。在“单元域网格区域”选项区域内添加材质点数量，输入材质点坐标，对不同计算域进行命名。在“未域化网格区域”选项区域将坐标设置为（0.1，0.02，0.02），定义为液体域；在“单元域网格区域”选项区域单击按钮，增加两个点，命名和坐标分别设置为 air(0.025，0.05，0.15) ——定义为气体入口域以及 porous(0.025，0.05，0.12)——定义为多孔介质域；单击按钮检查材质点位置是否符合要求，如图 12-6 所示。

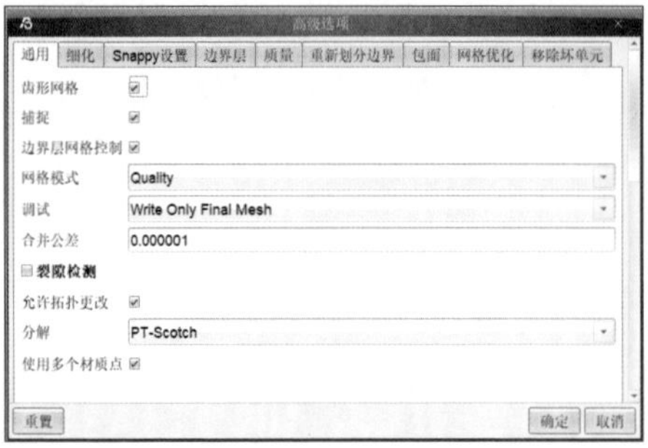

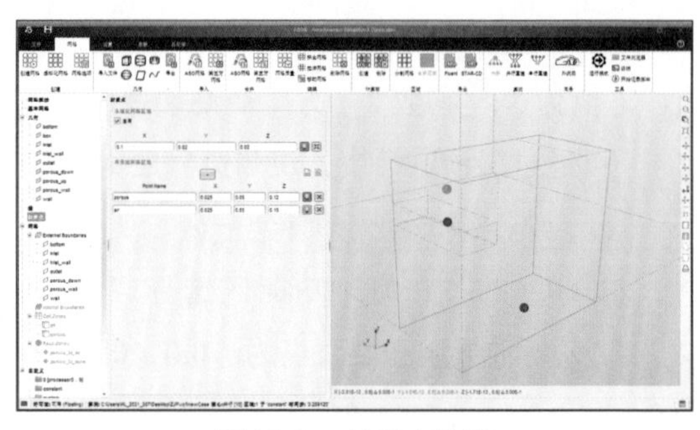

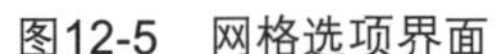

图12-5 网格选项界面

图12-6 材质点选取

6. 生成体网格

在 GUI 的“创建”功能区中选择“创建网格”命令，完成体网格生成。

在 GUI 左侧的对象浏览器中选择“网格”节点，查看网格统计、边界、网格质量等信息。本模型计算域为一个整体域，因此并不需要对网格进行区域划分。

体网格生成完成后，网格模块操作的已结束，可进行下一步设置模块的操作。本小节注意事项如下。

- 模型文件以STL为主，其余类型文件（IGS、STP等）也允许，但相较于STL文件，其余文件在解析速度方面略有不足。
- 在模型的前处理阶段，需对模型的特征边界进行命名，省去处理模型的时间。
- 材质点的选择是划分体网格的关键，本案例需要创建多个材质点来对计算域进行区分。
- 在网格划分阶段，需对各计算域进行网格细化，以提高计算精确度。

12.4 设置模块

设置模块的主要工作包括设置求解（稳态或非稳态、流动类型可压缩或不可压缩、多相流模型、重力加速度、输运方程等）、设置材质、设置多孔介质模型（VOF）、选择湍流模型、设置边界条件、设置离散格式、设置求解器、设置时间步长和计算时长、设置场运算等。接下来介绍设置模块的主要工作内容。

1. 求解设置

具体设置如图 12-7 所示。

- 求解类型：分离（默认）。
- 多相流模型：VOF。
- 求解时间类型：瞬态。

- 流动类型：不可压缩。
- 重力模型：X=0.0 m/s^2，Y=0.0 m/s^2，Z=-9.81 m/s^2。

2. 材质设置

默认的流体材料为空气，固体材料为铝，本案例涉及空气和液态水，因此可在材料库中自行添加液态水材料，具体设置如图 12-8 所示。

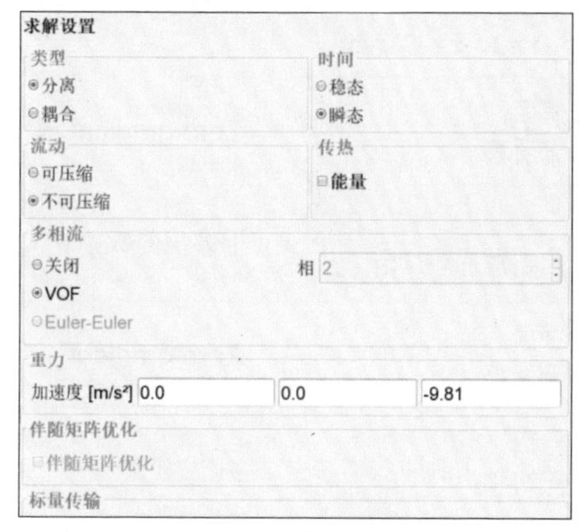

图12-7　求解设置

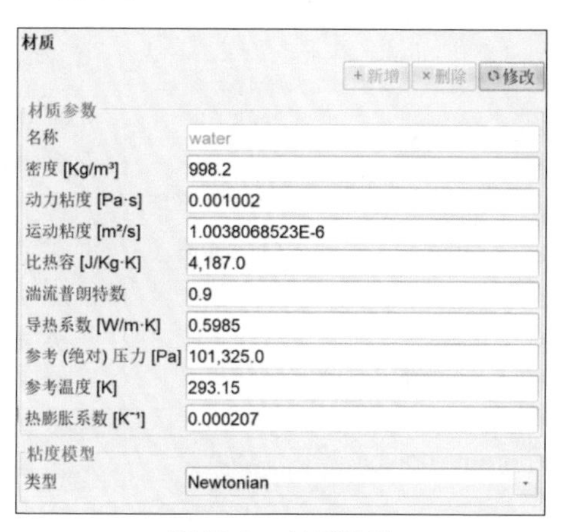

图12-8　材质设置

3. 模型设置

模型设置需要将定义的材料分配给气液两相。具体操作如下。

在“模型”数据面板中，设置“相 1”为“air”，“相 2”为“water”。湍流算法设置为“RANS”，湍流模型设置为“k－ω SST”，以处理区域内气液两相流动的问题，具体设置如图 12-9 所示。

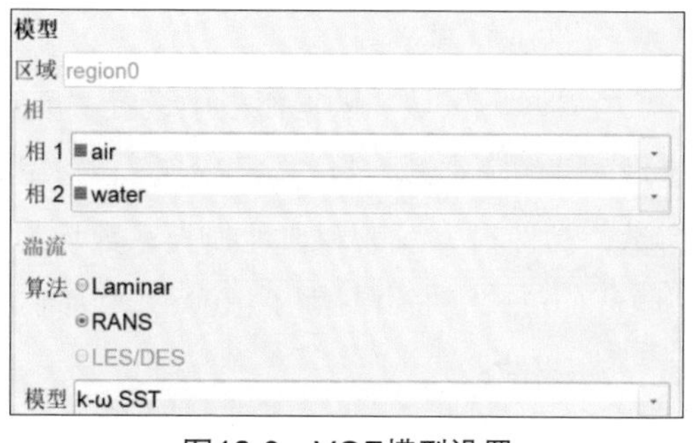

图12-9　VOF模型设置

4. 相设置

在“相”数据面板中，设置“表面张力”为 0.07 N/m，如图 12-10 所示。

图12-10　相设置

5. 外部边界设置

设置外部边界条件，控制模型的运行条件，具体操作如下。

在“外部边界”数据面板中，设置“边界类型”，修改特征边界的类型，具体的边界类型设置如表 12-2 所示。

表12-2　边界类型设置

特征边界	边界类型	动量	相体积分数
bottom	Wall	①类型：固定壁面。 ②壁面类型：无滑移	Zero-gradient
inlet	Inlet	①类型：速度。 ②指定方法：速度分量。 ③速率：*X*=0，*Y*=0，*Z*=-3 m/s	相1体积分数：1
inlet_wall	Wall	①类型：固定壁面。 ②壁面类型：无滑移	Zero-gradient
outlet	Opening	①类型：压力。 ②定义方法：固定总压=0 Pa	相体积分数：1
porous_wall	Wall	①类型：固定壁面。 ②壁面类型：无滑移	Zero-gradient
porous_down	Wall	①类型：固定壁面。 ②壁面类型：无滑移	Zero-gradient
porous_up	Wall	①类型：固定壁面。 ②壁面类型：无滑移	Zero-gradient

6. 单元区域

在“单元区域”数据面板中设置“单元区域名”为“porous”，设置“动量”选项区域的“源项类型”为“多孔介质”，采用Darcy定律设置计算域的多孔介质内的阻力参数，黏性损失系数和惯性损失系数均为（1 000.0, 1 000.0, 300.0），并设置“原点”为（0,0,0），“方向 1”为（1,0,0），“方向 2”为（0,1,0），如图 12-11 所示。

7. 离散格式

在“离散格式”数据面板中，调整计算域的离散格式。此处的“梯度项”“对流项”“拉普拉斯项”均保持默认值，如图 12-12 所示。

单元区域
单元区域名 porous
单元区域 region0
动量
源项类型 多孔介质
模型 Darcy-Forchheimer
粘性损失系数 [1/m²] 1,000.0 1,000.0 300.0
惯性损失系数 [1/m] 1,000.0 1,000.0 300.0
坐标系统 直角坐标系
原点 0.0 0.0 0.0
方向1 [m] 1.0 0.0 0.0
方向2 [m] 0.0 1.0 0.0

图12-11　多孔介质阻力参数设置

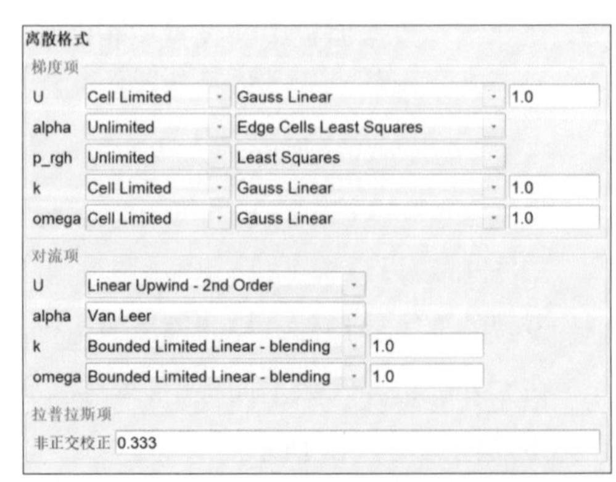

图12-12　计算域离散格式设置

8. 求解器设置

在“求解器设置”数据面板中，设置计算域求解器。“求解算法”保持默认值PIMPLE；在“残差控制”选项区域中，U、p_rgh、k、omega和alpha.air设置为0.0，确认“最大库朗数”为10.0，“最大库朗数系数”为5.0，“松弛因子”保持默认值，如图12-13所示。

求解器设置

求解算法	PIMPLE
外部循环矫正	1
矫正	2
非正交矫正	0
最小P	1E-10
最大P	1E10

库朗数

最大库朗数	10.0
最大库朗数系数	5.0

残差控制

	相对	绝对
U	0.0	0.0
p_rgh	0.0	0.0
k	0.0	0.0
omega	0.0	0.0
alpha.air	0.0	0.0

松弛因子

U	0.9	UFinal	1.0
k	0.7	kFinal	0.7
omega	0.7	omegaFinal	0.7
alpha.air	1.0	alpha.airFinal	1.0
p	1.0		

图12-13　计算域求解器设置

9. 运行时控制

在“运行时控制”数据面板的“时间设置”选项区域，将“结束时间”设置为5 s，“时间步长类型”设置为“CFL规则”，“值”设置为0.001，同时在“数据写入”选项区域，“写入控制”设置为“运行时间”和0.1，表示运行数据每隔0.1 s保存一次。“清除写入”设置为0，表示保存所有计算结果。其余设置保持默认值，如图12-14所示。

10. 场初始化

计算时，良好的初始流场对计算收敛速度的提升有很大帮助。这里需要对空气和水的位置进行初始化定义，其余设置保持默认值，如图12-15所示。

运行时控制

时间设置

开始	0.0	
结束时间	5.0	
时间步长	类型	CFL规则
	值	0.001
	最大库朗数值	0.666
	最大库朗数Alpha	0.333
	最大时间步	1.0

数据写入

写入控制	运行时间	0.1
清除写入	0	
写入格式	二进制	
写入精度	10	
时间格式	General	
时间精度	6	
图片格式	Raw	

图12-14　运行时控制设置

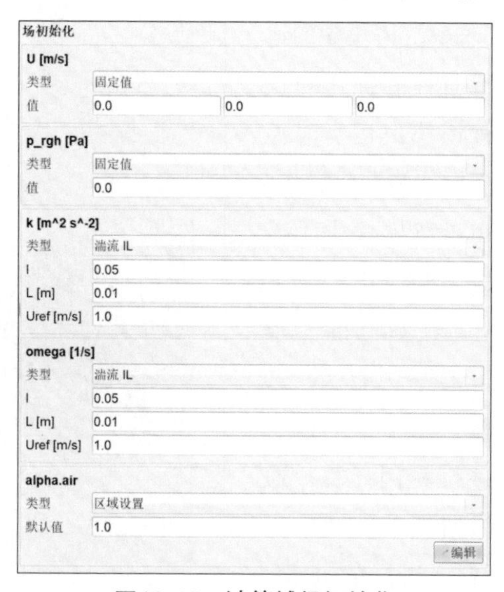

图12-15　计算域场初始化

在“场初始化”数据面板中的“alpha.air”选项区域，单击“编辑”按钮，在弹出的“alpha.air”对话框中，对计算域进行初始化设置，计算前需设置底部水位液面的初始高度为 0.05 m，即 Z 向高度为 0.05 m，因此在“盒体”选项区域中，设置“类型”为“最小值 - 最大值”，再编辑液态水的初始区域，设置“最小值”为（0.0, 0.0, 0.0），“最大值”为（0.2, 0.1, 0.05），如图 12-16 所示。

设置完成后，单击“初始化”按钮进行初始化操作。初始化操作完成后，气液两相区域显示如图 12-17 所示。

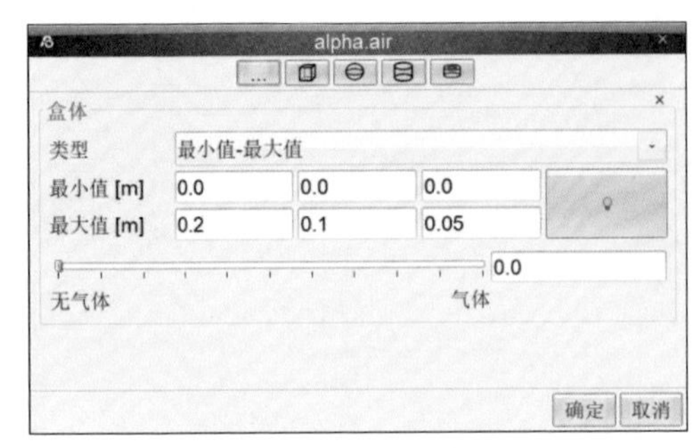

图12-16　初始液位设置

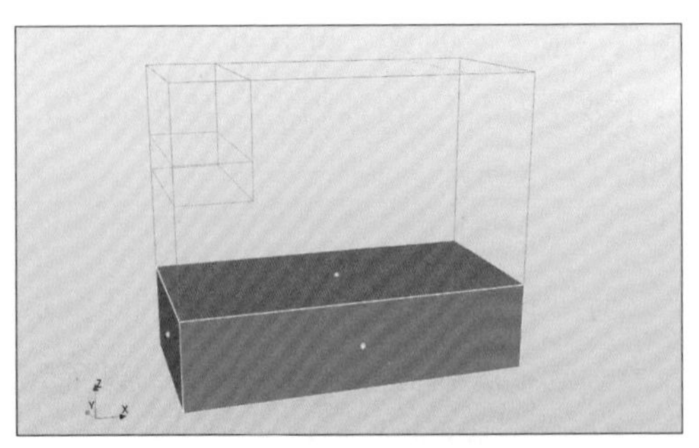

图12-17　初始气液两相区域

12.5　求解模块

在完成设置模块的“初始化”操作后，选择 GUI 中的“求解”选项卡，进行下一步求解模块设置，此处需要注意的是“求解”模块中的运行时控制操作与设置模块中运行时控制操作为同一操作，在求解模块中不需进一步操作。

在 GUI 的“求解器”功能区，选择“求解”命令，进行案例计算，通过监视功能观察运行时残差的变化，如图 12-18 所示。

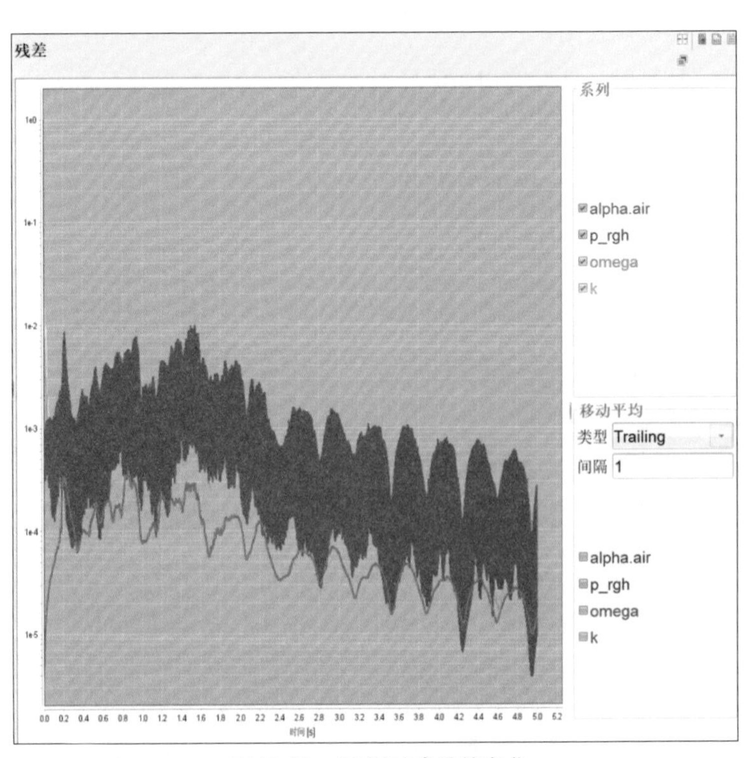

图12-18　运行时残差的变化

12.6 后处理模块

计算完成后，选择 GUI 中的“后处理”选项卡进行案例后处理。后处理模块主要通过相分布图反映计算域内气液两相流分布变化。

在“后处理”选项卡的“对象”功能区，选择“切片”命令，在弹出的对话框中创建切片，如图 12-19 所示。

图12-19　切面创建功能区

切片创建完成后，在“对象”数据面板中对新建切片的位置进行设置，如图 12-20 所示。

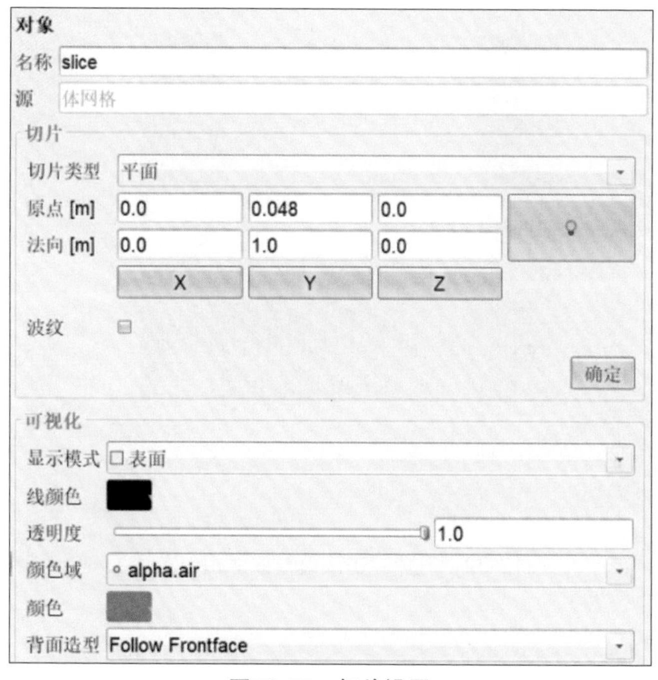

图12-20　切片设置

1. 切片部分

- 切片类型：平面。
- 原点：X=0.0，Y=0.048，Z=0.0。
- 法向：X=0.0，Y=1.0，Z=0.0。

2. 可视化部分

- 显示模式：表面。
- 透明度：1.0。
- 颜色域：alpha.air。

其中 alpha.air 表示气相分布，其余设置保持默认值。可在 GUI 的“时间步”功能区设置当前时间步，其意义在于展示当前时间步的气液两相分布情况，如图 12-21 所示。设置完成并确认后，可在显示窗口观察计算域切片内的气体冲击液面气液两相分布情况，如图 12-22 所示。

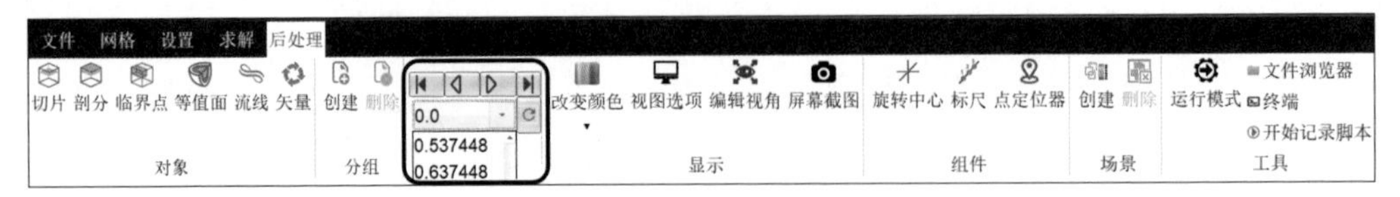

图12-21　时间步选择

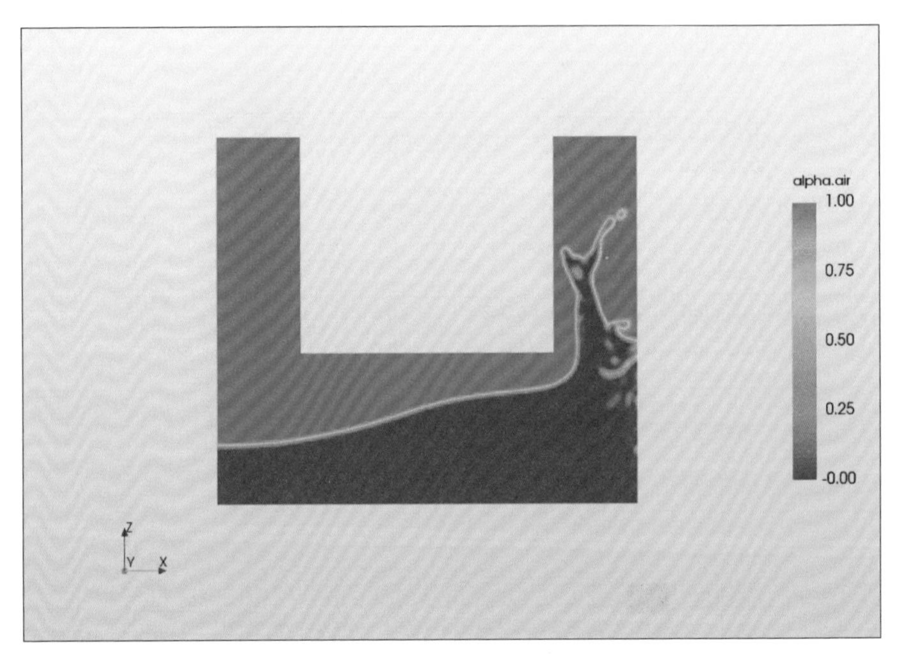

图12-22　气体冲击液面气液两相分布情况

第13章
螺旋桨空化仿真

旋转机械中液体空化是一种常见的物理现象，当流体局部压力低于饱和蒸气压时，该局部区域产生蒸气气泡并坍塌，空泡急速产生、扩张和溃灭，在液体中形成激波或高速微射流，从而产生噪声和振动。本案例以 PPTC11 标准螺旋桨模型为例对空化模型进行了详细的讲解。

13.1 问题描述

本仿真采用了德国波茨坦研究所（SVA）提供的标准螺旋桨模型（PPTC11），具体尺寸如下：*X* 轴方向总长度为 0.734 5 m，*Y* 轴方向总长度为 0.367 m，*Z* 轴方向总长度为 0.367 m。按螺旋桨结构划分为轴身、叶片、叶毂和叶片轴环四个部件，并设有足够大的模拟风洞区域，旨在 ASO 中建立流体计算域，如图 13-1 所示。流体域入口采用速度边界，设置气体流速为 6.365 4 m/s，流体域出设置为压力出口，叶片、叶毂和叶片轴环设为旋转壁面，设置旋转角速度为 157 rad/s，其余边界均为壁面条件。

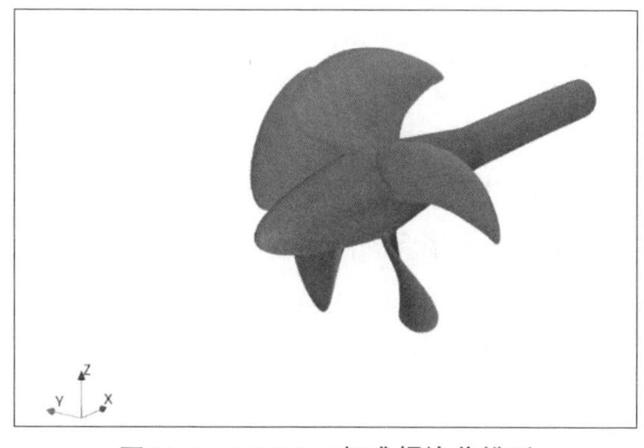

图13-1 PPTC11标准螺旋桨模型

本案例涉及的方法和需要的设置如下。

- 设置适合的叶片旋转域。
- 设置刚体网格运动（MRF）。
- 设置空化模型和VOF模型。
- 在抑制空化的情况下运行求解器，直到收敛，而后启用空化模型重新启动解决方案。

· 进行压力场及空化的计算，得到压力分布云图和空化显示。

13.2 模型导入

本案例使用 ANSA 前处理软件对整车模型进行面网格预处理,输出 STL 文件。

1．导入网格文件

在 GUI 中选择“几何”→“导入文件”→“STL 模型文件”命令，导入面网格文件，显示窗口显示几何模型，选择显示窗口右侧的其他工具栏的“带边界线的表面”命令，显示模型面几何信息，如图 13-2 所示。

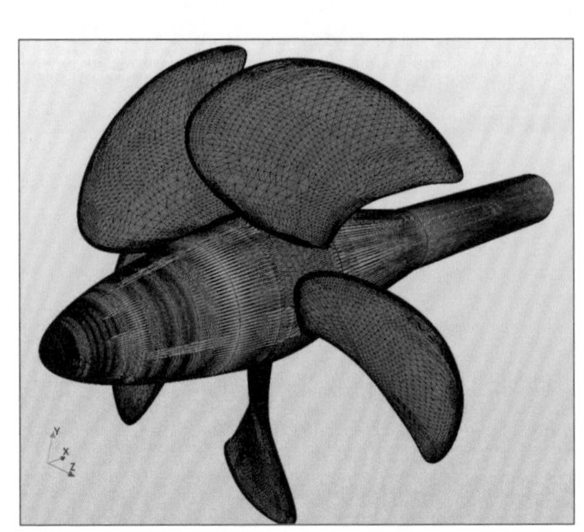

图13-2 螺旋桨叶片面网格模型

2. 检查网格信息

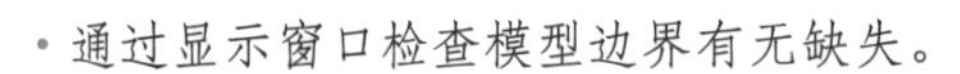

· 通过显示窗口检查模型边界有无缺失。

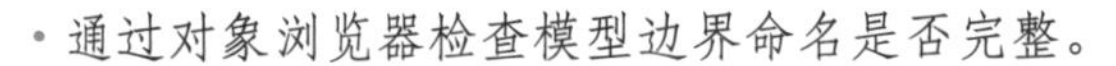

· 通过对象浏览器检查模型边界命名是否完整。

13.3 网格模块

网格模块的主要工作包括选择网格算法、选择网格尺寸、生成体网格、体网格区域划分。接下来介绍网格模块的主要工作内容。

1. 选择网格算法

网格算法的选择标准参考 3.1.1 节，本案例选择双重算法，如图 13-3 所示。

2. 基本网格间距

基本网格间距影响全局网格尺寸，根据问题描述的几何模型尺寸信息，选择恰当的基本网格间距。本案例选择的基本网格间距为 1.0 m，如图 13-4 所示。

图13-3 网格算法

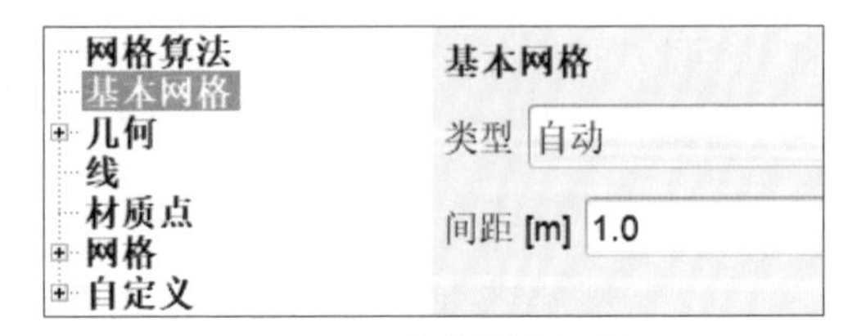

图13-4 基本网格间距

3. 几何特征尺寸

对叶片区域 blades 的网格尺寸进行设置，调整细化级别为（9,9），以使螺旋桨表面的网格尺寸达到 2 mm 左右（图中为 1.953 mm），并设置邻近度细化级别为 0，单元间隙级别为 6，这将识别薄型成对曲面中的一个曲面，在其中激活距离细化开关，如图 13-5 所示。

对叶片根部区域 bladeCollars 进行表面网格设置，设置细化级别为（9,9），以使螺旋桨表面的整体分辨率达到 2 mm 左右，设置邻近度细化级别为 2，单元间隙级别为 6。由于空化现象也会出现在叶片根部，所以设置体网格细化距离为 0.005 m，级别为 9，如图 13-6 所示。

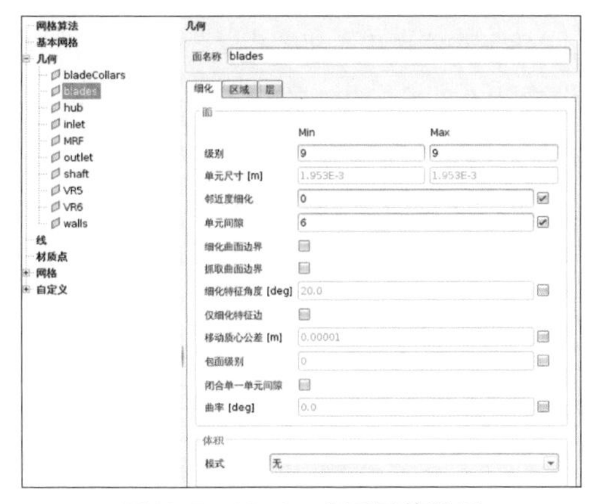

图13-5　blades表面网格设置

图13-6　bladeCollars表面网格设置

根据表 13-1，对每个部件选择对应的单元最大、最小尺寸。

表13-1　几何特征尺寸

边界名称	Max 级别	Min 级别
bladeCollars	9	9
blades	9	9
hub	7	7
inlet	0	0
outlet	0	0
shaft	7	7
walls	2	2

接下来进行边界层设置。按住 Ctrl 键，一次性选中多个螺旋桨的表面区域（bladeCollars、blades、hub 和 shaft）以建立边界层。在“层”选项卡中，设置“层投影”为“自动检测”，“层数”为 2，“参数 2”为“层拉伸”和 1.25。可通过层预览模块观测边界层生成效果，如图 13-7 所示。

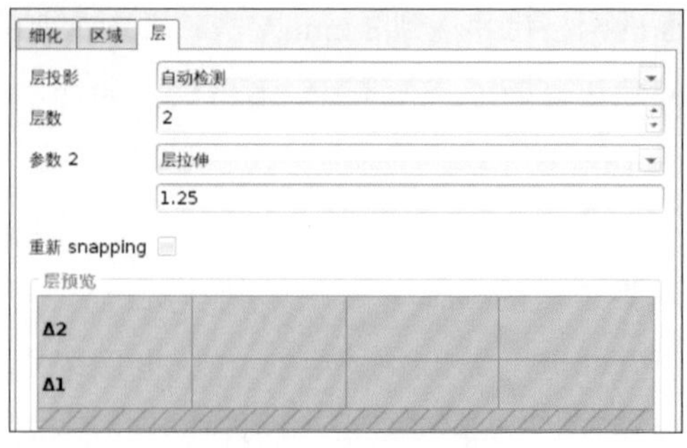

图13-7　边界层设置

4. 设置计算域的网格细化

在 GUI 的“几何”功能区选择“创建圆柱体几何”命令，设置圆柱体加密域 VR5 和尾流区域加密域细化 VR6 的几何尺寸。VR5 的“点 1”和“点 2”分别设置为（-0.4，0.0，0.0），（2.0，0.0，0.0），“半径”设置为 0.3 m；VR6 的“点 1”和“点 2”分别设置为（-0.3，0.0，0.0），（0.6，0.0，0.0），“半径”设置为 0.25 m。

在对象浏览器中选择“几何”节点，在“几何”数据面板中的“细化”选项卡下的“面”选项区域中设置“模式”为“内部”，“类型”为“各向同性”，并设置“内部级别”为 5，同理，可设置 VR6 项目的“内部级别”为 6，如图 13-8 所示。

图13-8　VR5和VR6的加密域设置

5. 设置旋转域

在 GUI 的“几何”功能区选择“创建圆柱体几何”命令，按图生成 MRF 旋转域几何。MRF 的“点 1”和“点 2”分别设置为（-0.15，0.0，0.0），（0.1，0.0，0.0），半径设置为 0.15 m，如图 13-9 所示。

在“区域”选项卡中设置“类型”为“Boundary（non-conformal patches）”，并将“面域名”设置为“MRF”，如图 13-10 所示。

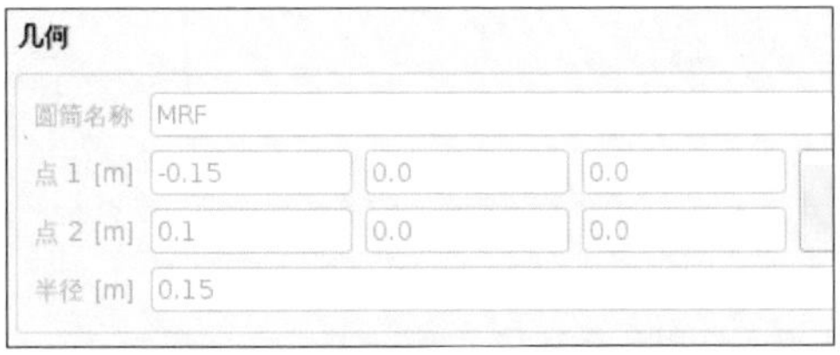

图13-9　MRF旋转域几何生成

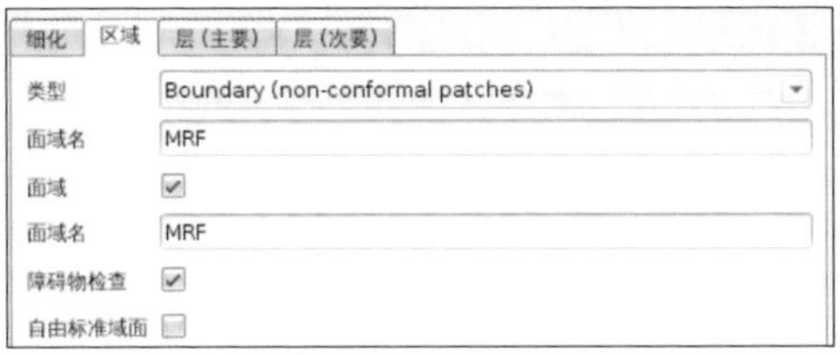

图13-10　MRF旋转域网格边界设置

在“细化”选项卡中，将“面”选项区域中的“级别”设置为（6,6），以实现 16 mm 左右间距的整体分辨率。将“体积”选项区域中的“模式”设置为“内部”，将“类型”设置为“各向同性”，将“内部级别”设置为 6，以实现 16 mm 左右的体网格间距，如图 13-11 所示。

图13-11　MRF旋转域网格细化设置

设置旋转域的目的是准确模拟空泡的形成、发展和消失过程。旋转域是一个虚拟的边界，它包围了螺旋桨叶片并定义了空泡的体积。通过设置旋转域，可以跟踪空泡的体积变化，以及它与叶片表面的相互作用。这有助于理解空化对螺旋桨性能和叶片载荷的影响，包括空泡的形成、膨胀、压缩和破碎等过程，如图 13-12 所示。

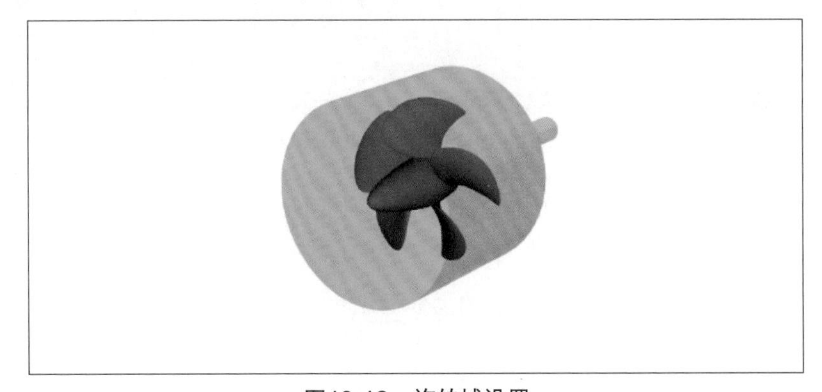
图13-12　旋转域设置

6. 选择材质点

在对象浏览器中选择“材质点”节点，设置原始材质点为（5，0，0）。单击按钮检查材质点位置是否符合要求，如图 13-13 所示。

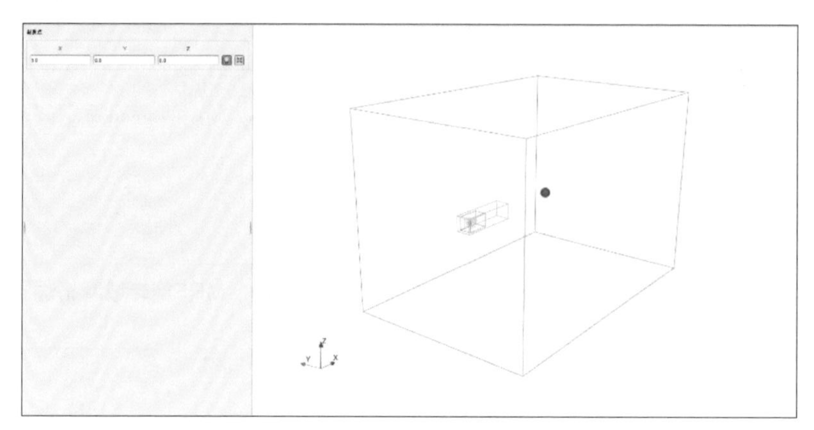

图13-13　材质点选择

7. 生成体网格

在 GUI 的“创建”功能区中选择“创建网格”命令，进行体网格生成。

体网格生成结果如图 13-14 所示。

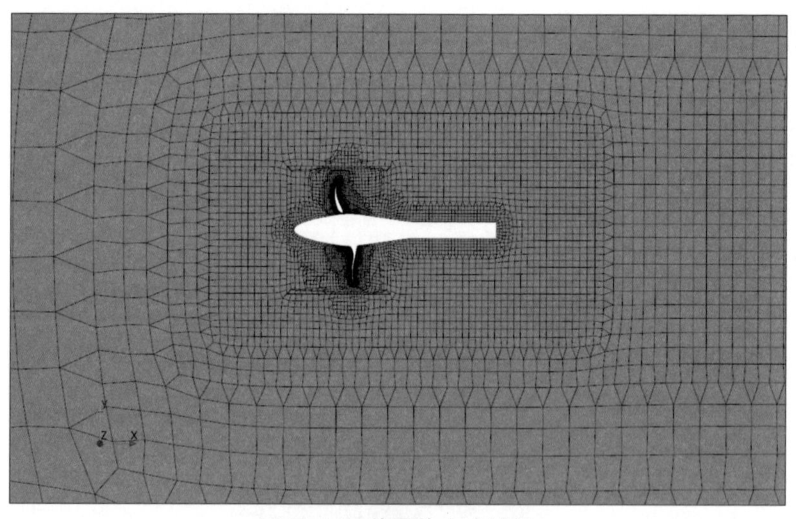

图13-14　体网格生成结果

在 GUI 左侧的对象浏览器中选择“网格”节点，查看网格统计、边界、网格质量等信息。本模型计算域为一个整体域，因此并不需要多网格进行区域划分。

体网格生成完成后，网格模块的操作已结束，可进行下一步设置模块的操作。本小节注意事项如下。

• 模型文件以STL类型为主，也包括其余类型文件（IGS、STP等），但相较于STL文件，其余文件在解析速度方面略有不足。

· 模型的特征边界需要提前命名，以省去模型的分类处理时间。

· 为更加精确地模拟叶片附近的空化现象，需对叶片区域进行网格细化工作。

· 材质点的选择是划分体网格的关键。

13.4 设置模块

设置模块主要工作包括选择求解器、选择湍流模型、设置边界条件、设置离散格式、设置场运算和设置求解时间步长等。

1. 求解设置

具体设置如图 13-15 所示。

· 求解类型：分离（默认）。

· 求解时间类型：瞬态。

· 流动类型：不可压缩。

· 多相流模型：VOF模型。

· 重力模型：X=0.0 m/s^2，Y=0.0 m/s^2，Z=-9.81 m/s^2。

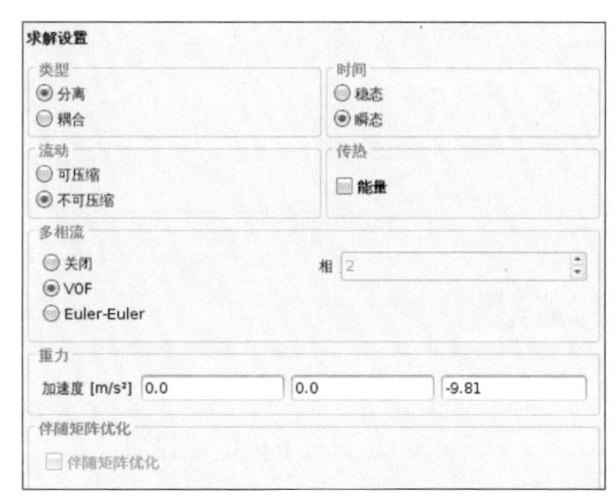

图13-15　求解设置

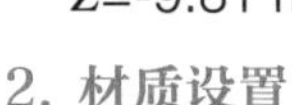

2. 材质设置

默认的流体材料为空气，本案例涉及空气和液态水，在材料库中设置液态水相（water）材质的密度为 997.44 kg/m^3，运动黏度为 0.000 000 933 7 m^2/s，如图 13-16 所示。气相（air）材质的密度设置为 0.595 31 kg/m^3，运动黏度设置为 0.000 021 293 9 m^2/s，如图 13-17 所示。

图13-16　液态水相属性

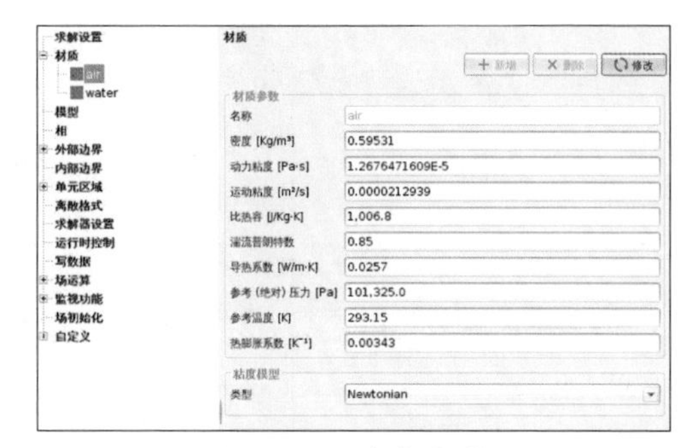

图13-17　气相属性

3. 模型设置

模型设置需要将定义的材料分配给气液两相，在“模型”数据面板中，确保“相 1”的材质为“water”，“相 2”的材质为“air”。

湍流算法选择“RANS”，湍流模型选择“k－ω SST”。

在“网格运动”选项区域单击“刚体单元区域运动”单选按钮，如图13-18所示。

4. 相设置

在“相”数据面板的“空化”选项区域中勾选“激活”复选框，显示“空化模型”，并设置液相水的表面张力为0.07 N/m，如图13-19所示。

图13-18　VOF模型相设置

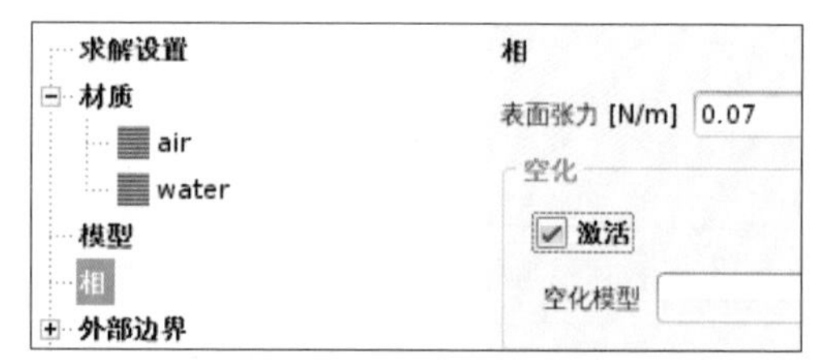

图13-19　空化模型设置

5. 外部边界设置

设置壁面边界条件，控制模型的运行，具体操作如下。

在“外部边界”数据面板中设置“边界类型”，修改特征边界的类型，具体边界类型设置如表13-2所示。

表13-2　边界类型设置

特征边界	边界类型	动量
MRF	Cyclic AMI	①匹配容差：0.000 1。 ②相邻边界：MRF_slave。 ③转换类型：Coupling
MRF_slave	Cyclic AMI	①匹配容差：0.000 1。 ②相邻边界：MRF。 ③转换类型：Coupling
bladeCollars	Wall	①类型：移动壁面。 ②速度类型：旋转壁面。 ③角速度：157 rad/s
blades	Wall	①类型：移动壁面。 ②速度类型：旋转壁面。 ③角速度：157 rad/s

续表

特征边界	边界类型	动量
hub	Wall	①类型：移动壁面。 ②速度类型：旋转壁面。 ③角速度：157 rad/s
shaft	Wall	①类型：移动壁面。 ②速度类型：旋转壁面。 ③角速度：157 rad/s
inlet	Inlet	①类型：速度。 ②指定方法：全局笛卡儿。 ③速率：x=6.365 4 m/s, y=0, z=0
outlet	Outlet	①类型：压力。 ②定义方法：固定压力=100 kPa
walls	Wall	①类型：固定壁面。 ②壁面类型：滑移

6. 单元区域边界

选择“单元区域”节点下的“MRF”项目并将“单元区域”数据面板中的“运动”类型设置为“轴旋转运动”，设置“旋转中心”为（0.0,0.0,0.0），设置“旋转轴”为（-1.0,0.0,0.0），设置“旋转速度”为157.0 rad/s，如图13-20所示。

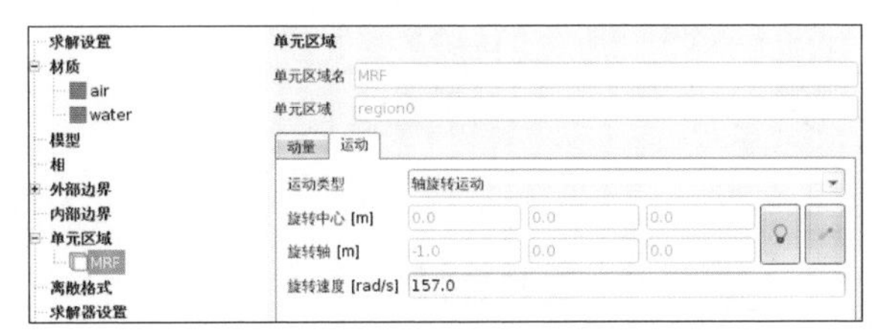

图13-20 旋转区域MRF的运动设置

7. 离散格式

在“离散格式”数据面板中，调整计算域的离散格式。此处的“梯度项”“对流项”“拉普拉斯项”均保持默认值，如图13-21所示。

8. 求解器设置

在“求解器设置”数据面板中，设置计算域求解器。“求解算法”保持默认值PIMPLE；在“残差控制”选项区域中，U、p_rgh、k、omega和alpha.water都设置为0.0，“松弛因子”保持默认值，如图13-22所示。

离散格式

梯度项

U	Cell Limited	Least Squares	1.0
alpha	Cell Limited	Least Squares	1.0
p_rgh	Cell Limited	Least Squares	1.0
k	Cell Limited	Least Squares	1.0
omega	Cell Limited	Least Squares	1.0

对流项

U	Linear Upwind - 2nd Order	
alpha	Van Leer	
k	Bounded Limited Linear - blending	1.0
omega	Bounded Limited Linear - blending	1.0

拉普拉斯项

非正交校正 0.333

图13-21 计算域离散格式设置

9. 运行时控制

在“运行时控制”数据面板的“时间设置”选项区域,将“结束时间”设置为 0.5,“时间步长”的“类型”设置为 CFL 规则,“值”设置为 0.001,并设置“最大库朗数值”为 20.0，以加强计算的稳定性，同时在“数据写入”选项区域，将“写入控制”设置为“运行时间”和 0.005，表示运行数据每隔 0.005 s 保存一次，其余设置保持默认值，如图 13-23 所示。

求解器设置

求解算法	PIMPLE
外部循环矫正	2
矫正	1
非正交矫正	0
最小 P	1E-10
最大 P	1E10

库朗数

最大库朗数	0.0
最大库朗数系数	0.0

残差控制

	相对	绝对
U	0.0	0.0
p_rgh	0.0	0.0
k	0.0	0.0
omega	0.0	0.0
alpha.water	0.0	0.0

松弛因子

U	0.9	UFinal	1.0
k	1.0	kFinal	1.0
omega	1.0	omegaFinal	1.0
alpha.water	1.0	alpha.waterFinal	1.0
p	1.0		

速度限制器

图13-22　计算域求解器设置

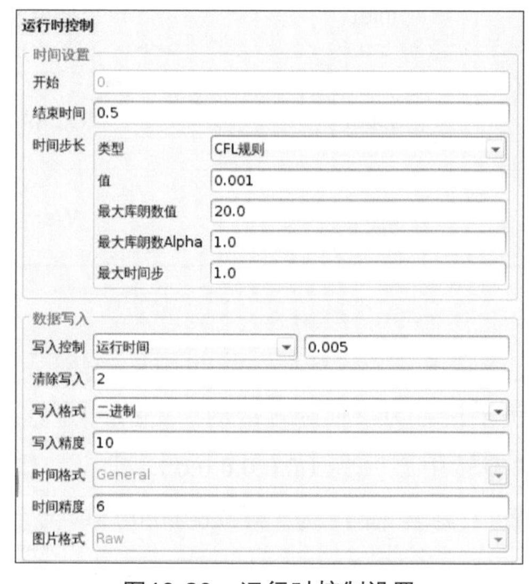

图13-23　运行时控制设置

10. 场运算与监控

在“场运算”数据面板中单击“＋新增”按钮，然后单击“操作”选项区域的“＋”按钮,在弹出的“添加操作”对话框中，设置“类型”为“Pressure Coeffcient”,如图 13-24 所示。

同时，需要注意设置“参考速度”及“参考压力”，如图 13-25 所示。

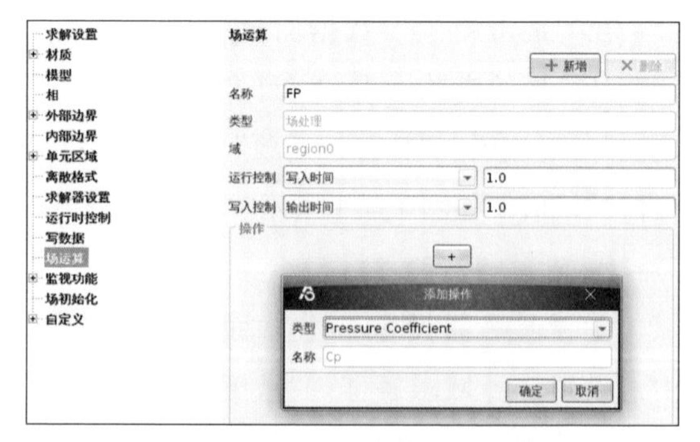

图13-24　场运算参数监控

继续在“监视功能”数据面板中单击“新增”按钮，在弹出的“添加新监视功能”对话框中，选择“类型”为“Force”，添加完成之后，在“监视功能”数据面板中选择“边界”为“bladeCollars blades”，并设置“参考密度”为 997.44，如图 13-26 所示。

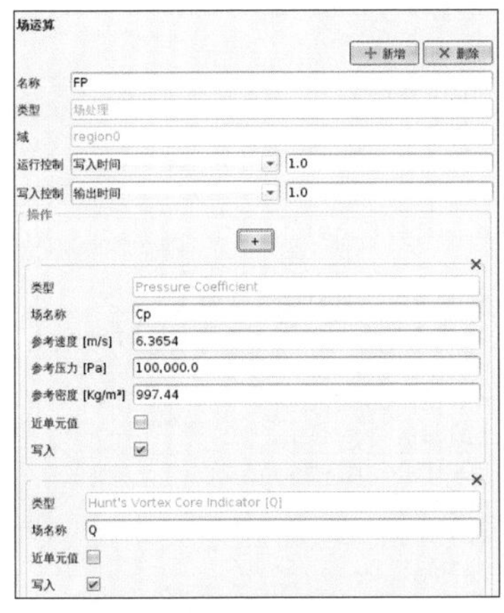

图13-25　压力系数设置

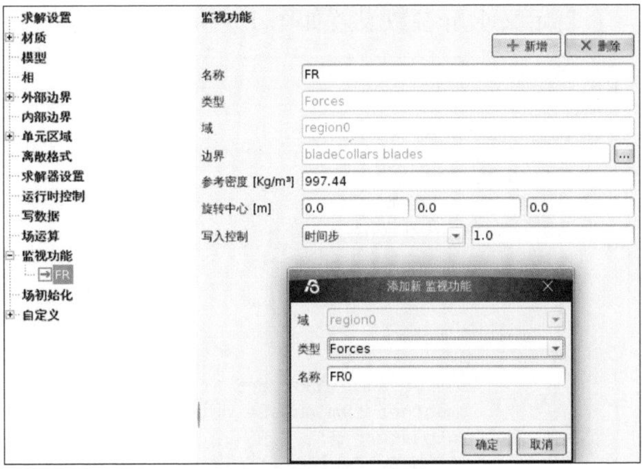

图13-26　监视功能设置

11. 自定义参数

为了确保求解器能使用正确的混合模型，需要为 transportProperties 文件添加自定义的条目。

保存案例，选择“自定义”节点下的“constant”项目，单击右边“自定义”数据面板中的“+ 添加”按钮，在弹出的“新建自定义文件”对话框中，选择 transportProperties 模板，如图 13-27 所示。

输入自定义的两相流相变求解器与求解参数，如图 13-28 所示，注意大小写。

这里预设了一个较大的饱和蒸气压 pSat 为 -1e100 Pa，目的是先抑制计算过程中可能产生的空化现象。

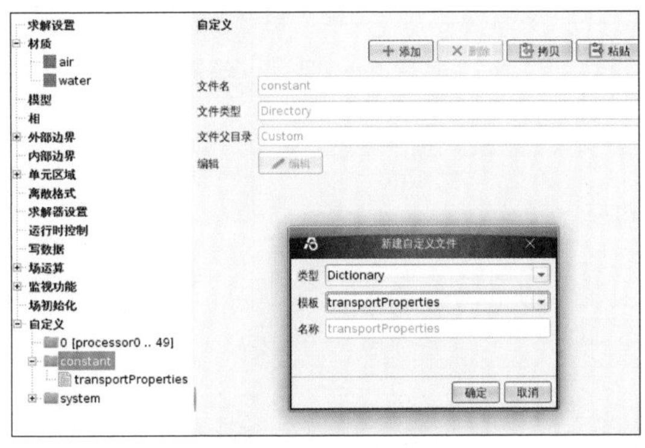

图13-27　自定义参数设置

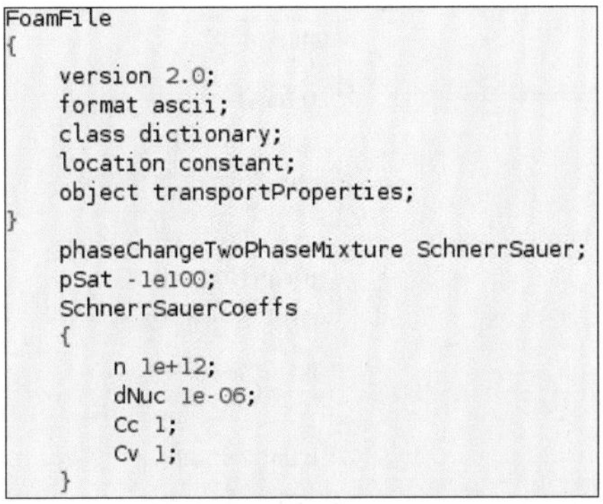

```
FoamFile
{
    version 2.0;
    format ascii;
    class dictionary;
    location constant;
    object transportProperties;
}
    phaseChangeTwoPhaseMixture SchnerrSauer;
    pSat -1e100;
    SchnerrSauerCoeffs
    {
        n 1e+12;
        dNuc 1e-06;
        Cc 1;
        Cv 1;
    }
```

图13-28　自定义的两相流相变求解器与求解参数

继续添加自定义求解参数，选择“自定义”节点下的“system”项目，单击“+ 添加”按钮，在弹出的“新建自定义文件”对话框中选择 fvSolution 模板，如图 13-29 所示。

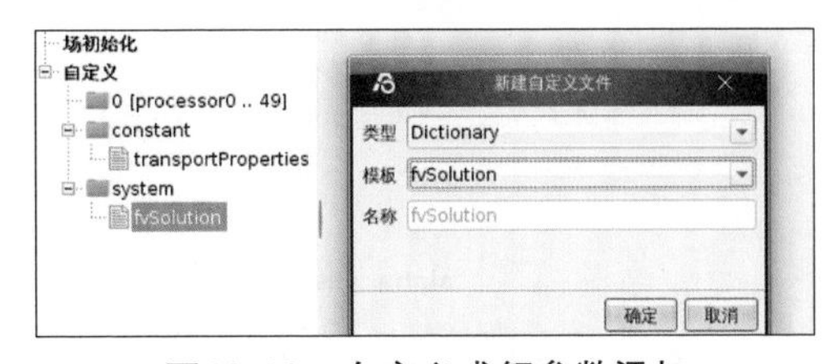

图13-29　自定义求解参数添加

自定义求解参数设置如图 13-30 所示。

```
FoamFile
{
    version 2.0;
    format ascii;
    class dictionary;
    location system;
    object fvSolution;
}
    solvers
    {
        alpha.water
        {
            solver smoothSolver;
            smoother symGaussSeidel;
            nAlphaCorr 5;
            nAlphaSubCycles 2;
            cAlpha 1;
            MULESCorr yes;
            nLimiterIter 50;
            tolerance 1e-12;
            relTol 0;
            nSweeps 1;
            minIter 1;
            maxIter 20;
            alphaApplyPrevCorr yes;
        }
        alpha.waterFinal
        {
            solver smoothSolver;
            smoother symGaussSeidel;
            nAlphaCorr 5;
            nAlphaSubCycles 2;
            cAlpha 1;
            MULESCorr yes;
            nLimiterIter 50;
            tolerance 1e-12;
            relTol 0;
            nSweeps 1;
            minIter 1;
            maxIter 20;
            alphaApplyPrevCorr yes;
        }
    }
```

图13-30　自定义求解参数设置

12. 场初始化

在“场初始化”数据面板中，对计算域进行初始化设置，计算时，良好的初始流场有助于加快计算收敛。设置 U、p_rgh、k、omega 和 alpha.water 的“类型”为“边界值”，其意义在于按照边界条件所设置的数值来对各个边界进行初始化，如图 13-31 所示。设置完成后，单击“初始化”按钮进行初始化操作。

场初始化

U [m/s]
类型　边界值
边界　inlet

p_rgh [Pa]
类型　边界值
边界　inlet

k [m^2 s^-2]
类型　边界值
边界　inlet

omega [1/s]
类型　边界值
边界　inlet

alpha.water
类型　边界值
边界　inlet

图13-31　计算域场初始化设置

13.5 求解模块

在完成设置模块的初始化操作后，选择 GUI 中的“求解”选项卡，进行求解模块的下一步设置。此处需要注意的是，针对空化模型的使用，整个仿真过程经历以下两个阶段。

- 在抑制空化的情况下运行求解器，直至计算收敛。
- 启用空化模型后，继续在原有流场的结果上计算空化。

首先进行第 1 阶段的仿真，直接选择“求解器”功能区的“求解”命令，等待 0.5 s 的物理时间计算完成后，监控结果显示如图 13-32 所示，X 向的受力在 0.5 s 时已趋于收敛，这说明仿真值已趋于稳定，可以开启下一步的空化仿真。

继续进行第 2 阶段的仿真，修改“自定义”→“constant”→“transportProperties”的饱和蒸气压 pSat 为 605 62.37 Pa，以激活 Schnerr-Sauer 空化模型，如图 13-33 所示。

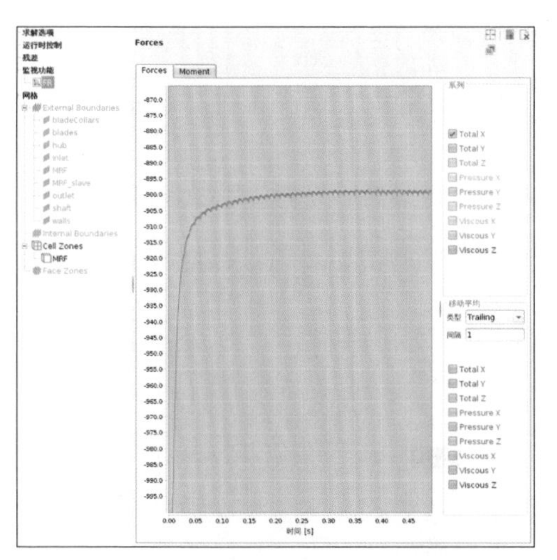

图13-32　第1阶段计算的X向受力监控

```
FoamFile
{
    version 2.0;
    format ascii;
    class dictionary;
    location constant;
    object transportProperties;
}
    phaseChangeTwoPhaseMixture SchnerrSauer;
    pSat 60562.37;
    SchnerrSauerCoeffs
    {
        n 1e+12;
        dNuc 1e-06;
        Cc 1;
        Cv 1;
    }
```

图13-33　修改饱和蒸气压以启用空化

转到“运行时控制”数据面板中，将“结束时间”设置为 0.6，并设置“最大库朗数值”为 2.0，如图 13-34 所示，目的是以更精确的时间步长来运行空化计算。

随后选择“求解器”功能区中的“求解”命令，继续进行案例计算，通过监视功能继续进行 X 向受力结果观察，如图 13-35 所示。从图中可以观察到两个阶段的收敛曲线有明显的变化。

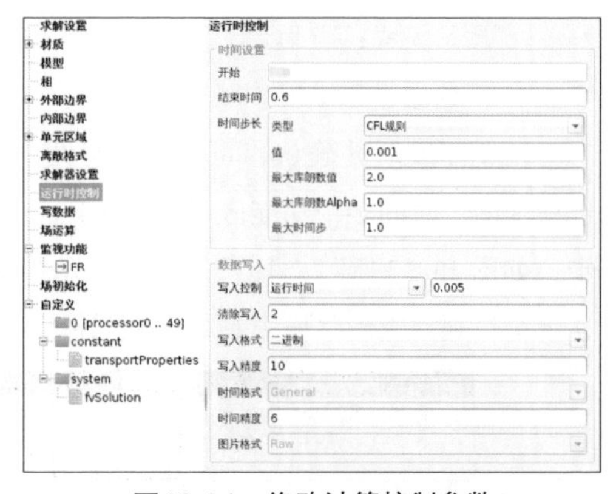

图13-34　修改计算控制参数

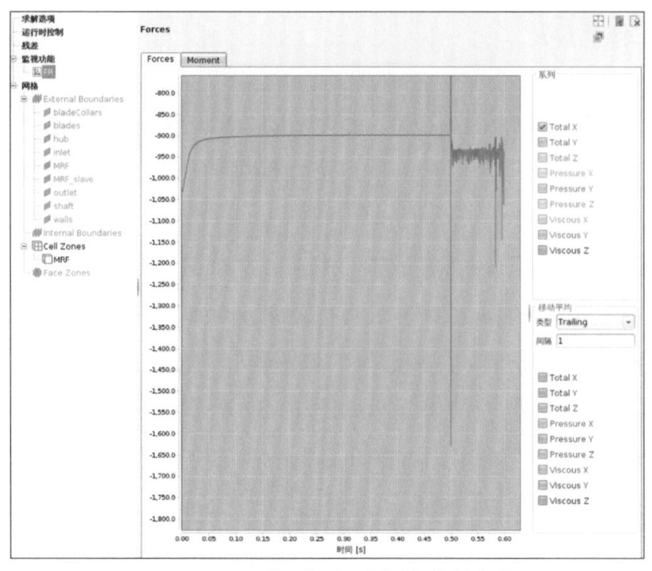

图13-35　运行时X向受力的残差变化

13.6　后处理模块

计算完成后，选择 GUI 的“后处理”选项卡进行案例后处理。后处理模块主要通过云图的形式，反映螺旋桨表面的压力分布及空化情况。

1. 压力系数云图

在对象浏览器中选择“网格”→“External Boundaries”→“Volume Mesh”显示项目，螺旋桨部分体网格。创建完成后，在“网格”数据面板中可以对压力系数进行设置，如图 13-36 所示。

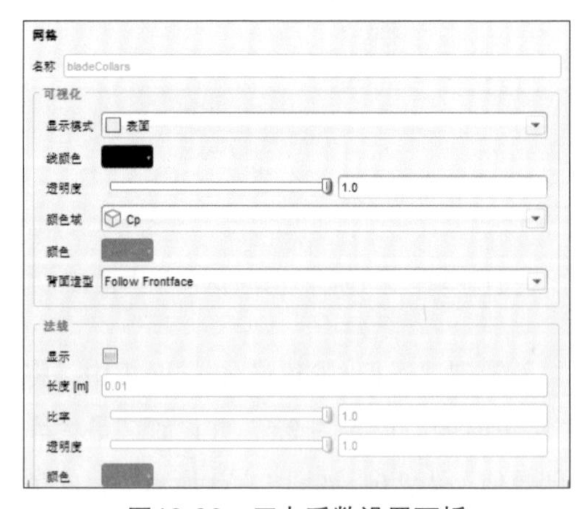

图13-36　压力系数设置面板

可视化部分如下。

- 显示模式：表面。
- 颜色域：Cp。

设置完成后并确认，可在“后处理”选项卡的“时间步”功能区设置当前时间步，如图 13-37 所示，其意义在于展示当前时间步的螺旋桨压力系数分布情况。可在显示窗口观察螺旋桨压力系数分布云图，如图 13-38 所示。

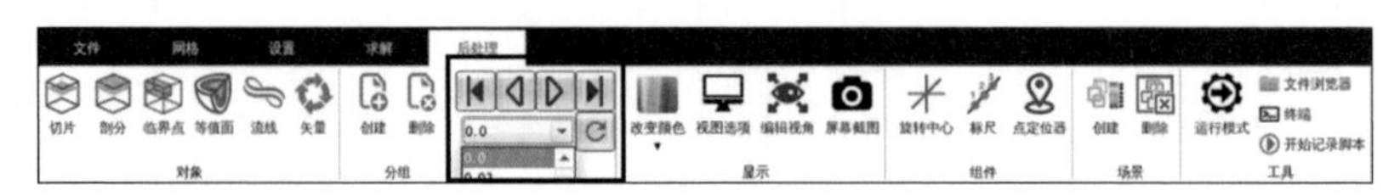

图13-37　时间步选择

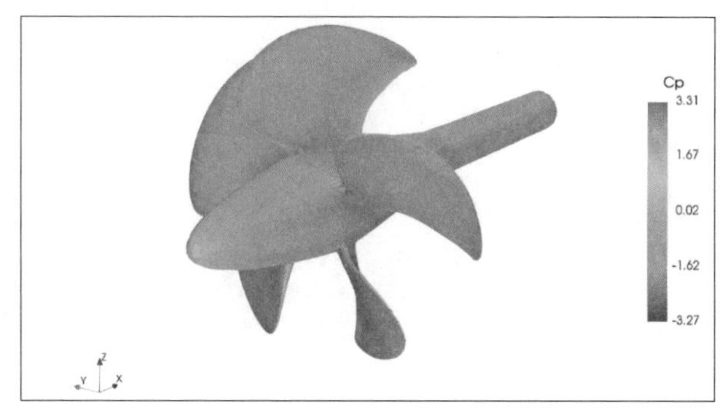

图13-38　螺旋桨压力系数分布云图

2. 空化显示

在“后处理”选项卡的“对象”功能区选择“等值面”命令，在弹出的对话框中创建等值面（isosurface），如图 13-39 所示。

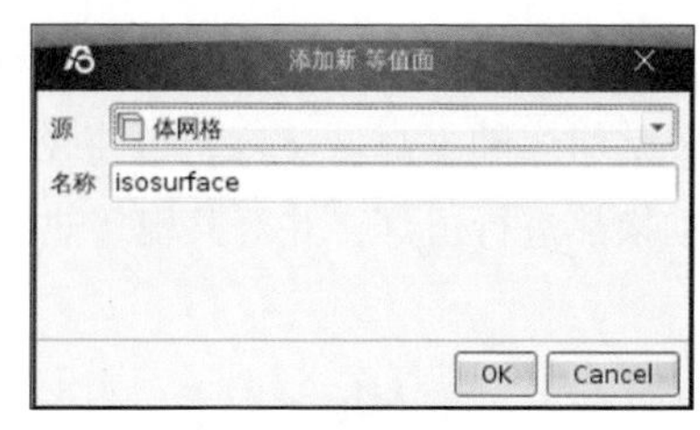

图13-39　“添加新等值面”对话框

等值面创建完成后，在“对象”数据面板中对新建等值面的属性进行设置，如图 13-40 所示。

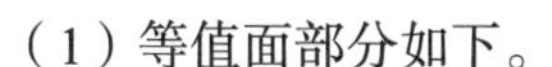

（1）等值面部分如下。

- 场：alpha.water。
- 值：0.5。

（2）可视化部分如下。

- 显示模式：表面。
- 透明度：1。
- 颜色域：Solid Color。

其余设置保持默认值。设置完成并确认后，可在 GUI 的“时间步”功能区设置当前时间步（0.6 s），其意义在于展示当前时间步的空化情况。可在显示窗口观察空化显示，如图 13-41 所示。

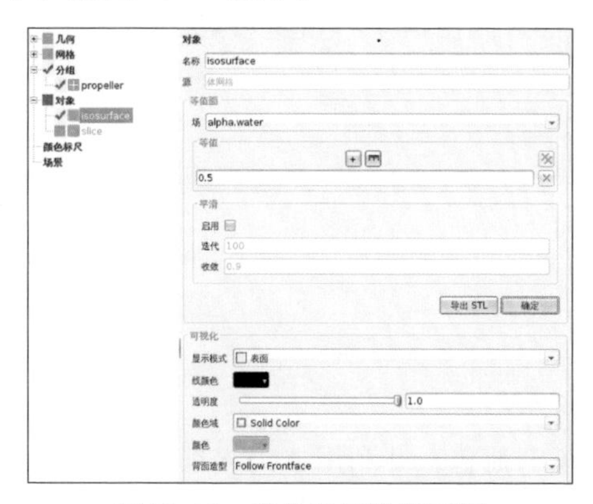

图13-40　空化显示设置面板

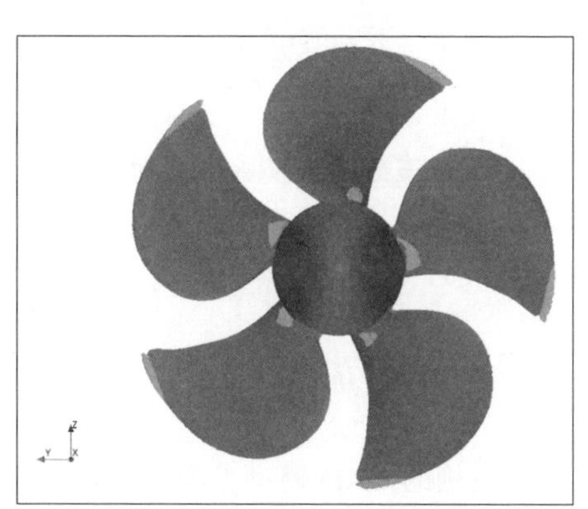

图13-41　螺旋桨空化显示图

第 14 章

电池包冷却水路仿真

流体管道内的流动与换热是流体力学与传热学常碰到的现象，也是流体力学与传热学研究的重点问题之一。本章将针对新能源电动汽车电池包冷却水路内冷却液的流动换热进行仿真，并对共轭传热的使用方法进行讲解。

14.1 问题描述

本案例中CAD电池包模型，其X轴方向总长度为0.4135 m，Y轴方向总长度为0.147 m，分别由冷却液乙二醇、冷却液流动管道、聚氨酯及电池模组组成，如图 14-1 所示。

其中电池模组由 90 组电池模块组成，电池模块直径为 0.02 m，高度为 0.07 m；乙二醇冷却液流动管道入口流速为 0.1 m/s，入口温度为 283 K；电池模组外壁面为恒温壁面，温度为 313 K。

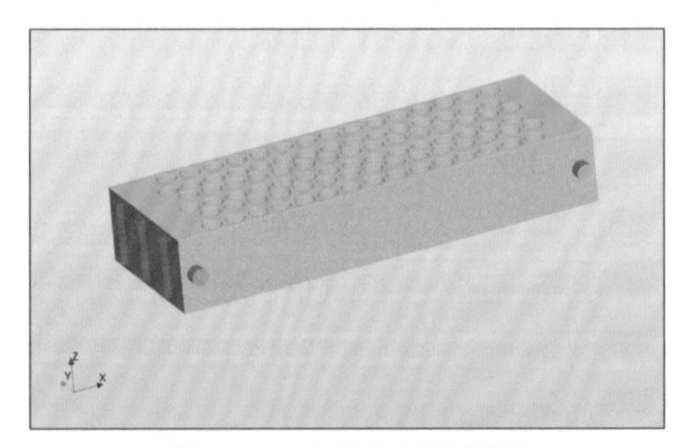

图14-1 电池包模组模型

本案例涉及的方法和需要的设置如下。

- 设置能量方程。
- 设置适合的湍流模型。
- 设置边界条件，设置壁面共轭传热。
- 通过温度云图反映电池包温度分布。
- 通过流线、矢量图反映冷却液流动情况。

14.2 模型导入

本案例的 CAD 模型参考某新能源电动汽车电池包，并利用 ANSA 前处理软件对电池包模型进行简化处理，输出 STL 文件。

1. 导入网格文件

在“网格”选项卡的“几何”功能区选择“导入文件”→“STL 模型文件”命令，导入面网格文件，右边的显示窗口会显示几何模型，选择显示窗口右侧的其他工具栏的“带边界线的表面”命令，显示模型面网格信息，如图 14-2 所示。

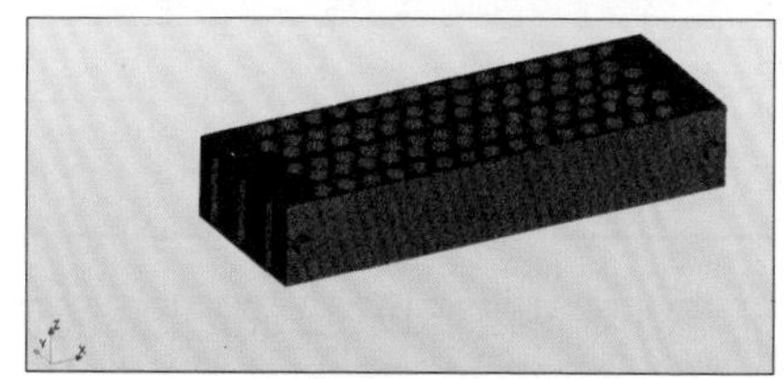

图14-2　导入的STL模型

2. 检查网格信息

- 通过显示窗口检查模型边界有无缺失。
- 通过对象浏览器检查模型边界命名是否完整。

14.3　网格模块

网格模块的主要工作包括选择网格算法、选择网格尺寸、生成体网格、体网格区域划分。接下来介绍网格模块的主要工作内容。

1. 选择网格算法

网格算法的选择标准参考 3.1.1 节，本案例选择标准算法。

2. 基本网格间距

基本网格间距影响全局网格尺寸，根据问题描述的几何模型尺寸信息，选择恰当的基本网格间距。本案例选择的基本网格间距为 0.004 m。

3. 几何特征尺寸

几何特征尺寸如表 14-1 所示。

表14-1　几何特征尺寸

边界名称	Max 级别	Min 级别
inlet	2	2
outlet	2	2
pu_wall	2	2
c_wall	2	2
wall_1	1	1
wall_2	1	1
wall_3	1	1
wall_4	1	1

续表

边界名称	Max 级别	Min 级别
wall_5	1	1
wall_6	1	1

边界层需要以乙二醇计算域为流体域，在 C_wall 边界表面建立边界层。在“层”选项卡中，设置“层投影”为“自动检测”;“参数 1”为“层数”,值为 3;“参数 2”为“层拉伸”，值为 1.25；“参数 3”为“最终层厚度比”，值为 0.4。可通过层预览模块观测边界层生成效果，如图 14-3 所示。

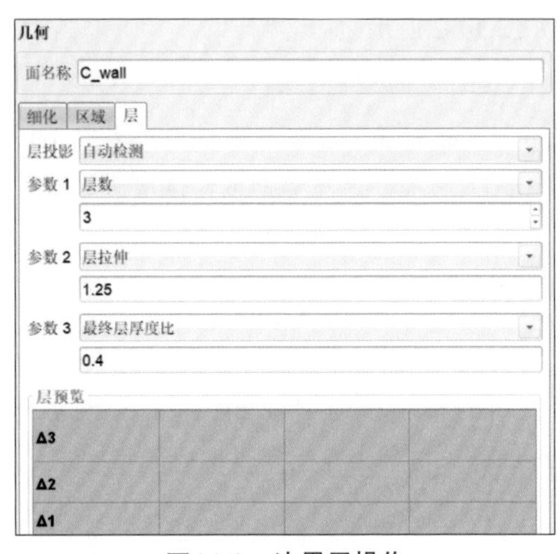

图14-3　边界层操作

4. 选择材质点

本模型的计算域存在两种，需创建多个材质点，满足多域条件下网格的生成工作。在“网格”选项卡的“创建”功能区中选择“网格选项”命令，在弹出的“高级选项”对话框中，选择“通用”选项卡，勾选“使用多个材质点”复选框，如图 14-4 所示。

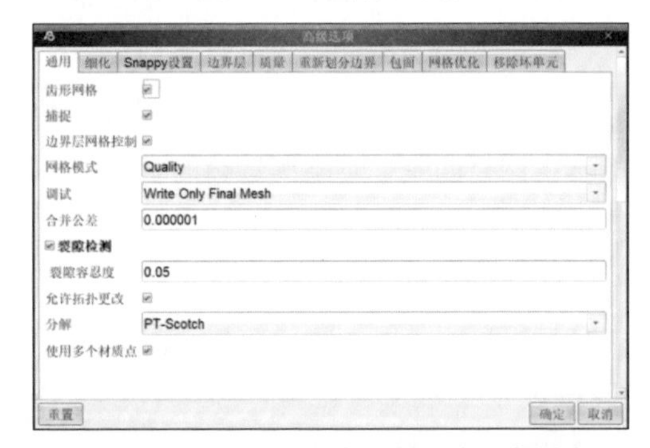

图14-4　勾选“使用多个材质点”复选框

在对象浏览器中选择“材质点”节点，在材质点”数据面板的“未域化网格区域”选项区域中取消勾选“启用”复选框，关闭原始材质点。在“单元域网格区域”选项区域中添加材质点数量，设置材质点坐标，对不同计算域进行命名。

本案例中乙二醇流体域材质点坐标选择（0.014，-0.004 5，0.033），绿色点位，聚氨酯固体域材质点坐标选择（0.017，0.13，0.034），蓝色点位。单击按钮检查材质点位置是否符合要求，如图 14-5 所示。

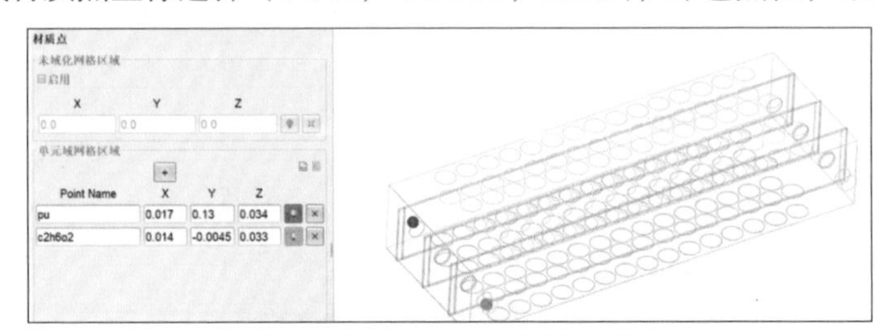

图14-5　材质点的定位设置

5. 生成体网格

在“网格”选项卡的“创建”功能区选择“创建网格”命令，创建体网格。

选择对象浏览器的“网格”节点，查看网格统计、边界、网格质量等信息。此时模型网格域为一个整体域，并未根据计算域不同，划分不同的区域网格，此时在 GUI 的“区域”功能区选择“分割网格”命令，系统会自动按照材质点的不同对计算域进行区域划分，如图 14-6 所示。

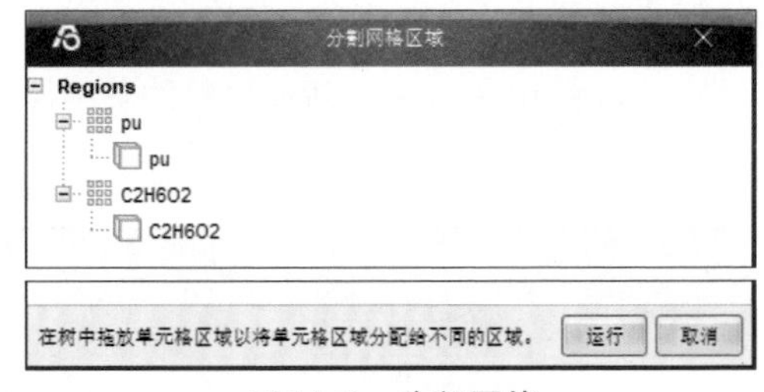

图14-6　分割网格

体网格生成完成后，网格模块的操作已结束，可进行下一步设置模块的操作。本小节注意事项如下。

- 模型文件以STL为主，其余类型文件（IGS、STP等）也可导入，但相较于STL文件，其余类型文件的解析速度有待提高。
- 在模型的前处理阶段，需对模型的特征边界进行命名，省去处理模型的时间。
- 材质点的选择是划分体网格的关键。
- 体网格生成结束后，需对整体网格计算域进行划分，以方便后续区域材料的设置。

14.4　设置模块

设置模块的主要工作包括设置求解器类型、设置材料属性、选择合适的流动模型、调整边界条件、确认离散格式与求解器参数、设置数据采集、调整计算时间控制、计算域初始化操作。

1. 求解设置

- 求解类型：分离（默认）。
- 求解时间类型：稳态。
- 流动类型：可压缩。
- 能量模型：激活（默认），在对网格进行区域划分后，系统会自动默认打开能量模型。
- 重力模型：X=0.0 m/s^2，Y=0.0 m/s^2，Z=-9.81 m/s^2。

2. 材质设置

默认的流体材料为空气，固体材料为铝，由于案例对材料的需求不同，所以需对材质进行进一步设置，具体操作如下。

新建流体材料 50% 乙二醇 $C_2H_6O_2$ 属性，如表 14-2 所示；新建固体材料聚氨酯 PU 属性，如表 14-3 所示。新建材料的各项属性会自动保存至用户库，以便后续案例使用。

表14-2　乙二醇物性参数

温度 /℃	运动粘度 /（Pa·s）	密度 /（$kg·m^{-3}$）	比热容 /[J·（kg·K）$^{-1}$]	导热系数 /[W·（m·K）$^{-1}$]	摩尔质量 /（$kg·kmol^{-1}$）	溶解热 /（$J·kg^{-1}$）
10	4.4	1 077.46	3.242	0.373		
20	2.96	1 073.35	3.281	0.38		
30	2.26	1 068.75	3.319	0.387	62	187 000
40	1.77	1 063.66	3.358	0.394		
50	1.43	1 058.09	3.396	0.399		

表14-3　聚氨酯PU物性参数

导热系数 /[W·（m·K）$^{-1}$]	比热容 /[J·（kg·K）$^{-1}$]	密度 /（$kg·m^{-3}$）
0.022	1.38	800

在“材质”数据面板单击“+ 新增”按钮，在弹出的对话框中单击“新建流体”按钮，新建一个名称为 c2h6o2 的流体材质，设置其材料属性如表 14-2 所示，表示它为 $C_2H_6O_2$（乙二醇），最终完成编辑如图 14-7 所示。

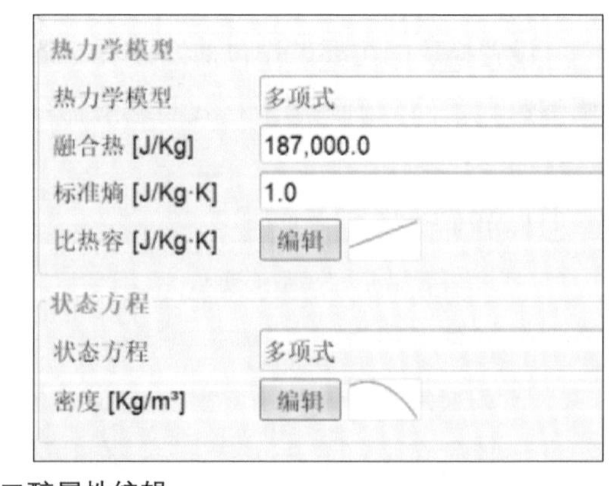

图14-7　乙二醇属性编辑

3. 模型设置

模型设置需要将定义的材料分配给所划区域，并调配合适的流动模型给所划区域。具体操作如下。

在“模型”数据面板中，设置“材质”为C2H6O2，湍流算法选择“RANS”，湍流模型选择“Realizable k – ε”，来处理狭小管道流体流动的问题，在“浮力”选项中，勾选“激活”复选框，设置如图14-8所示，计算域PU为固体域，保持默认置值。

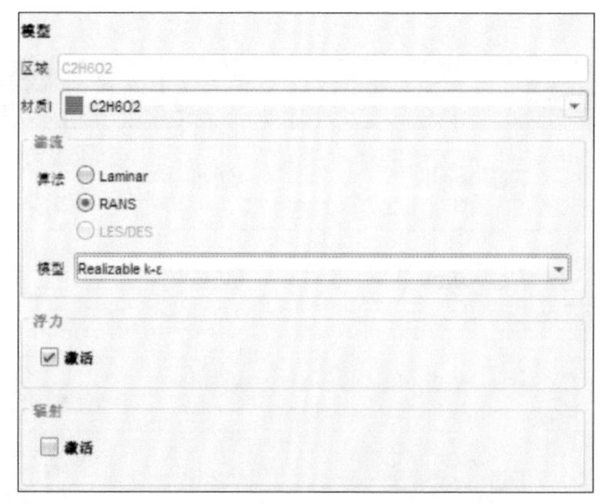

图14-8　乙二醇计算区域模型设置

4. 外部边界设置

设置外部边界条件，控制模型的运行状态，具体操作如下。

在“外部边界”数据面板中，设置“边界名称”为C2H6O2，设置“边界类型”，修改特征边界的类型。乙二醇$C_2H_6O_2$域内的边界条件设置如表14-4所示。

表14-4　乙二醇$C_2H_6O_2$域内的边界条件设置

特征边界	边界类型	动量	热量
C2H6O2_wall	Wall	①类型：固定壁面。 ②壁面类型：无滑移	绝热
Inlet	Inlet	①类型：速度。 ②指定方法：边界法向速度。 ③速率：常数=0.1 m/s	①类型：固定 ②温度=283 K
Outlet	Outlet	①类型：压力。 ②定义方法：固定压力=100 000 Pa	绝热
PU_wall_1	Wall	①类型：固定壁面。 ②壁面类型：无滑移	绝热
C2H6O2_to_PU	默认	默认	默认

聚氨酯PU域内边界条件设置如表14-5所示。

表14-5　聚氨酯PU域内边界条件设置

特征边界	边界类型	动量	热量
Battery_wall	Wall	①类型：固定壁面。 ②壁面类型：无滑移	①类型：固定温度。 ②温度T=313 K
PU_wall_1	Wall	①类型：固定壁面。 ②壁面类型：无滑移	类型：绝热

续表

特征边界	边界类型	动量	热量
PU_wall_2	Wall	①类型：固定壁面。 ②壁面类型：无滑移	类型：绝热
PU_wall_3	Wall	①类型：固定壁面。 ②壁面类型：无滑移	类型：绝热
PU_wall_4	Wall	①类型：固定壁面。 ②壁面类型：无滑移	类型：绝热
PU_wall_5	Wall	①类型：固定壁面。 ②壁面类型：无滑移	类型：绝热
PU_wall_6	Wall	①类型：固定壁面。 ②壁面类型：无滑移	类型：绝热
PU_to_C2H6O2	默认	默认	默认

5. 离散格式

在“离散格式”数据面板中，调整计算域的离散格式。将“对流项”选项区域中的 k 和 epslion 设为二阶迎风格式，其余“梯度项”“拉普拉斯项”均保持默认值，如图 14-9 所示，计算域 PU 设置同理。

6. 求解器设置

在“求解器设置”数据面板中，设置计算域求解器。“求解算法”保持默认值“SIMPLE”；在“残差控制”选项区域中，U、p_rgh、k、epslion、h 调整为“1E-8”，“松弛因子”保持默认值，如图 14-10 所示，计算域 PU 设置同理。

图14-9　乙二醇计算域离散格式设置

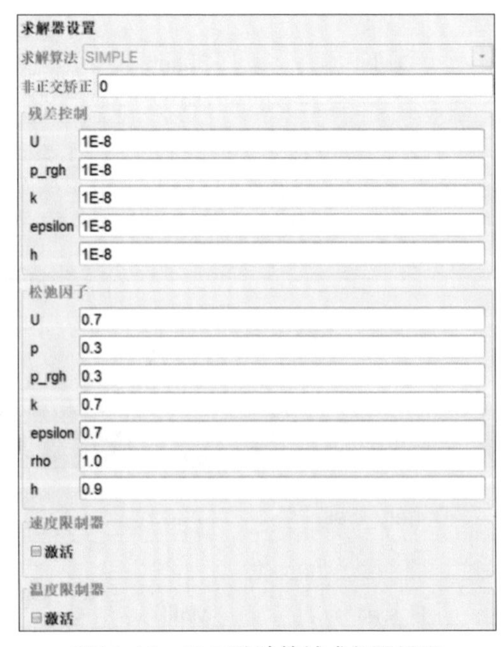

图14-10　乙二醇计算域求解器设置

7. 运行时控制

在“运行时控制”数据面板的“时间设置”选项区域，将“结束时间”设置为 2 000.0，“时间步长”的“类型”设置为“常数”，“值”设置为 1.0，同时在“数据写入”选项区域，将“写入控制”设置为“运行时间”和 100.0，表示运行数据每隔 100 步保存一次，“清除写入”设置为 0，表示仅保留最后一步的结果。其余设置保持默认值，如图 14-11 所示。

8. 场初始化

在“场初始化”数据面板中，对计算域进行初始化设置，计算时，良好的初始流场有助于加快计算收敛。设置计算域 c2h6o2 的初始温度为 293 K，其余设置保持默认值，如图 14-12 所示，计算域 PU 设置同理。设置完成后，单击“初始化”按钮进行初始化操作。

运行时控制
时间设置
开始 0.0
结束时间 2,000.0
时间步长 类型 常数
值 1.0
数据写入
写入控制 运行时间 100.0
清除写入 0
写入格式 二进制
写入精度 10
时间格式 General
时间精度 6
图片格式 Raw

图14-11　运行时控制设置

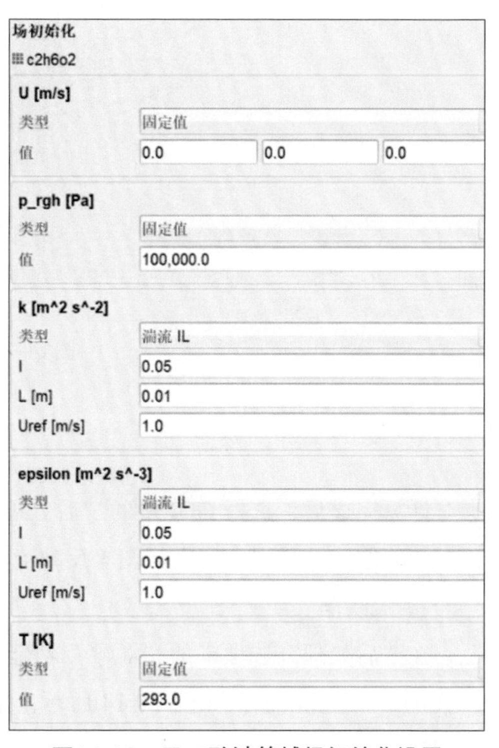

图14-12　乙二醇计算域场初始化设置

14.5　求解模块

在完成设置模块的初始化操作后，选择 GUI 的“求解”选项卡，进行求解模块的下一步设置，此处需要注意的是求解模块中的运行时控制操作与设置模块中的运行时控制操作为同一操作，在求解模块中不需进一步更改。在 GUI 的“求解器”功能区中选择“求解”命令，开始案例计算，通过监视功能观察残差的变化，如图 14-13 所示。

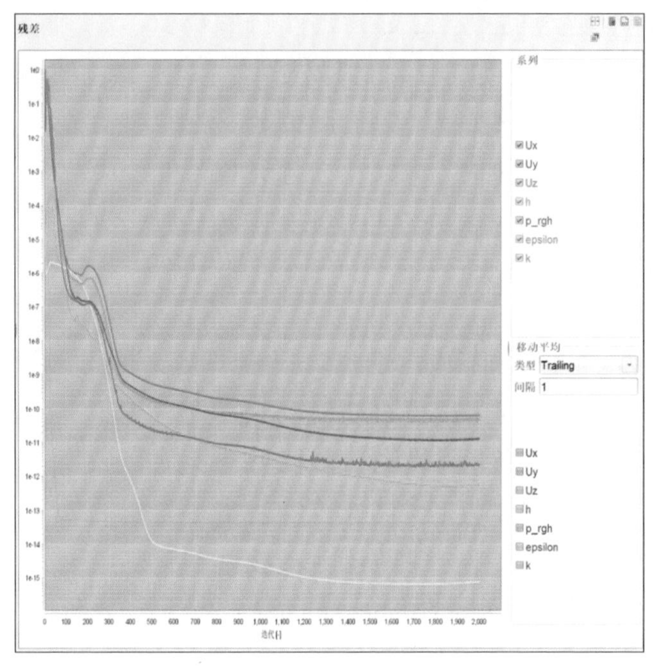

图14-13　残差的变化

14.6　后处理模块

计算完成后，选择 GUI 中的“后处理”选项卡进行案例后处理。后处理模块主要通过流线图、矢量图、温度云图等反映流场变化。

1. 流线图

在“后处理”选项卡的“对象”功能区中选择“流线”命令创建流线，命名为 C2H6O2_streamlines，如图 14-14 所示。流线创建完成后，在“对象”数据面板中对新建流线的属性进行设置，如图 14-15 所示。

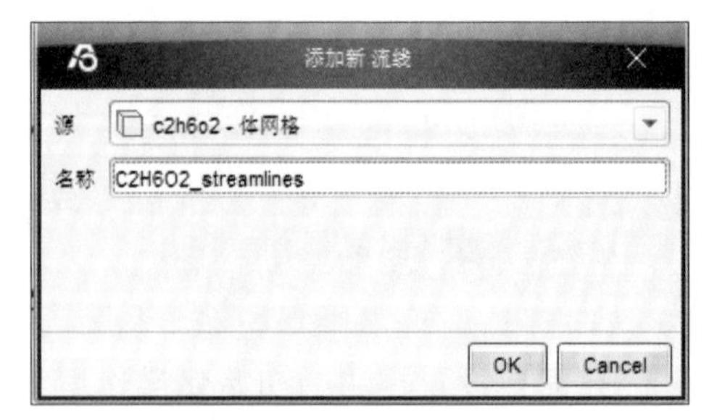

图14-14　流线创建窗口

（1）Streamlines 部分如下。

- Streamlines：点数量。
- Streamlines：Seed Type。
- Seed Type：Patch Source，“边界”选择C2H6O2流体域的inlet进口。

其中“点数量”选择 200，表示流线线条的数量，“边界”选择流体域的 inlet 进口，表示流线从流体域入口进入，其余设置保持默认值。

（2）可视化部分如下。

- 显示模式：表面。

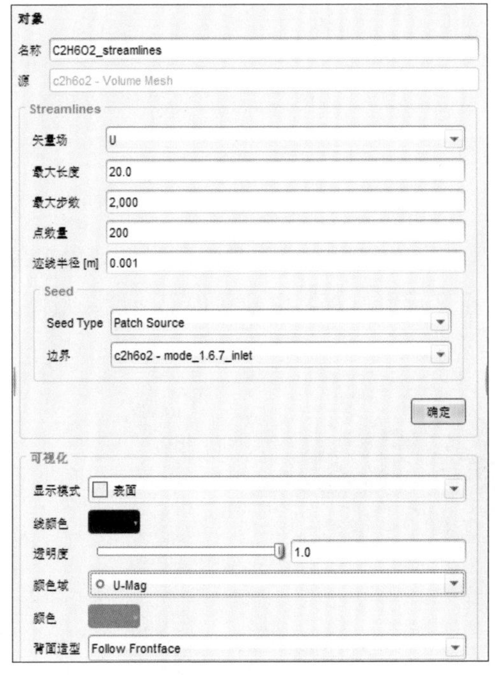

图14-15　流线设置面板

· 颜色域：U-Mag。

其中 U-Mag 表示速度数值大小，也可根据具体需求，显示不同方向矢量的速度，其余设置保持默认值。设置完成后并确认，可在 GUI 中的“时间步”功能区设置当前时间步，其意义在于展示当前时间步的流线分布情况。可在显示窗口观察电池包内部流线图，如图 14-16 所示。

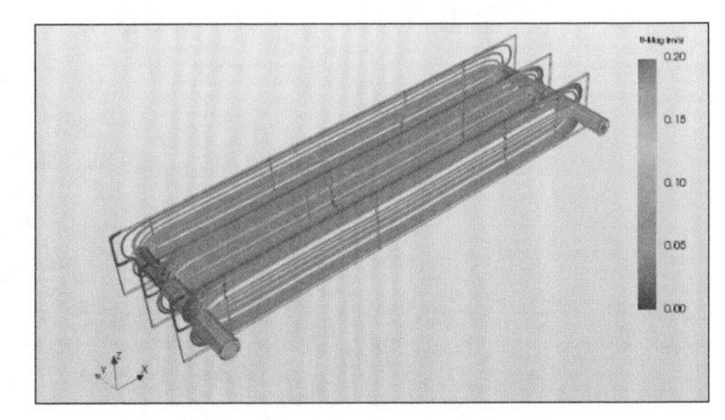

图14-16　电池包内部流线图

2. 矢量图

在 GUI 中的“对象”功能区选择“矢量”命令，在弹出的对话框中创建流线，命名为“C2H6O2_vectors”，如图 14-17 所示。矢量创建完成后，在“对象”数据面板中对新建矢量的属性进行设置，如图 14-18 所示。

（1）符号部分如下。

· 符号：3D Arrow。

· 方向场：U。

· 缩放场：U-Mag。

· 最大符号长度：0.05 m。

· 符号分布：Uniform。

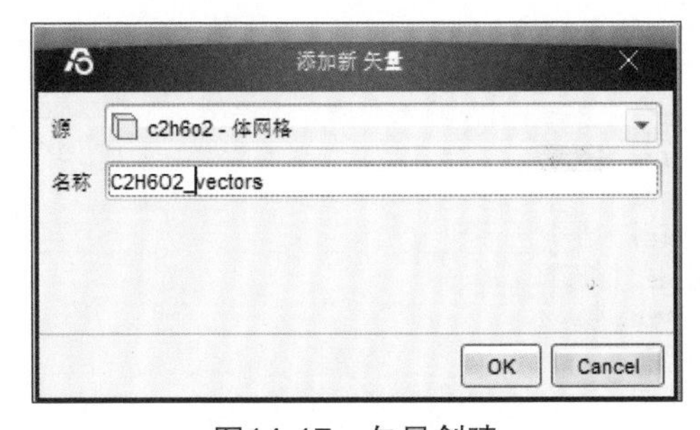

图14-17　矢量创建

图14-18　矢量设置

· 最大符号数量：5 000。

其余设置保持默认值。

（2）可视化部分如下。

· 显示模式：表面。

· 颜色域：U-Mag。

设置完成后并确认，可在 GUI 中的“时间步”功能区设置当前时间步，其意义在于展示当前时间步的速度矢量分布情况。可在显示窗口观察电池包内部速度矢量图，如图 14-19 所示。

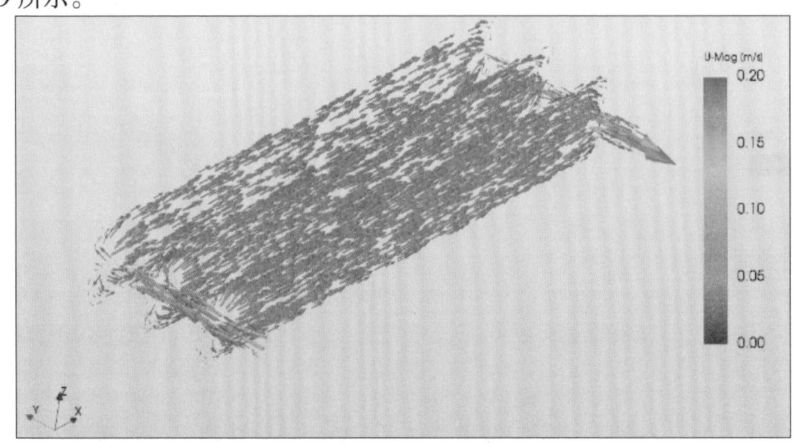

图14-19 电池包内部速度矢量图

3. 温度云图

在对象浏览器中，选择“网格”→“Cell Zone”→“PU”项目，以显示 PU 固体域，如图 14-20 所示。创建完成后，在“网格”数据面板中可以对温度场进行设置，如图 14-21 所示。

可视化部分如下。

· 显示模式：表面。

· 颜色域：T。

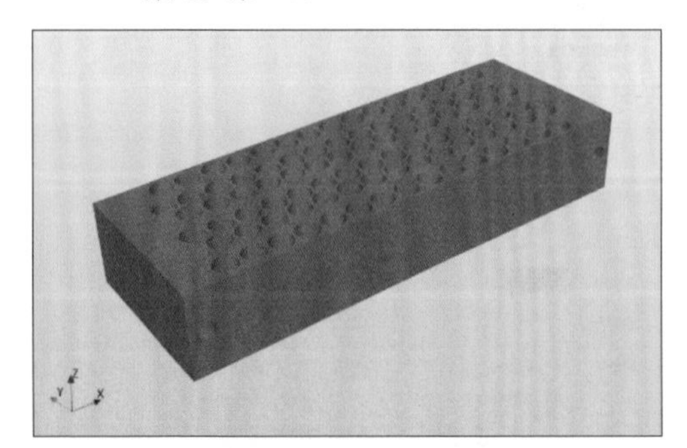

图14-20 PU固体域图

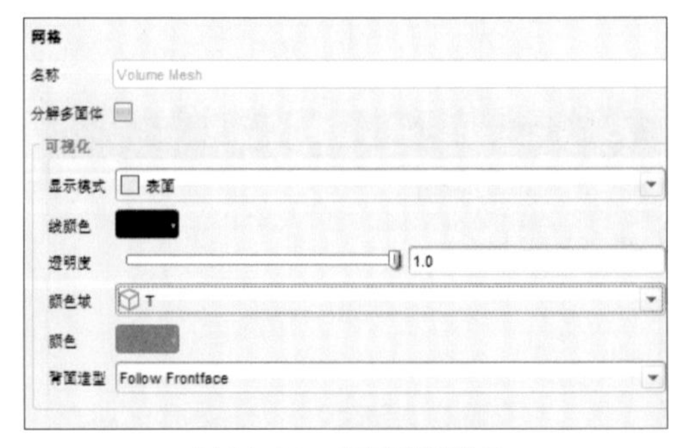

图14-21 温度设置面

设置完成并确认后，可在 GUI 中的“时间步”功能区设置当前时间步，其意义在于展示当前时间步的温度分布情况。可在显示窗口观察电池包内部温度分布云图，如图 14-22 所示。

图14-22 电池包内部温度分布云图

还可在 GUI 中的“对象”功能区选择“切片”命令，创建切片，在“切片”数据面板重复上述操作得到电池包切片温度分布云图，如图 14-23 所示。

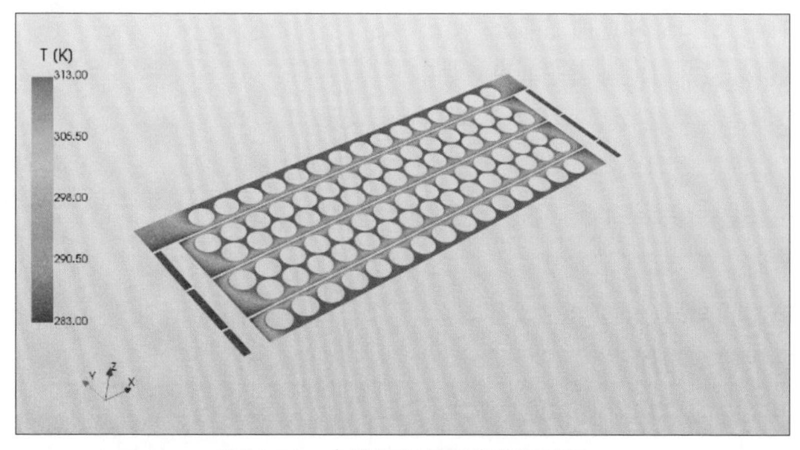

图14-23 电池包切片温度分布云图

第15章

伴随矩阵（拓扑优化）仿真

本章案例展示了如何通过伴随矩阵（拓扑优化）（Adjoint）方法使优化目标在有限的体积范围内具有最小的能量损失。本章对拓扑优化的流程及优化结果进行了详细的展示。

15.1 问题描述

本案例中原始模型如图15-1所示，模型分为入口面、出口面和壁面三部分。

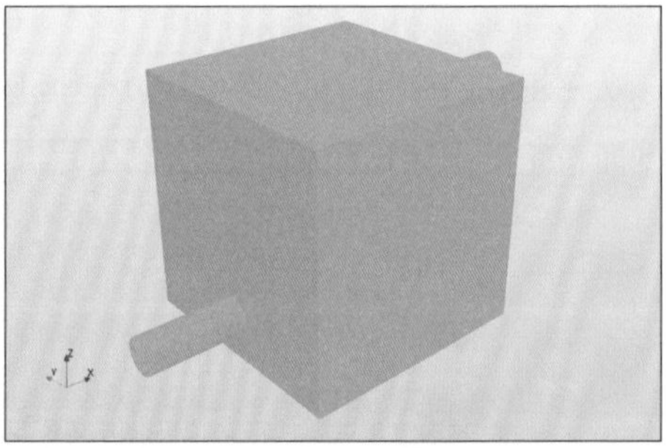

图15-1 拓扑优化原始模型

本案例涉及的方法和需要的设置如下。

· 使用伴随矩阵（拓扑优化）方法。

15.2 模型导入

本案例直接导入STP模型文件。

1. 导入模型文件

在GUI中的“几何”功能区选择→“导入文件”→“STP模型文件”命令，导入模型文件，显示窗口显示几何模型，选择显示窗口右侧的其他工具栏的“表面”命令，显示模型表面信息，如图15-2所示。

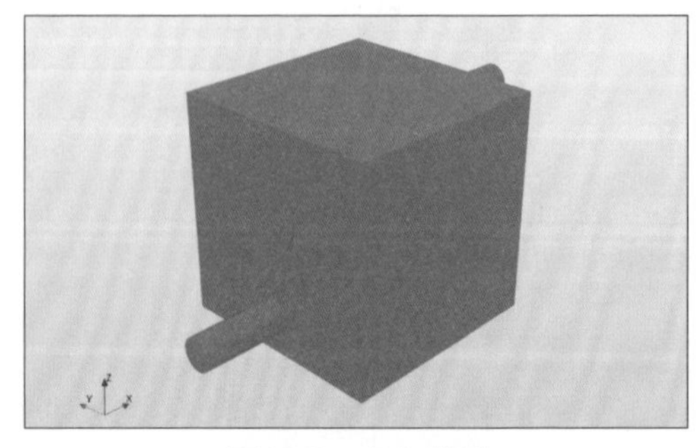

图15-2 几何模型

2. 检查模型信息

· 通过显示窗口检查模型边界有无缺失。

- 通过对象浏览器检查模型边界命名是否完整。

15.3 网格模块

网格模块的主要工作包括选择网格算法、选择网格尺寸、生成体网格、体网格区域划分。接下来介绍网格模块的主要工作内容。

1. 选择网格算法

网格算法的选择标准参考 3.1.1 节，本案例选择标准算法。

2. 基本网格间距

基本网格间距影响全局网格尺寸，根据问题描述的几何模型尺寸信息，选择恰当的基本网格间距。本案例选择的基本网格间距为 0.003 m。

3. 几何特征尺寸

几何特征尺寸如表 15-1 所示。

表15-1　几何特征尺寸

边界名称	Max 级别	Min 级别
inlet	0	0
inletTube	0	0
outlet	0	0
outletTube	0	0
wall	0	0

边界层生成要需对整个壁面区域（inletTube、outletTube 和 wall）表面建立边界层。在“层”选项卡中，设置“层投影”为“启用”；“参数 1”为“层数”，值为 3；“参数 2”为“最终层厚度比”，值为 0.4；“参数 3”为“层拉伸”，值为 1.25。可通过层预览模块观测边界层生成效果，如图 15-3 所示。

图15-3　边界层操作

4. 选择材质点

在对象浏览器中选择“材质点”节点，设置原始材质点。本案例中材质点坐标选择（0，0，0）。单击按钮检查材质点位置是否符合要求，如图 15-4 所示。

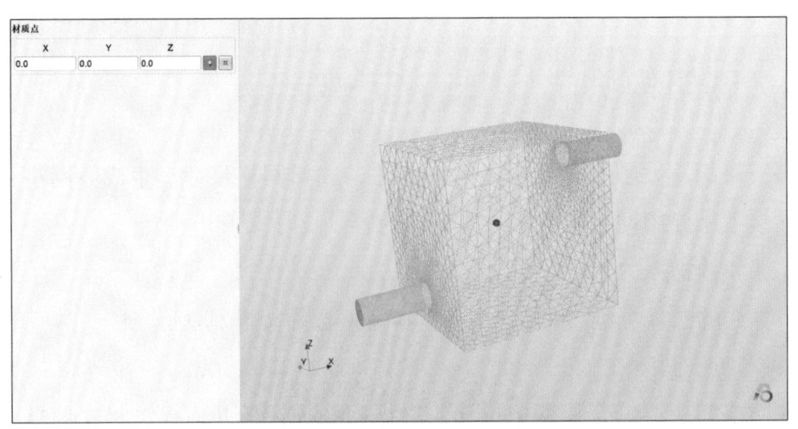

图15-4 材质点选取

5. 生成体网格

在“网格”选项卡的“创建”功能区选择“创建网格”命令，创建体网格。

在 GUI 左侧的对象浏览器中选择“网格”节点，查看网格统计、边界、网格质量等信息。本模型计算域为一个整体域，因此并不需要多网格进行区域划分。

体网格生成完成后，网格模块的操作已结束，可进行下一步设置模块的操作。本小节注意事项如下。

- 模型文件以STL为主，其余类型文件（IGS、STP等）也允许，但相较于STL文件，其余文件在解析速度方面略有不足。
- 在模型的前处理阶段，需对模型的特征边界进行命名，省去处理模型的时间。
- 材质点的选择是划分体网格的关键。

15.4 设置模块

设置模块的主要工作包括求解类型设置、材质设置、模型设置（选择湍流模型）、优化设置、求解设置、目标设置、外部边界条件设置、离散设置、求解器设置、运行时控制和场初始化等。接下来介绍设置模块的主要工作内容。

1. 求解类型设置

- 求解类型：分离（默认）。
- 求解时间类型：稳态。
- 流动类型：不可压缩。
- 重力模型：X=0.0 m/s^2，Y=0.0 m/s^2，Z=-9.81 m/s^2。

· 勾选Adjoint，开启优化模型。

2. 材质设置

选择默认的流体材料为空气。

3. 模型设置

在“模型”数据面板中，湍流算法选择“RANS”，湍流模型选择“k－ω SST”，具体设置如图 15-5 所示。

图15-5　模型设置

4. 优化设置

在“优化”数据面板中，将“几何修改器”选项区域中的“类型”设置为“Level Set(Topology)”，设置平滑半径的数据类型为“常数”，其值为 0.01，并勾选“不变步长”和“有效值阻尼”复选框，在“壁面阻塞”选项区域的“模式”下拉列表框中选择“Prevent”选项，然后在“边界”中勾选不参与拓扑优化的部分，这里的进出管管壁（选择包含 inletTube 和 outletTube 字段的边界）不参与优化，其余保持默认值，如图 15-6 所示。

5. 求解设置

在“求解”数据面板中，修改“初始最大迭代次数”为 500，并设置“归一化类型”为“初始灵敏度”，如图 15-7 所示。

优化
几何修改器
类型 Level Set (Topology)
最大库朗数 1.0
名义库朗数 0.5
平滑半径 [m] 数据类型 常数
值 0.01
不变步长
有效值阻尼
固体单元孔隙率 1E9
固体域 编辑
边界缓冲单元数量 3
壁面阻塞
模式 Prevent
边界 topoDemo_inletTube topoDemo_outletTube
单元阻塞
模式 Prevent
单元域 编辑

图15-6　优化设置

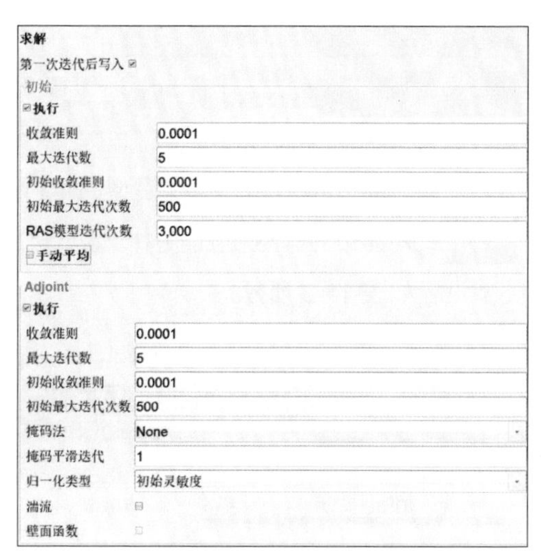

图15-7　求解设置

6. 目标设置

在“目标”数据面板中，单击“添加”按钮，在弹出的对话框中添加两个优化目标，目标①选择“类型”为“Power Loss”，“名称”为“obj1”；目标②选择“类型”为

“Volume”，“名称”为“obj2”，“添加目标”对话框如图 15-8 所示。

（a）　　（b）

图15-8　“添加目标”对话框

针对目标①，修改“目标”为“Minimise”，并设置权重的数据类型为“常数”，权重的值为 1，代表该优化将以压力损失最小为主要优化目标，选中所有边界并设置为“目标边界”；针对目标②，同样修改“目标”为“Minimise”，并设置权重的数据类型为“常数”，权重的值为 0.3，代表该优化将以体积为主要优化目标，如图 15-9 所示。

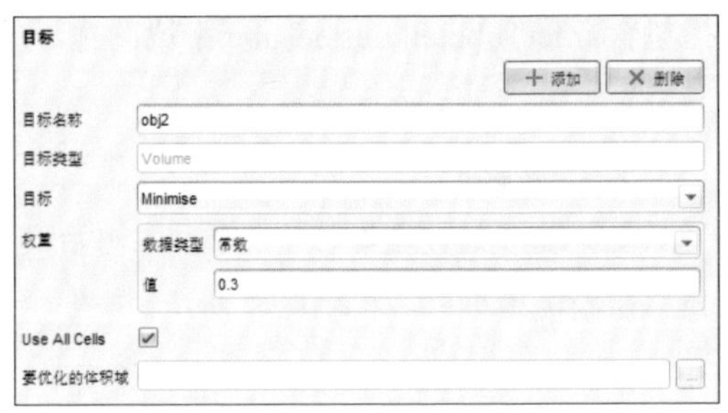

图15-9　目标设置

7. 外部边界条件设置

设置外部边界条件，控制模型的运行条件，具体操作如下。

在“外部边界”数据面板中，设置“边界类型”，修改特征边界的类型，具体边界类型设置如表 15-2 所示。

表15-2　边界类型设置

特征边界	边界类型	动量
inlet	Inlet	①类型：速度。 ②指定方法：全局笛卡儿。 ③速率：X=10 m/s，Y=0，Z=0
outlet	Outlet	①类型：压力。 ②定义方法：固定压力=0 Pa
wall	Wall	①类型：固定壁面。 ②壁面类型：无滑移

8. 离散格式

在“离散格式”数据面板中，调整计算域的离散格式。此处的“梯度项”“对流项”“拉普拉斯项”均保持默认值，如图 15-10 所示。

9. 求解器设置

在“求解器设置”数据面板中，设置计算域求解器。“求解算法”保持默认值“SIMPLE”；在“残差控制”选项区域中，将 U、p、k、omega 设置为 0.000 01，“松弛因子”保持默认值，如图 15-11 所示。

离散格式

梯度项

U	Cell Limited	Gauss Linear	1.0
p	Unlimited	Gauss Linear	
k	Cell Limited	Gauss Linear	1.0
omega	Cell Limited	Gauss Linear	1.0
fi	Cell Limited	Gauss Linear	1.0

对流项

U	Bounded Linear Upwind - 2nd Order
k	Bounded Linear Upwind - 2nd Order
omega	Bounded Linear Upwind - 2nd Order

拉普拉斯项

非正交校正 0.333

图15-10 计算域离散格式设置

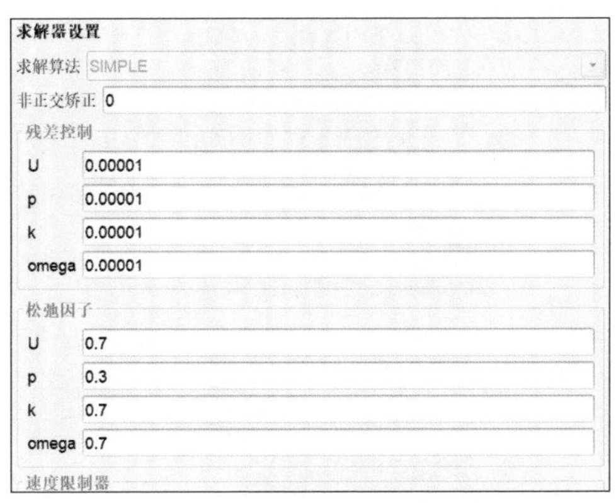

图15-11 “求解器设置”数据面板

10. 运行时控制

在“运行时控制”数据面板的“时间设置”选项区域，将“结束时间”设置为 1 000.0,“时间步长”的“类型”设置为“常数”,“值”设置为 1.0,同时在“数据写入”选项区域，将“写入控制”设置为“时间步”和 100.0，表示运行数据每隔 100 步保存一次，其余设置保持默认值，如图 15-12 所示。

运行时控制

时间设置

开始 150.0

结束时间 1,000.0

时间步长 类型 常数

值 1.0

数据写入

写入控制 时间步 100.0

清除写入 0

写入格式 二进制

写入精度 10

时间格式 General

时间精度 6

图15-12 “运行时控制”数据面板

11. 场初始化

在“场初始化”数据面板中，对计算域进行初始化设置，计算时，良好的初始流场对提升计算收敛速度有很大的帮助。设置 U 和 p 的类型为“势流”，k 和 omega 的类型为“普朗特数”，如图 15-13 所示。设置完成后，单击“初始化”按钮进行初始化操作。

场初始化

U [m/s]

类型 势流

初始化边界 ☑

p [m^2 s^-2]

类型 势流

k [m^2 s^-2]

类型 普朗特数

omega [1/s]

类型 普朗特数

图15-13 “场初始化”数据面板

15.5 求解模块

在完成设置模块的初始化操作后，选择“求解”选项卡，进行下一步求解模块的设置。

选择“求解器”功能区中的“求解”命令，进行案例计算，通过监视功能进行残差变化观察，查看基础的残差变化，以及 Dp 残差变化，如图 15-14 所示。

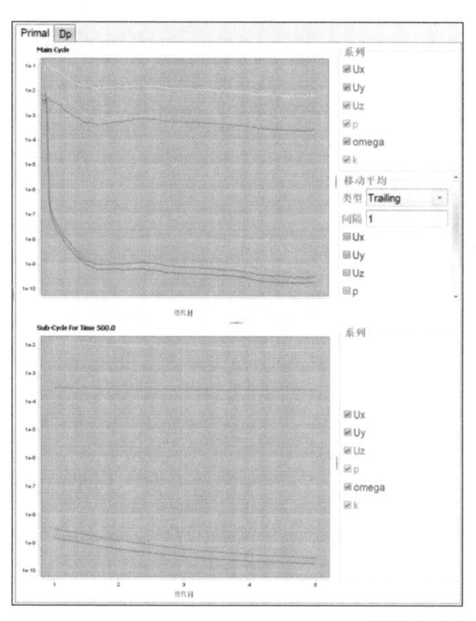

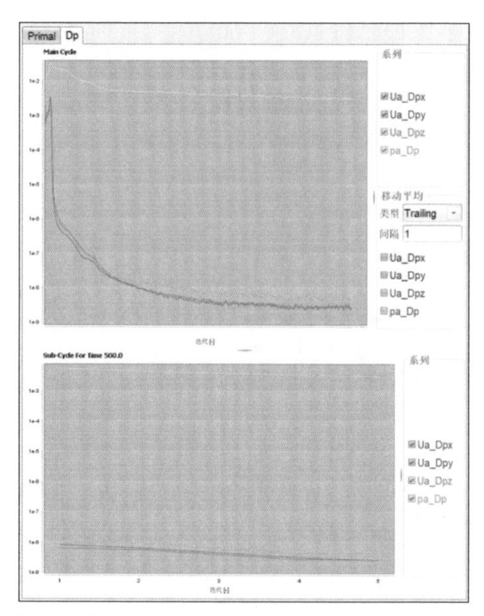

图15-14　残差变化

查看 Adjoint 优化目标 Power Loss（压力的能量损失）和 Volume（最小化的体积变化）的收敛曲线，如图 15-15 所示。

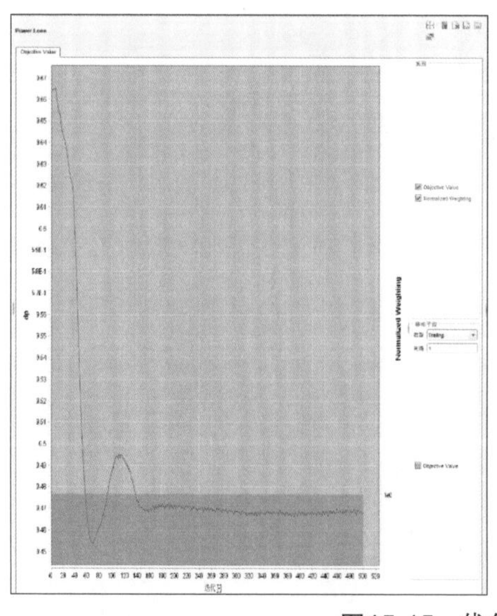

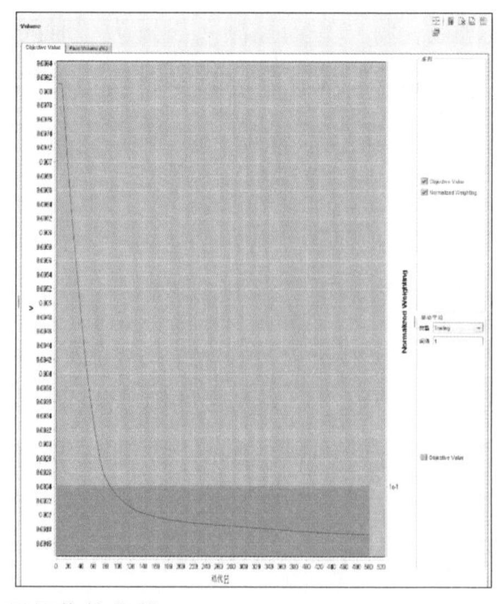

图15-15　优化目标收敛曲线

15.6 后处理模块

计算完成后，选择“后处理”选项卡进行案例后处理。后处理模块通过最终优化生成形状反映伴随矩阵（拓扑）优化的结果。

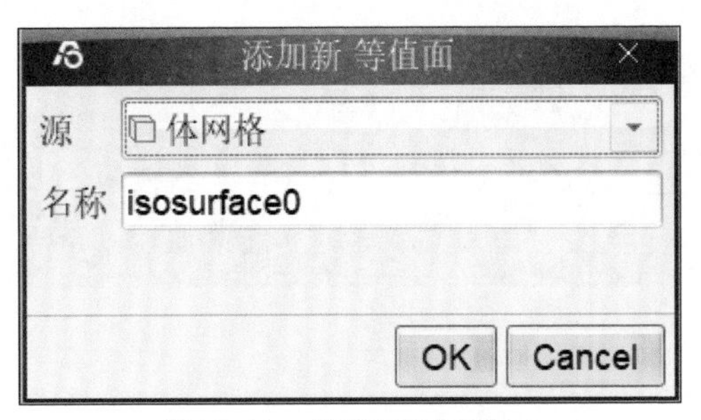

图15-16 等值面创建窗口

在“后处理”选项卡的“对象”功能区选择“等值面”命令，在弹出的对话框中创建等值面，如图 15-16 所示。等值面创建完成后，在“对象”数据面板中对新建等值面的属性进行设置，如图 15-17 所示。

图15-17 扑结果参数显示

（1）等值面部分如下。

- 场：fi。

（2）可视化部分如下。

- 显示模式：表面。
- 颜色域：Solid Color。

其余设置保持默认值。设置完成后并确认，可在“时间步”功能区设置当前时间步，其意义在于展示计算完成后的模型拓扑优化结果，如图 15-18 所示。

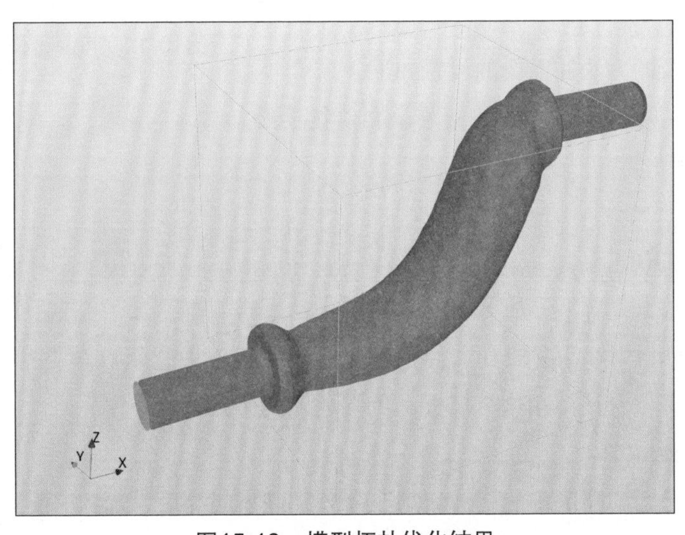

图15-18 模型拓扑优化结果

第 16 章 伴随矩阵（形状优化）仿真

本章案例展示了如何通过伴随矩阵（形状优化）（Adjoint）方法使优化目标 Ahmed 体在风洞中的流动阻力最小，能使 Ahmed 体的表面显示出优化目标对应的云图趋势，助力设计人员快速找出可优化空间。

16.1 问题描述

本案例中 Ahmed 体模型如图 16-1 所示，X 轴方向总长度为 1.56 m，Y 轴方向总长度为 0.8 m，Z 轴方向总长度为 0.4 m。按车身划分为车身、车前挡、车轮和车尾四个部件。流体域入口采用速度边界，设置速度为 33.33 m/s，迎风投影面积为 0.115 032 m^2。

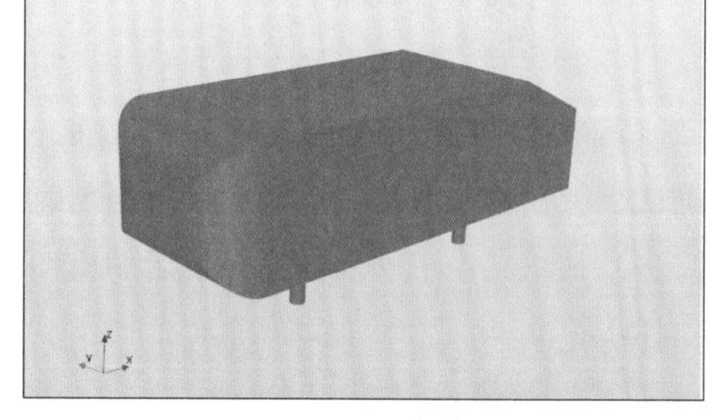

图16-1　Ahmed体模型

本案例涉及的方法和需要的设置如下。

- 设置外流场设置向导，进行模块化便捷设置。
- 使用伴随矩阵（形状优化）方法。

16.2 模型导入

导入 Ahmed 体模型的 STL 文件，由于汽车模板已内置了汽车类型的形状伴随优化功能，所以可以直接使用这个模板，免去烦琐的边界设置操作。

1. 读入网格文件

选择“向导”功能区中的“外流场”命令，进入向导后，选择“配置”预设模板，再选择对应的车型（可选择 SUV），并导入模型文件，如图 16-2 所示。

2. 设置外流场模块

将 Ahmed 体的各个部件归类到对应的车身部件集合中。本案例中，Ahmed 体表面归类到车身，而 4 个支脚归类到车轮，如图 16-3 所示。

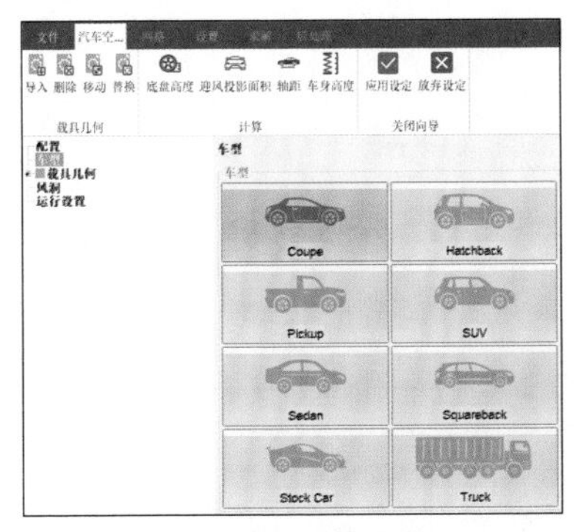

图16-2 车型选择界面

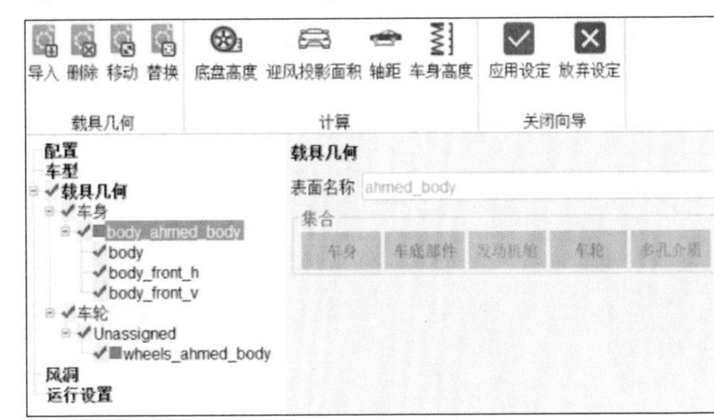

图16-3 设置Ahmed体部件

设置地面高度，本案例的高度为 Z=0 平面，“底盘高度”设置为 0 即可，如图 16-4 所示。

右边显示窗口将同步显示地面所在位置，如图 16-5 所示，灰色区域为计算域（左下的半圆区域为加密域）。

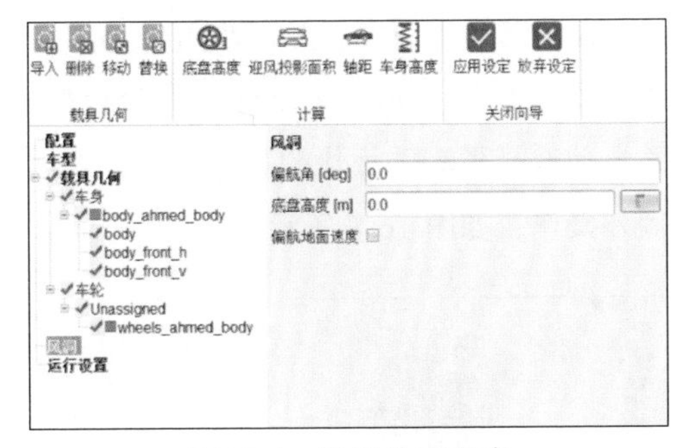

图16-4 设置地面高度

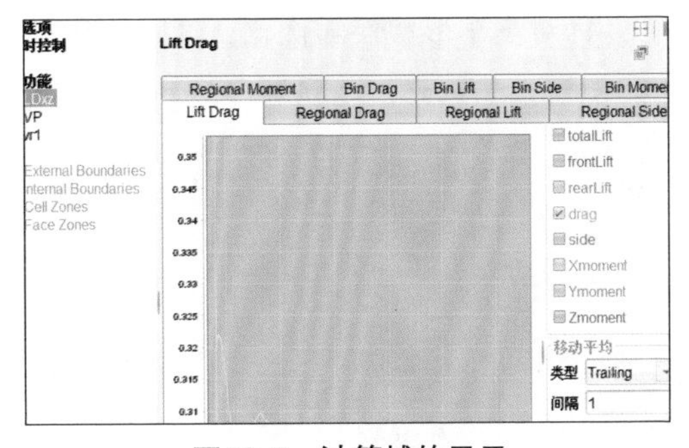

图16-5 计算域的显示

设置车速为 33.33 m/s，在“运行设置”数据面板中，勾选“运行 Adjoint”复选框，伴随优化以最小阻力为优化目标，如图 16-6 所示。

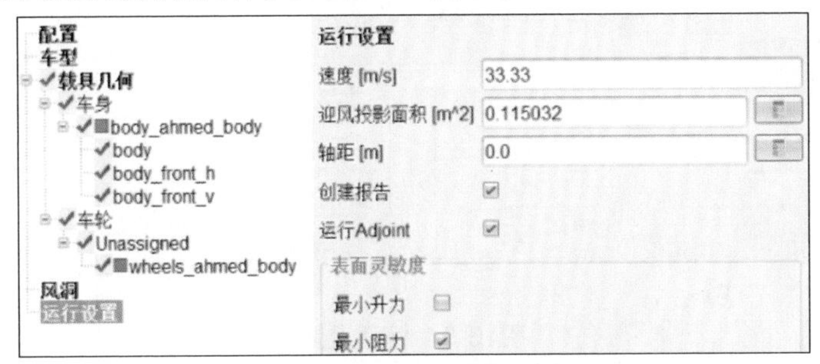

图16-6 Adjoint伴随优化设置

16.3 网格模块

网格设置已按模板自动设置，无须额外操作，如图 16-7 所示。

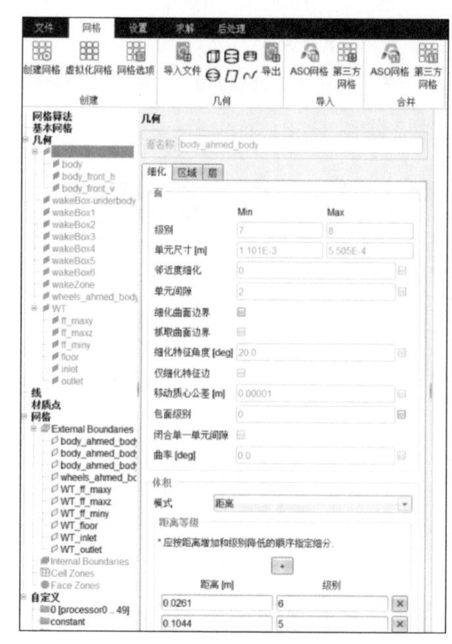

图16-7　网格设置

16.4 设置模块

针对汽车形状伴随优化，通过内置模板，已自动选择了瞬态、分离求解、不可压缩流动、DDES Spalart-Allmaras 湍流模型，并自动选择了需要优化的物体表面，无须额外操作，如图 16-8 所示。

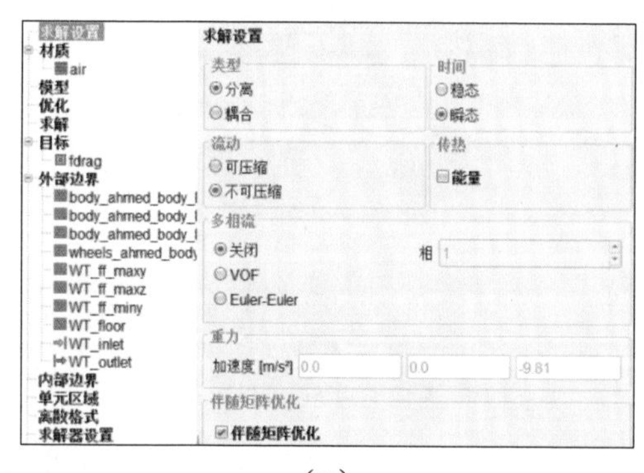

（a）

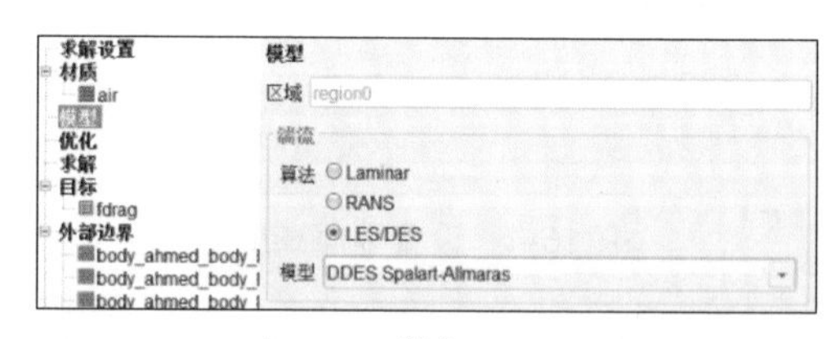

（b）

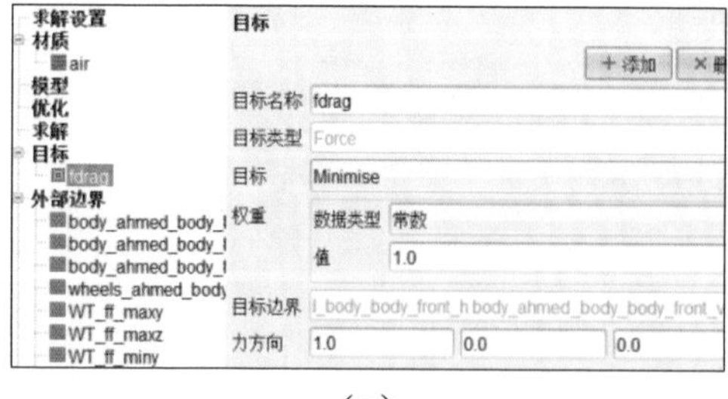

（c）

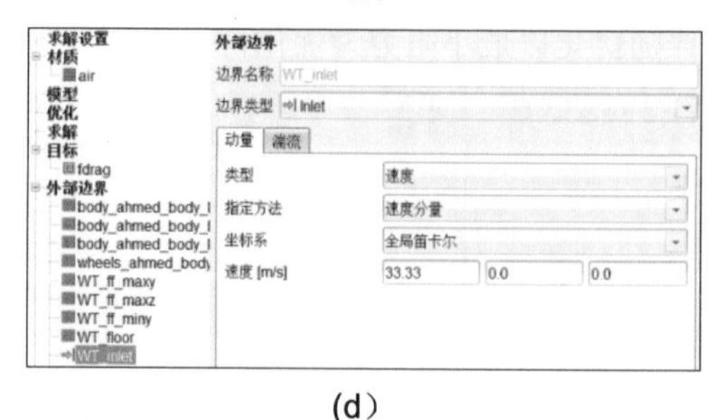

(d)

图16-8　模型设置

（a）求解设置；（b）物理模型；（c）优化边界；（d）边界设置

16.5 求解模块

在“求解”选项卡中，单击“自动运行”按钮，一键进行网格生成与求解计算。计算结束后，基础流场的残差曲线如图 16-9 所示，其中对阻力优化目标 fdrag 的收敛性良好，如图 16-10 所示。

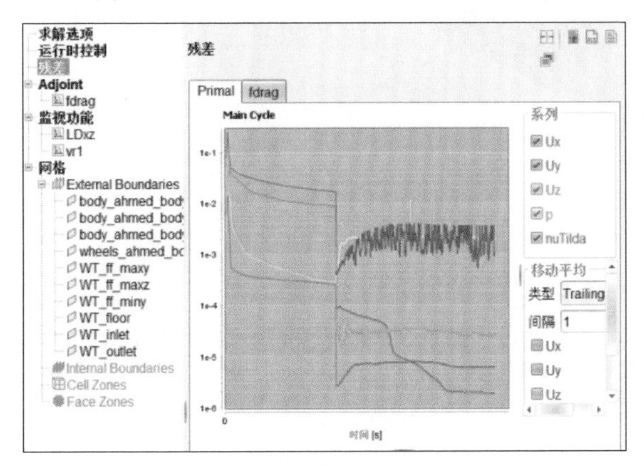

图16-9　基础流场的残差曲线

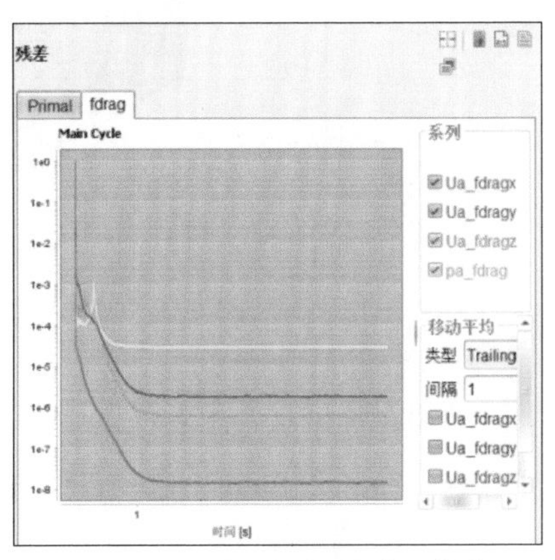

图16-10　优化目标的残差收敛

16.6 后处理模块

计算完成后，选择“后处理”选项卡进行案例后处理。后处理模块主要通过阻力系数分布和 Adjoint 优化方案反映汽车伴随优化的结果。

1. 压力系数分布图

在“网格”节点选择“External Boundaries”项目，勾选相关的车身表面显示，如 16-11 所示。

创建完成后，在工具栏中显示车身表面压力系数，如图 16-12 所示。

- 时间步：1.65。
- 改变颜色：Cp。

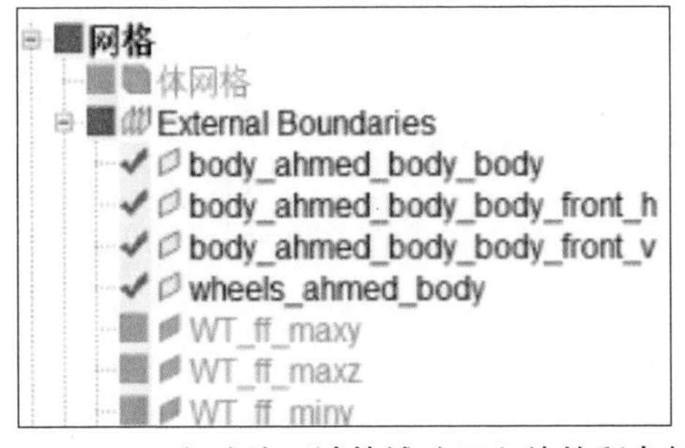

图16-11　勾选除了计算域壁面之外的所有部件

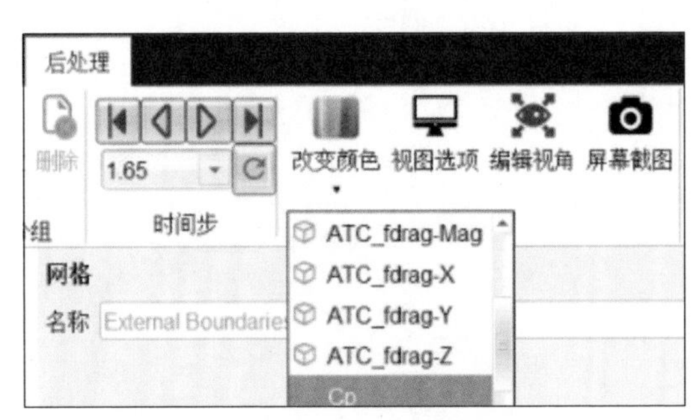

图16-12　压力系数设置面板

待自动刷新完成后，显示窗口将显示整车压力系数分布云图，如图 16-13 所示。

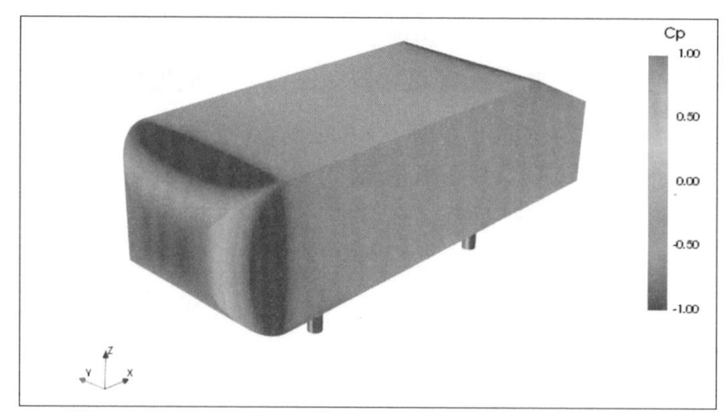

图16-13　整车压力系数分布云图

2. 形状优化显示结果

继续在“显示”工功能区中选择“改变颜色”→“G_fdrag”命令，如图 16-14 所示。

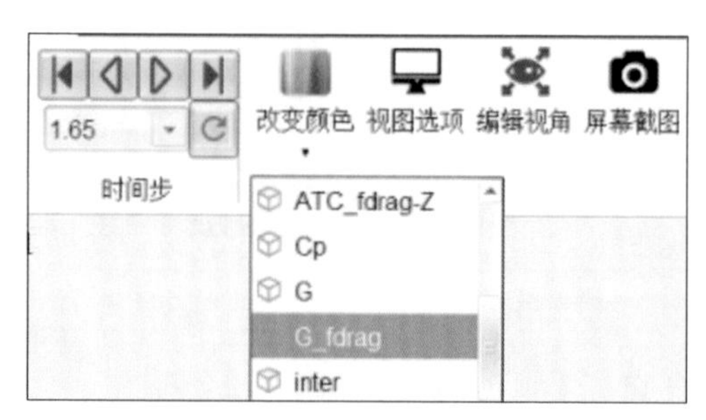

图16-14　选择伴随优化结果G_fdrag

此时车身表面的颜色显示不明显，需调整标尺，取消勾选“自动范围”复选框，手动设置“范围”值为（-100 000, 100 000.0），“颜色系数”选择“Blue to Red (Diverging)”，如图 16-15 所示。

设置完成后，可在显示窗口观察整车 Adjoint 优化结果，如图 16-16 所示，红色区域表示整车在该区域的形状需要向内压，蓝色则表示整车在该区域的形状需要向外扩张。

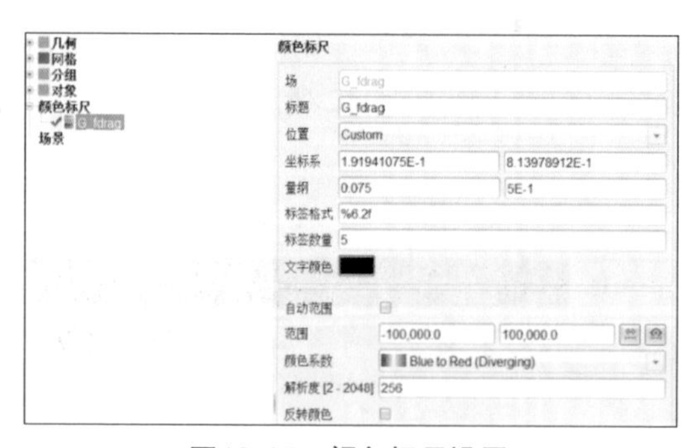

图16-15　颜色标尺设置

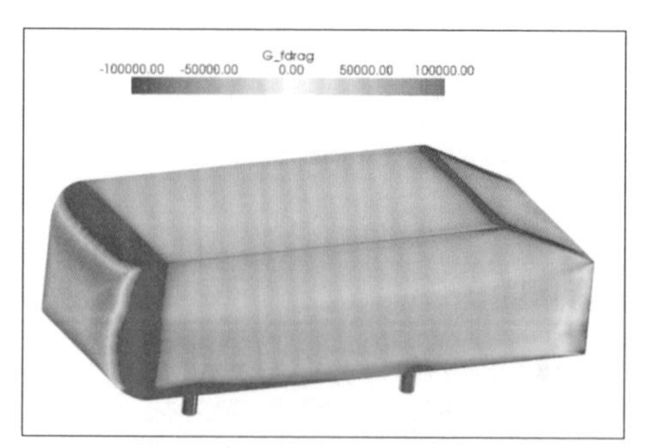

图16-16　整车Adjoint优化结果

第 17 章
汽车涉水仿真

大雨过后路面会有大量积水，车辆涉水行驶现象非常普遍，很容易导致各电路接口和插口进水，防火墙出现渗水现象，对发动机及润滑系统的影响比较大，影响汽车动力，从而威胁驾乘人员生命安全。而对于新能源汽车而言，绝缘短路的安全性能直接关系到电动汽车的驾驶安全和乘员的安全。因此，涉水仿真变得越来越重要，例如，上海市对于纯电动汽车的准入政策的强制标准《电动乘用车运行安全和维护保障技术规范》DB 31/T634-2012 中，针对上海地区台风暴雨较多、高温高湿天气多、车辆使用中涉水工况较多等特点，为了保证车辆运行的安全、高效可靠，对车辆涉水环境进行了规定：纯电动汽车分别在 15 cm 和 30 cm 深水里行驶，前者以大于等于 30 km/h 速度行驶，后者以大于等于 5 km/h 的速度前进、后退行驶，两者涉水时间均为 10 min，累计 20 min。

因此，汽车涉水能力的大小也是衡量汽车质量的重要指标，除了用实验做涉水分析以外，用有限元软件对汽车做 CFD 涉水分析仿真也越来越普遍。

17.1 问题描述

车辆涉水分析仿真模拟场景如下。

- 模拟不同速度和水深的车辆涉水。
- 预测不同涉水场景下汽车前方和周围的水波模式。
- 预测关键电气和电子元件的湿润情况。
- 预测进气系统和发动机舱盖下部件的涉水情况。

本案例使用 VOF 两相流模型，使用等效水池的方法，演示汽车涉水仿真过程。

17.2 模型导入

案例模型文件包括车身、底盘、排气管、发动机舱、散热器（多孔介质）和车轮，整车模型如图 17-1 所示。外部的计算域可使用预先处理的盒子几何，也可以使用“计算域”功能区的“创建”命令，在“网格”选项卡中可以找到这个选项，这里不做模型几何创建的过多描述，直接导入计算域，注意计算域的入口，分为空气入口和水入口两个面，计算域的入口面划分如图 17-2 所示。

图17-1　整车模型

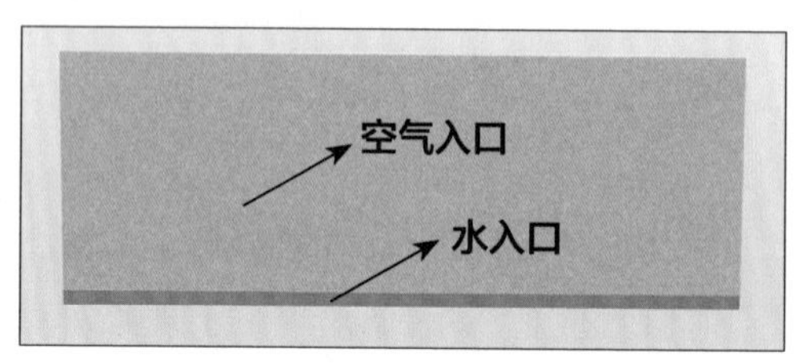

图17-2　计算域的入口面划分

17.3 网格模块

模型导入后，设置基本网格尺寸为 1 m。

创建网格细化区域，对整车周边、液体流动区域和发动机舱部分进行网格细化。在“网格”选项卡的“几何”功能区中选择“创建盒子几何”命令，如图 17-3 所示，设置加密域 box 的最小点为（-1.5, -1.4, -0.4），最大点为（4.0, 1.5, 0.65）。

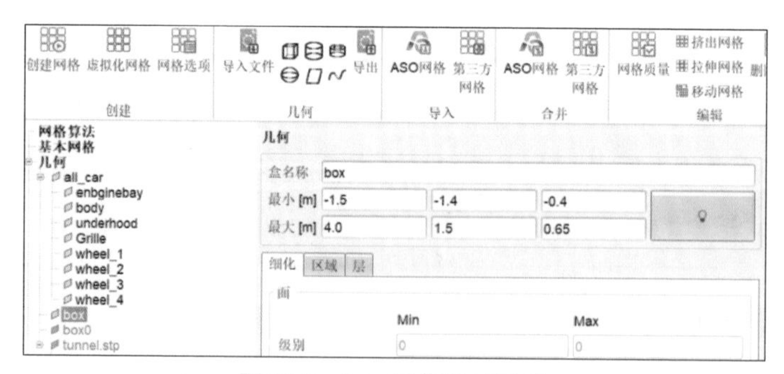

图17-3　box细化区域设置

同时，设置体积的加密等级为 6，即对应的单元尺寸约为 16 mm，如图 17-4 所示。

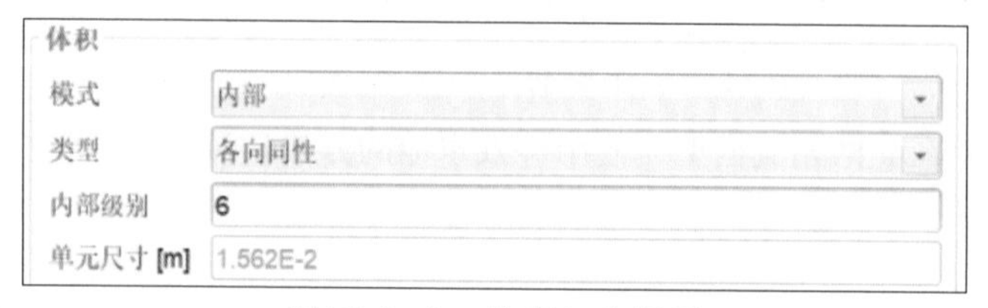

图17-4　box体积加密设置

最后，box 细化区域大小如图 17-5 所示。

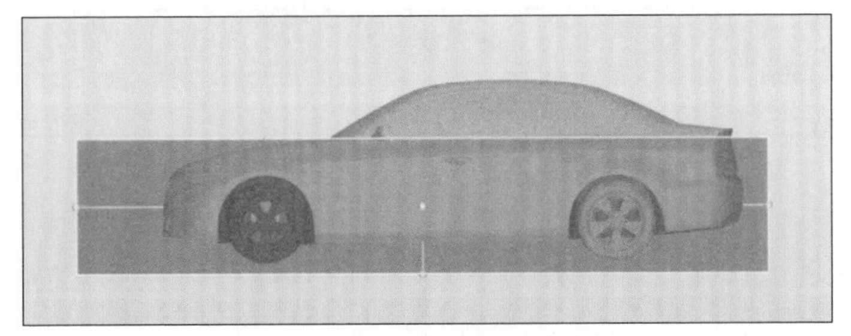

图17-5　box细化区域大小

继续创建水区域的加密域，box0 细化区域的设置如图 17-6 所示，box0 的最小点为（-10.0, -6.0, -0.32），最大点为（30.0, 6.0, -0.062 3）。

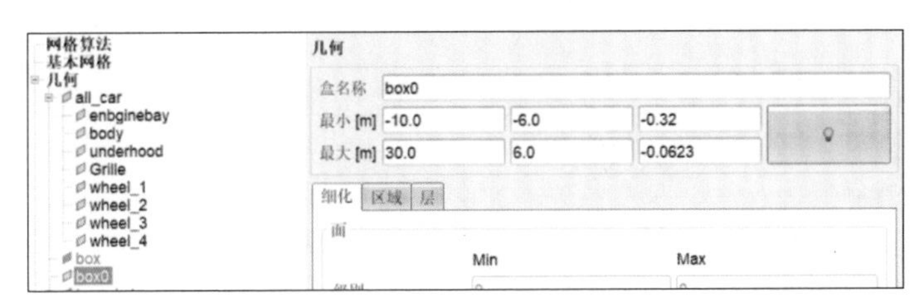

图17-6　box0细化区域设置

box0 体积加密设置如图 17-7 所示。

图17-7　box0体积加密设置

加密域为水池内的水所在范围，box 细化区域大小如图 17-8 所示。

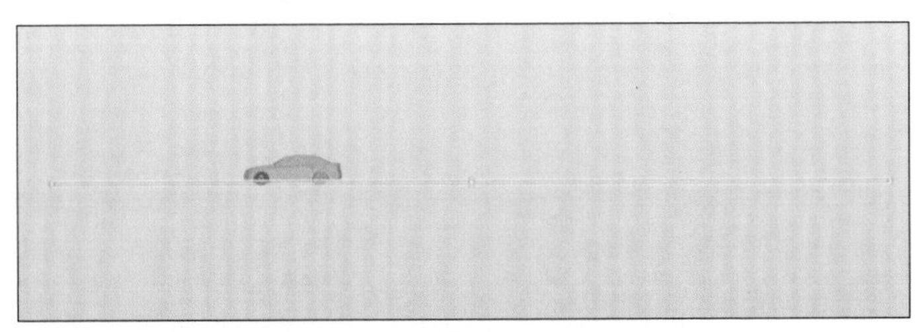

图17-8　box0细化区域大小

网格细化区域设置完成后，可对其他各个边界的网格尺寸级别进行设置，如表 17-1 所示。

表17-1　边界网格尺寸

边界名称	Max 级别	Min 级别	备注
enginebay	7	7	邻近度细化，2级别
body	7	7	
underhood	7	7	邻近度细化，2级别
Grille	8	8	
wheel_1	7	7	
wheel_2	7	7	
wheel_3	7	7	
wheel_4	7	7	
air_in1	0	0	
out	0	0	
wall	0	0	
water_in	0	0	

设置网格尺寸后可进行材质点的选择，如要建立多孔介质区域，则需要创建多个材质点，满足多域条件下网格的绘制工作要求。在单元域网格区域内添加材质点数量，输入材质点坐标，对不同计算域进行命名。本案例仅提供了车身，因此可在“材质点”的选项中填入坐标（10.0, 0.0, 1.813 1）或单击按钮，自动选取材质点，如图 17-9 所示。

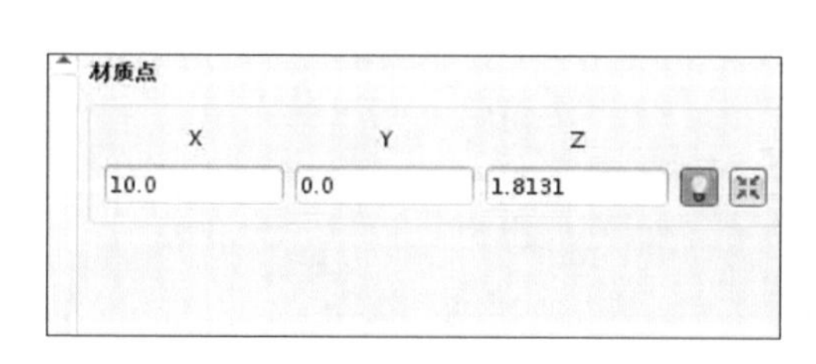

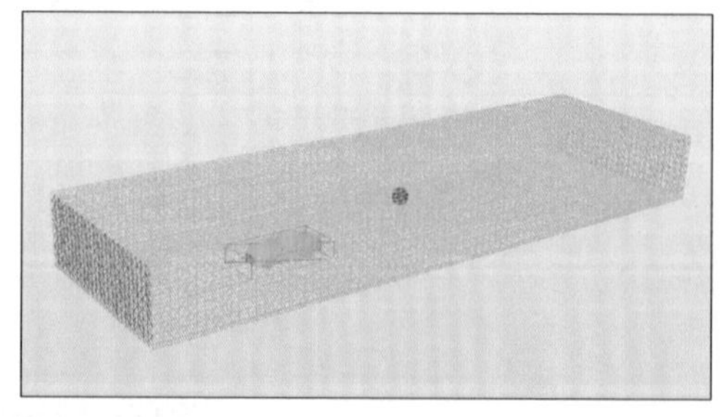

图17-9　材质点选取示意

至此，网格设置部分完成，可选择“创建”功能区中的“创建网格”命令，切面的网格显示如图 17-10 所示。

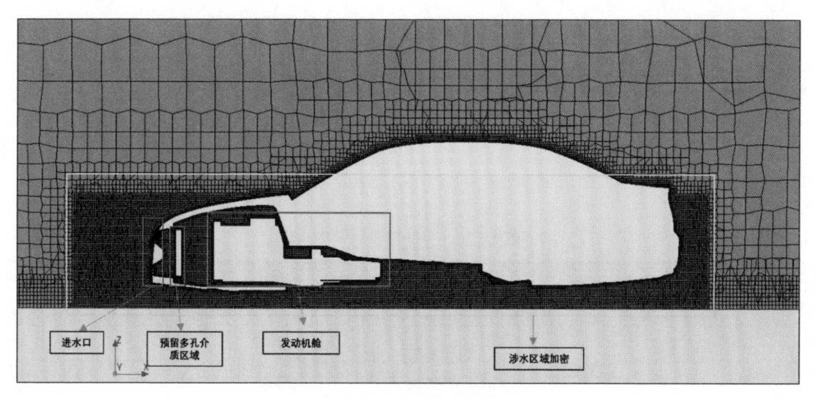

图17-10　Y切面的网格显示

17.4　设置模块

选择“设置”选项卡，进行求解与计算方面的设置。

1. 求解设置

- 求解类型：分离（默认）。
- 多相流模型：VOF。
- 求解时间类型：瞬态。
- 流动类型：不可压缩。
- 重力模型：X=0.0 m/s^2，Y=0.0 m/s^2，Z=-9.81 m/s^2。

求解设置模块如图 17-11 所示。

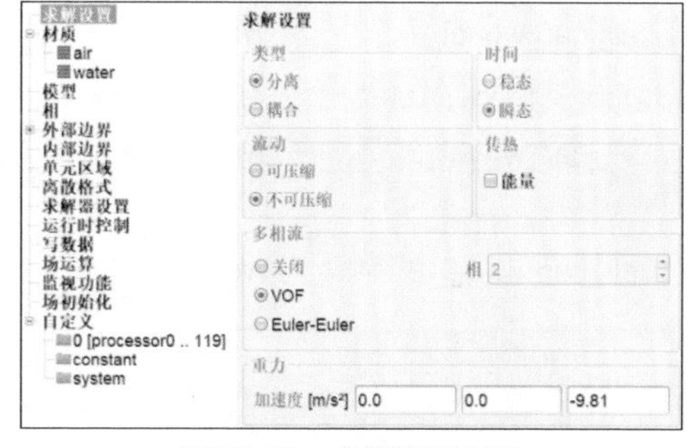

图17-11　求解设置模块

2. 材质设置

由于默认的流体材料为空气，本案例涉及空气和液态水，所以可在材料库中自行添加液态水材料。

3. 模型设置

模型设置需要将定义的材料分配给气液两相，具体操作如下。

在“模型”数据面板中，设置“相 1”的材质为“air”,“相 2”的材质为“water”。湍流算法选择“RANS”，湍流模型选择“k－ω SST”，以处理区域内气液两相流动的问题，VOF 模型相设置示意如图 17-12 所示。

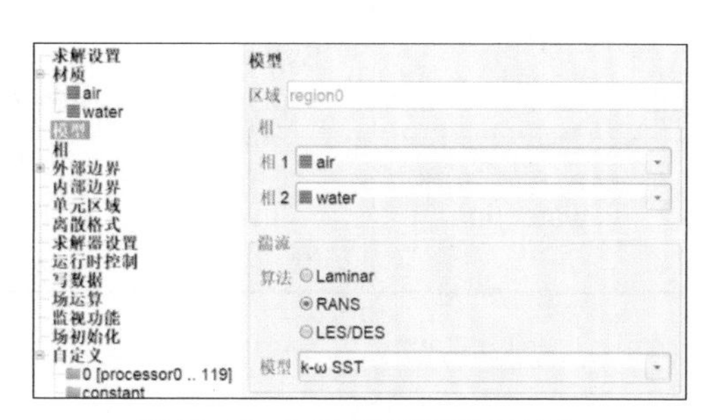

图17-12　VOF模型相设置示意

4. 外部边界设置

设置外部边界条件，控制模型的运行条件，具体操作如下。

在“外部边界”数据面板中，设置“边界类型”，修改特征边界的类型，具体边界类型设置如表 17-2 所示。

表17-2　边界类型设置

边界名称	边界类型	动量	相体积分数
enginebay	Wall	①类型：固定壁面。 ②壁面类型：无滑移	Zero-gradient
body	Wall	①类型：固定壁面。 ②壁面类型：无滑移	Zero-gradient
underhood	Wall	①类型：固定壁面。 ②壁面类型：无滑移	Zero-gradient
Grille	Wall	①类型：固定壁面。 ②壁面类型：无滑移	Zero-gradient
all_car_wheel_1	Wall	①类型：固定壁面。 ②壁面类型：无滑移	Zero-gradient
all_car_wheel_2	Wall	①类型：固定壁面。 ②壁面类型：无滑移	Zero-gradient
all_car_wheel_3	Wall	①类型：固定壁面。 ②壁面类型：无滑移	Zero-gradient
all_car_wheel_4	Wall	①类型：固定壁面。 ②壁面类型：无滑移	Zero-gradient
air_in1	Inlet	①类型：速度。 ②指定方法：边界法相速度。 ③速率：2 m/s	1
out	Outlet	①类型：压力。 ②定义方法：固定总压=0 Pa	—
wall	Symmetry plane	①类型：固定壁面。 ②壁面类型：无滑移	—
water_in	Inlet	①类型：速度。 ②指定方法：边界法相速度。 ③速率：2 m/s	0

5. 离散格式

在“离散格式”数据面板中，调整计算域的离散格式。此处的“梯度项”“对流项”“拉普拉斯项”均保持默认值，如图 17-13 所示。

6. 求解器设置

在“求解器设置”数据面板中，设置计算域求解器。“求解算法”保持默认值“PIMPLE”；在“残差控制”选项区域中，将U、p_rgh、k、omega和alpha.air设置为0.0，“松弛因子”保持默认值，如图17-14所示。

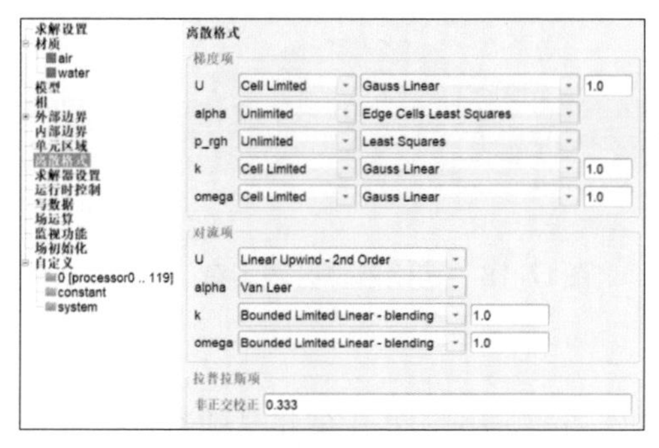

图17-13　离散格式设置示意

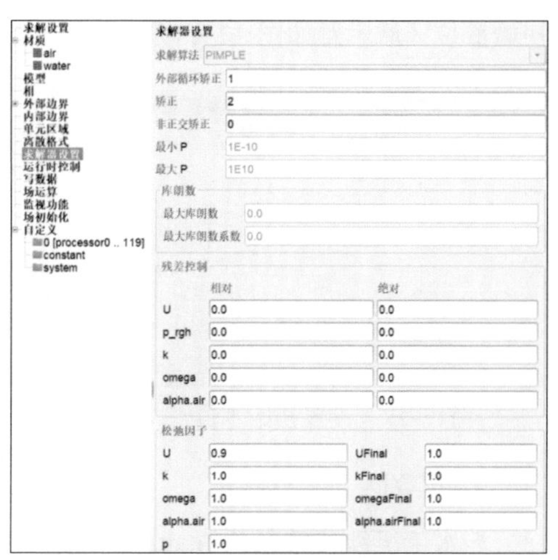

图17-14　求解器设置示意

7. 运行时控制

在“运行时控制”数据面板的“时间设置”选项区域中，将“结束时间”设置为10.0，将“时间步长”的“类型”调整为“CFL规则”，将“值”设置为0.001，同时在“数据写入”选项区域，将“写入控制”调整为“运行时间”和0.05，表示运行数据每隔0.05 s保存一次，将“清除写入”设置为0，表示保存计算过程的所有结果。其余设置保持默认值，如图17-15所示。

8. 场初始化

由于车辆是置于水池之中，所以需在计算前设置底部水位。在“场初始化”数据面板的“alpha.air”选项区域，对计算域进行初始化设置，设置“类型”为“区域设置”，单击“编辑”按钮，如图17-16所示。

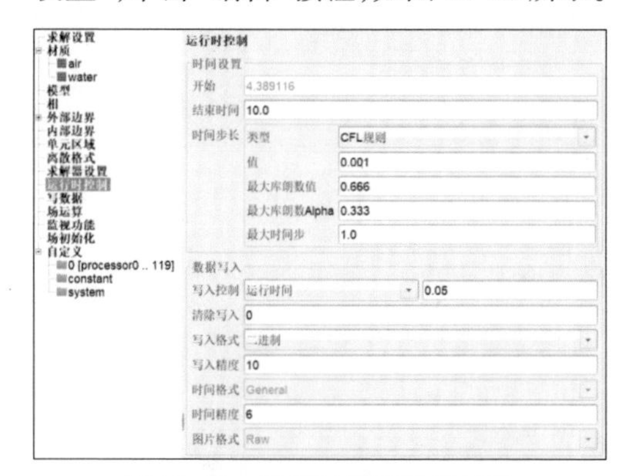

图17-15　运行时控制设置示意

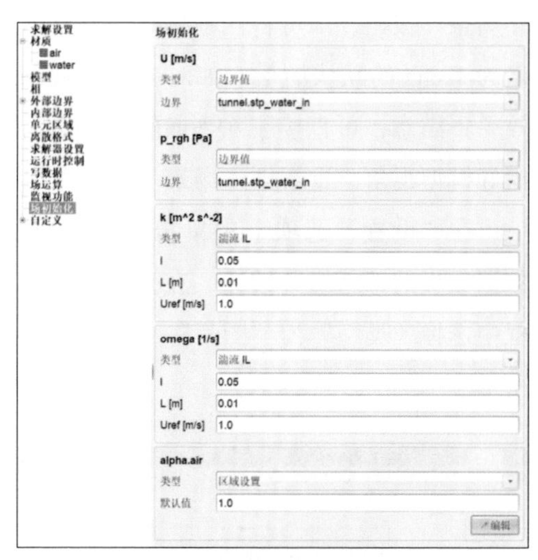

图17-16　场初始化设置示意

在弹出的对话框中设置液态水的初始位置，如图 17-17 所示。

设置完成后，选择“场”功能区的“初始化”命令进行初始化操作。初始化设置后，初始液位区域示意如图 17-18 所示。

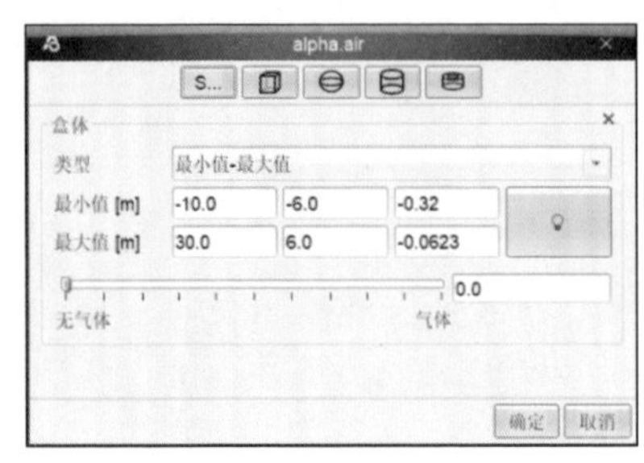

图17-17　设置初始水位

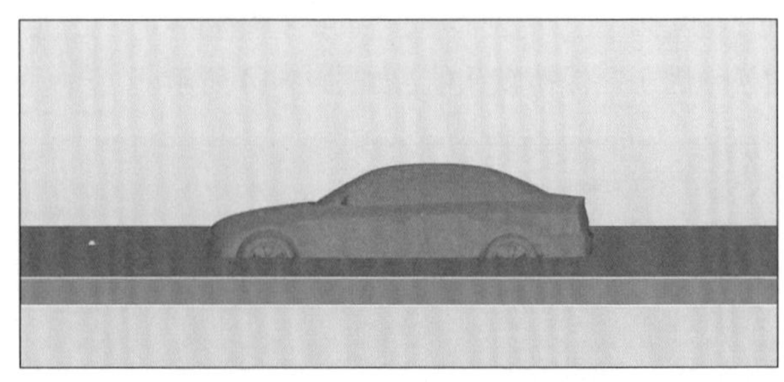

图17-18　初始液位区域示意

9. 写数据

涉水工况涉及整个仿真计算的过程，例如，车身周围的水位变化是随着车辆行驶时间的不同而改变的。因此有必要记录某个角度的云图，观察其在计算过程中的变化。需要先进入后处理界面，创建一个合适的场景，以便于记录图片。

选择“后处理”选项卡，在右边的三维视图窗口中调整模型的角度到合适的位置，并设置相应的云图参数；然后选择功能区右边的“场景”→“创建”命令，即可记录当前调整好的窗口，如图 17-19 所示。

场景参数如图 17-20 所示，单击“保存场景”按钮，即可将当前场景保存并命名为 scene 的默认场景。如对当前的视图效果不满意，可直接删除当前场景，然后摆好模型视角，重新创建场景。

在“设置”选项卡中单击“写数据”数据面板的“新增”按钮，在弹出的对话框中选择“类型”为“图片”，如图 17-21 所示。

图17-19　创建场景

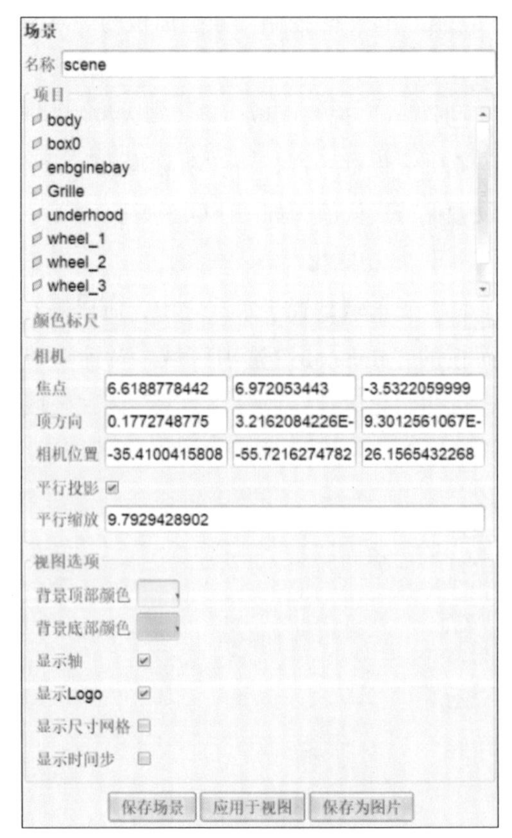

图17-20　场景参数

在“写数据”数据面板中，单击“场景”右边的“…”按钮，显示已经创建的名为 scene 的场景，单击“>>”按钮并确定；然后设置“写入控制”为“时间步”和 0.001，以便按时间步来自动写入图片，如图 17-22 所示。

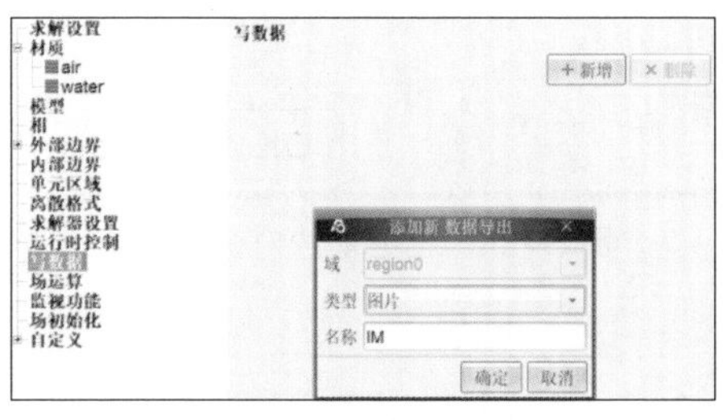

图17-21　创建写入图片

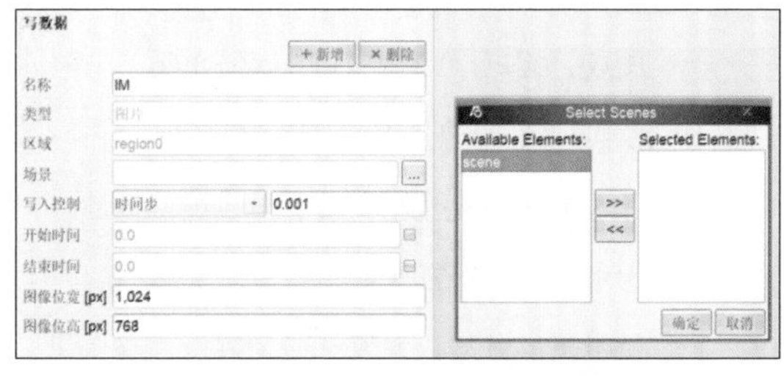

图17-22　写入图片的设置

“写数据”数据面板中还包括开始时间、结束时间和输出图像的大小等选项，可自行按需设置。图片将默认保存在案例目录的 IM 文件夹中。

17.5　求解模块

选择“求解”选项卡进行仿真计算，在“残差”数据面板中可观察计算过程中的残差变化，如图 17-23 所示。

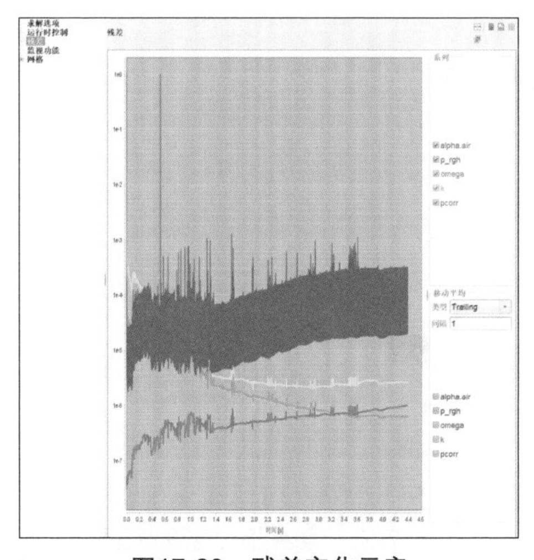

图17-23　残差变化示意

17.6　后处理模块

计算完成后，选择“后处理”选项卡进行案例的后处理。后处理模块主要通过相分布图、流线图和矢量图等反映流场变化。

1. 截面的相分布图

选择“对象”功能区中的“切片”命令创建切片，创建切片对话框如图 17-24 所示，注意选择“源”为“体网格”。

切片创建完成后，在“对象”数据面板中对新建切片的位置进行设置。

（1）切片部分设置如下。

- 切片类型：平面。
- 原点：X=0.0，Y=0.0，Z=0.0。
- 法向：X=0.0，Y=1.0，Z=0.0。

（2）可视化部分设置如下。

- 显示模式：表面。
- 透明度：1.0。
- 颜色域：alpha.air。

图17-24 创建切片对话框

切片相位置设置面板如图 17-25 所示。

其中 alpha.air 表示气相分布，其余设置保持默认值。可在“时间步”功能区中设置当前时间步，其意义在于展示当前时间步的气液两相分布情况。设置完成并确认后，可在显示窗口观察计算域切片内的气液两相分布情况，如图 17-26 所示。

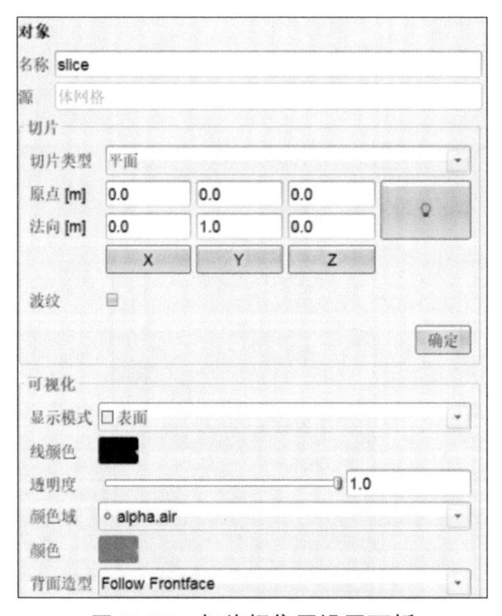

图17-25 切片相位置设置面板

图17-26 计算域切片内的气液两相分布情况

2. 水形态的显示

选择“对象”功能区中的“等值面”命令创建等值面，命名为 isosurface，创建等值面对话框如图 17-27 所示。

等值面创建完成后，在“对象”数据面板中对等值面的属性进行设置，如图 17-28 所示。

（1）等值面部分设置如下。

- 场：alpha.air。

· 值：0.5。

· 平滑：启用。

（2）可视化部分设置如下。

· 显示模式：表面。

· 透明度：1.0。

· 颜色域：Solid Color，并选择对应的颜色。

图17-27　创建等值面对话框

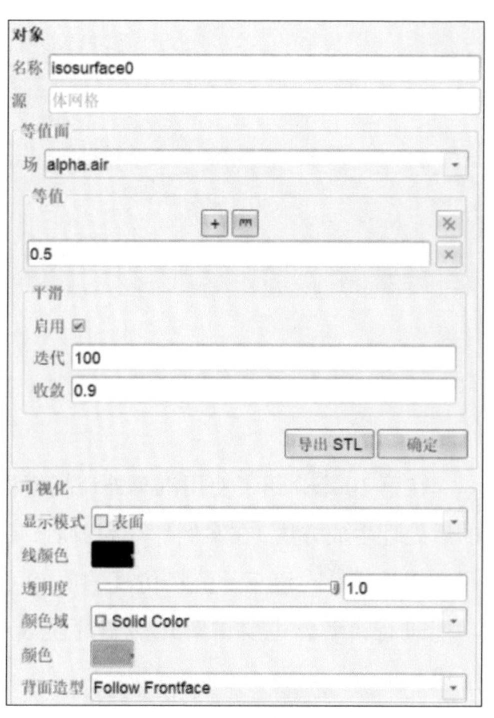

图17-28　设置等值面对话框

其余设置保持默认值。设置完成并确认后，可在“时间步”功能区设置当前时间步，其意义在于展示当前时间步的涉水情况。可在显示窗口查看水形态的显示，如图 17-29 所示。

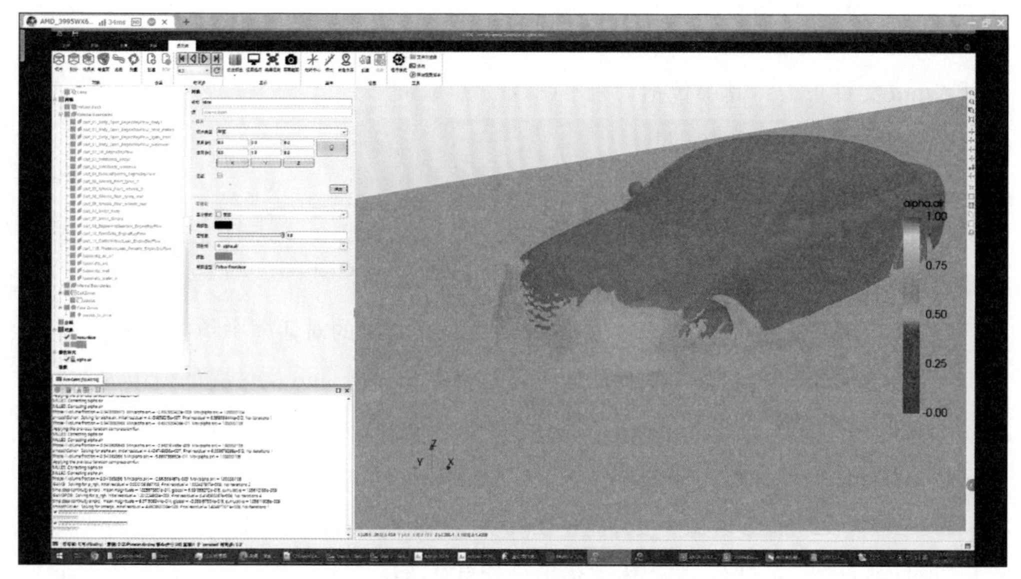

图17-29　水形态的显示

第 18 章

定制化报告

在第 10 章介绍了使用汽车外流场模板进行仿真模拟的方法，同时提供了更加便捷的后处理生成方法，在案例计算完成后，不需要手动进行生成截面、曲线及云图等操作，可直接生成针对汽车外流场仿真的所有可能需要的结果图片。接下来将对定制化报告功能进行讲解，主要讲解几何图片生成、切面图片生成、流线图片生成及受力图片生成。

定制化报告模板依托于第 10 章介绍的外流场模板，通过内嵌的特定 Python 脚本简化后处理流程。在案例结束后，操作人员无须进行复杂的后处理操作，通过定制化报告模板可自动生成 Word 文件报告，其中包括汽车空气动力学分析所需要的几何图片、切面图片、流线图片、受力图片、监测数据等信息，减少重复烦琐的后处理操作。

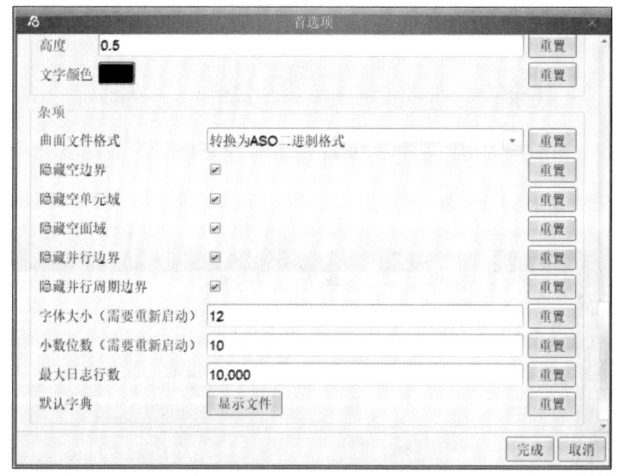

图18-1　在GUI中直达配置文件

在 GUI 中选择“文件”→“首选项”命令，在弹出的对话框中单击“显示文件”按钮（在“默认字典”旁边），如图 18-1 所示，在打开的 auto 文件夹的模板内部，找到定制化的参数文件 reportImages.py 和 reportDocument.py 文件；或直接打开 ~/.ASO/v3.3.0/dictData/ASO/auto 文件夹来访问用户配置文件。

预置模板已配置了若干截图位置与相关监控参数，以下的介绍主要是对 reportImages.py 进行说明，用户需要提前准备好相关的代码阅读工具，如 Notepad++、UltraEdit 等，以方便代码编辑与显示，并且能够快捷地找到对应的行数。

18.1 参数定义

在第47行所在的节，定义所需要的后处理参数，例如，Cp为压力系数、pMean为压力均值，Umean为速度均值等，如图18-2所示。

```
47  def create_formulas():
48      fn =  Formula("fN", str(normalizedArea) + "*" + str(pressureCoefficient) + "*(p
49      fn.addScalar("pMean")
50      fn.addVector("tauwMean")
51      fn.addVector("Normals")
52      surfaceFormulas.append(fn)
53
54      cpx = Formula("CpX", "fN_X")
55      cpx.addScalarVariable("fN_X", "fN", 0)
56      surfaceFormulas.append(cpx)
57
58      cpy = Formula("CpY", "fN_Y")
59      cpy.addScalarVariable("fN_Y", "fN", 1)
60      surfaceFormulas.append(cpy)
61
62      cpz = Formula("CpZ", "fN_Z")
63      cpz.addScalarVariable("fN_Z", "fN", 2)
64      surfaceFormulas.append(cpz)
65
66      cp = Formula("Cp", str(pressureCoefficient) + "*pMean")
67      cp.addScalar("pMean")
68      surfaceFormulas.append(cp)
69      volumeFormulas.append(cp)
70
71      cpt = Formula("CpT", str(pressureCoefficient) + "*(pMean+0.5*mag(UMean)^2)")
72      cpt.addScalar("pMean")
73      cpt.addVector("UMean")
74      volumeFormulas.append(cpt)
```

图18-2　参数定义

18.2 几何图片生成

通过整车几何图片可以直观地对整车的各个方向进行观察和比对，根据需求，可以通过修改代码的截图坐标对所需角度的几何图片实现针对性地输出，几何图片角度控制代码在第76/86/94/108/118行所在的节，如图18-3所示。

设置好所需几何位置的坐标代码后，可生成图18-4所示的几何图片。

```
76  def takePicturesAround(var_name, items):
77      name = "srf_" + var_name
78      image = Image(1200, 900)
79
80      scene = create_scene(name, image, items)
81      scene.setCameras(create_default_cameras(modelCenter, length, width, height))
82
83      scenes.append(scene)
84
85
86  def takePictures(name, items, cameras):
87      image = Image(1200, 900)
88
89      scene = create_scene(name, image, items)
90      scene.setCameras(cameras)
91
92      scenes.append(scene)
93
94  def takePicture(name, image, item, camera):
95      surfaces = []
96      surfaces.append(item)
97
98      scene = create_scene(name, image, surfaces)
99      scene.addCamera(camera)
100     scenes.append(scene)
101
102 def takeChartPicture(name, image, items, camera, chart):
103     scene = create_scene(name, image, items)
104     scene.setChart(chart)
105     scene.addCamera(camera)
106     scenes.append(scene)
107
108 def create_camera(name, focalPoint, upVector, parallel, scale, position):
109     camera = Camera()
110     camera.setName(name)
111     camera.setFocalPoint(focalPoint)
112     camera.setUp(upVector)
113     camera.setPosition(position)
114     camera.setParallelProjection(parallel)
115     camera.setParallelScale(scale/2.0)
116     return camera
117
118 def create_scene(name, image, items):
119     scene = Scene(name)
120     scene.setImageProperties(image)
121     scene.setItems(items)
122     scene.setSurfaceFormulas(surfaceFormulas)
123     scene.setVolumeFormulas(volumeFormulas)
```

图18-3　几何图片角度控制代码

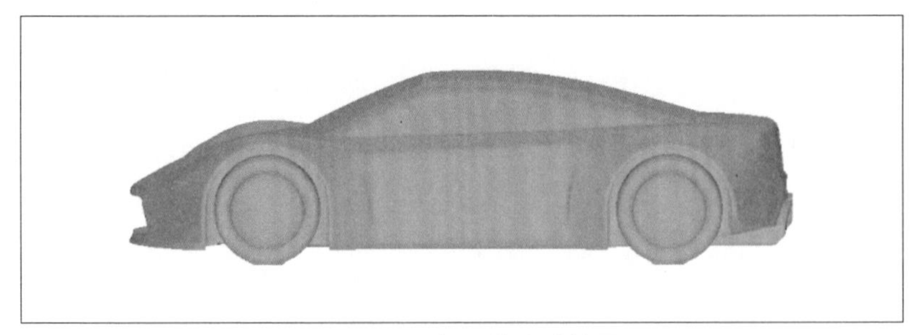

图18-4　几何图片生成结果

18.3　切面图片生成

如需要查看整车在某一截面上的静态压力系数 Cp 分布、平均速度 UMean 分布或者总压系数 CpT 分布，也可以生成相应的图片，如图 18-5~ 图 18-7 所示。

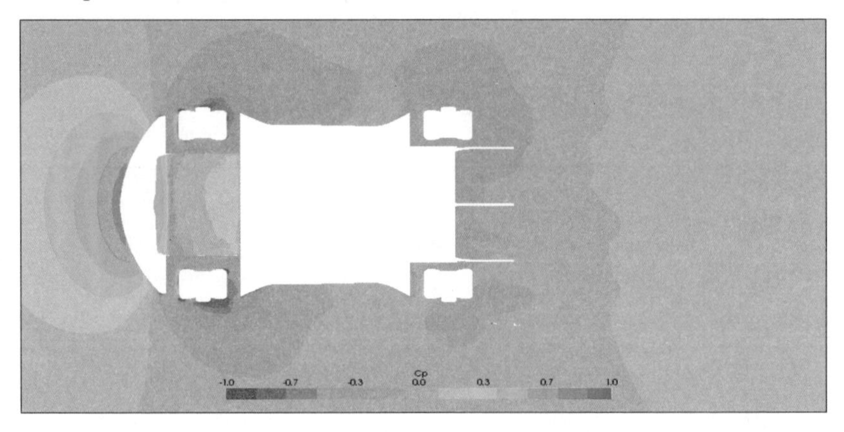

图18-5　静态压力系数分布切面图片

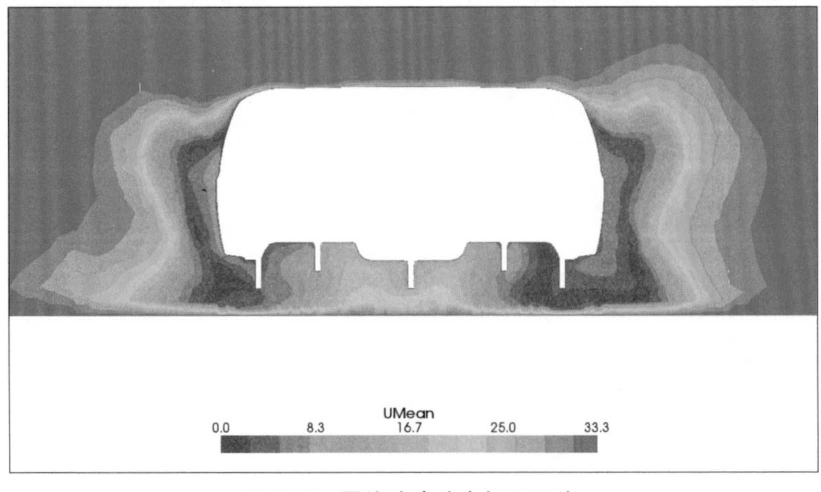

图18-6　平均速度分布切面图片

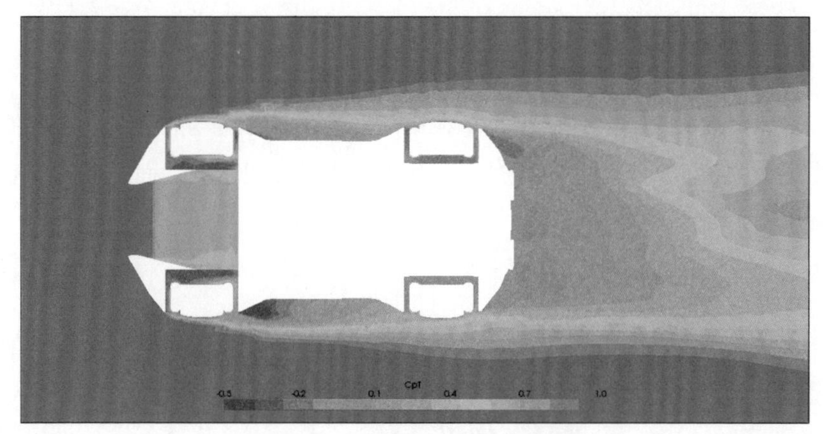

图18-7　总压系数分布切面图片

上述图片仅展示一个切面上的分布情况，若要获得不同切面上的分布情况，可根据需要修改对应的代码，设置所需切面坐标，对应的代码在第 118 行和第 145 行所在的节，如图 18-8 所示。

```
118  def create_scene(name, image, items):
119      scene = Scene(name)
120      scene.setImageProperties(image)
121      scene.setItems(items)
122      scene.setSurfaceFormulas(surfaceFormulas)
123      scene.setVolumeFormulas(volumeFormulas)
124
125      colorFields = [item.getVisualisation().getColorField()
126
127      for colorField in colorFields:
128          fieldName = colorField.getName()
129
130          colorLegend = create_default_color_legend(fieldNam
131          colorLegend.setTitle(fieldName)
132
133          if (fieldName == "UnwMean" or fieldName == "UMean"
134              colorLegend.setNumberOfLabels(5)
135          elif (fieldName == "CpT"):
136              colorLegend.setNumberOfLabels(6)
137          elif (fieldName == "CpX" or fieldName == "CpZ" or
138              colorLegend.setNumberOfLabels(7)
139
140          scene.addColorLegend(colorLegend)
141          scene.addColorMap(color_maps[fieldName])
142
143      return scene
144
145  def create_surface_scenes():
146
147      color_maps['CpX']     = ColorMap("CpX",     ColorField
148      color_maps['CpZ']     = ColorMap("CpZ",     ColorField
149      color_maps['Cp']      = ColorMap("Cp",      ColorField
150      color_maps['UnwMean'] = ColorMap("UnwMean", ColorField
151
152      color_fields['CpX']     = ColorField("CpX",     ColorF
153      color_fields['CpZ']     = ColorField("CpZ",     ColorF
154      color_fields['Cp']      = ColorField("Cp",      ColorF
155      color_fields['UnwMean'] = ColorField("UnwMean", ColorF
```

图18-8　切面图片坐标的控制代码

18.4　流线图片生成

流线图片可以非常直观地展示汽车在运动过程中气体流动的情况，这在整车外流场仿真中最为关键，对此也可以通过定制化报告直接输出不同切面、不同角度的流线图片，输出结果如图 18-9 所示。

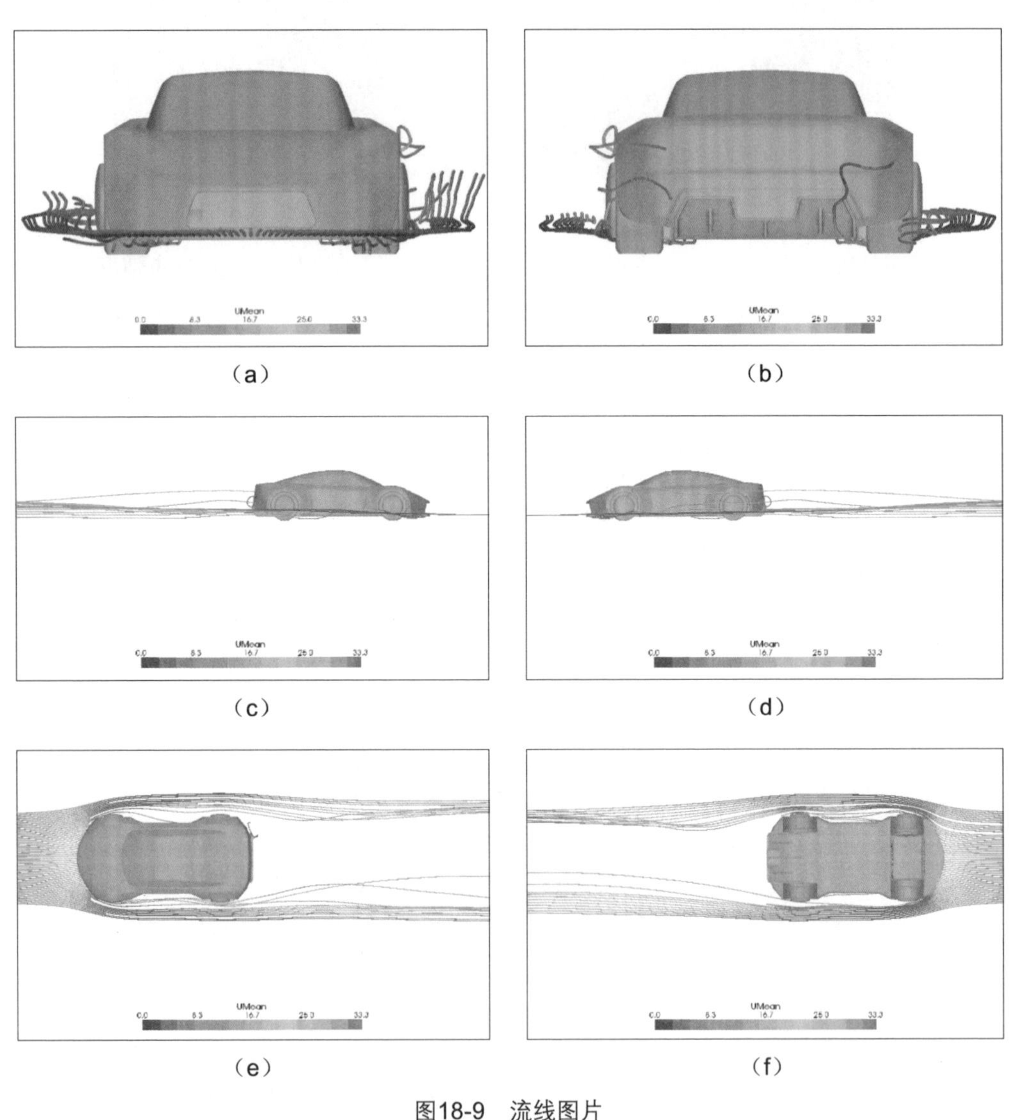

图18-9　流线图片

（a）前；（b）后；（c）左；（d）右；（e）上；（f）下

根据具体需要，可以在底层代码中，对流线数量、流线直径及输出图片角度进行修改，对应的代码在第 299 行所在的节，如图 18-10 所示。

```
299  def create_streamlines_scenes():
300      color_maps['UMean'] = ColorMap("UMean",
         speed)
301      color_fields['UMean'] = ColorField("UMe
         DataType.POINT)
302      color_maps['UMean'].setResolution(13)
303
304      focalPoint = utils.Point3d(modelCenter.
         modelCenter.getY(), modelCenter.getZ())
305      zoom = 2 * length
306
307      cameras = []
308      cameras.append(create_camera("_frt", fo
          0.0, 1.0), True, 2 * height, utils.Poi
         length, modelCenter.getY(), modelCenter
309      cameras.append(create_camera("_rr" , fo
          0.0, 1.0), True, 2 * height, utils.Poi
         length, modelCenter.getY(), modelCenter
```

图18-10　流线图设置控制代码

18.5　受力图片生成

在汽车外流场的分析中，除了要关注汽车周围的流动，也要关注整车的受力情况。本方法可以输出整车阻力系数累积发展曲线和升力系数累积发展曲线，可以将受力数据与整车模型同步输出，直观地看到整车每一部分的受力情况。输出结果如图 18-11 和图 18-12 所示。

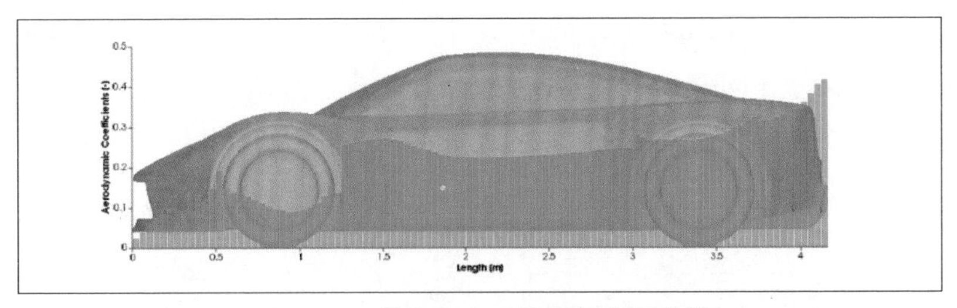

图18-11　整车阻力系数累积发展曲线

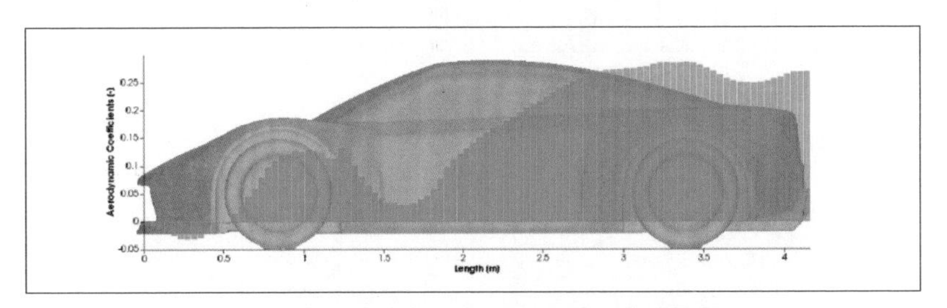

图18-12　整车升力系数累积发展曲线

根据具体需要，可以在底层代码展示受力随车身长度的变化趋势或随车身宽度的变化趋势，对应的代码在第 341 行和第 353 行所在的节，如图 18-13 所示。

```
341  def create_binDrag_scenes():
342      cameraName = "lhs"
343      cameraFocalPoint = utils.Point3d(modelCenter.getX(), 0.0,    height)
344      cameraUpVector = utils.Vector3d(0.0, 0.0, 1.0)
345      cameraZoom = length
346      cameraPosition =   utils.Point3d(modelCenter.getX(), -width, height)
347      camera = create_camera(cameraName, cameraFocalPoint, cameraUpVector,
          True, cameraZoom, cameraPosition)
348
349      chart = BinChart()
350      chart.setData(parseLiftDrag("LDxz", LiftDragParserType.BIN_DRAG))
351      takeChartPicture("drag_", Image(1200, 900), solidPatches, camera,
         chart)
352
353  def create_binLift_scenes():
354      cameraName = "lhs"
355      cameraFocalPoint = utils.Point3d(modelCenter.getX(), 0.0,    height)
356      cameraUpVector = utils.Vector3d(0.0, 0.0, 1.0)
357      cameraZoom = length
358      cameraPosition =   utils.Point3d(modelCenter.getX(), -width, height)
359      camera = create_camera(cameraName, cameraFocalPoint, cameraUpVector,
          True, cameraZoom, cameraPosition)
360
361      chart = BinChart()
362      chart.setData(parseLiftDrag("LDxz", LiftDragParserType.BIN_LIFT))
363      takeChartPicture("lift_", Image(1200, 900), solidPatches, camera,
         chart)
```

图18-13　阻力与升力的曲线图片生成代码

18.6　监测数据自动生成

在 Word 报告中，还会生成对应的车辆参数及使用的物理模型、边界条件、结果参数等。这些参数在 reportDocument.py 文件中进行设置，reportDocument.py 文件与 reportImages.py 文件在同一目录下，可供高级用户进一步调整，有需要可以联系恒典信息科技（苏州）有限公司，获取更多的技术支持。结果显示如图 18-14 所示。

仿真设置

状态	瞬态
湍流模型	SpalartAllmarasDDES
求解器	helyxAero
车速	38.89 [m s^-1]
密度	1.205 [kg m^-1]
网格数量	492223
核心数量	50
时间步长	Min: 0.005, Max: 2.59E-4 [s]
平均开始时间	2.46210590706107 [s]
结束时间	3.0 [s]
运行时间	0.22 [hrs]
参考面积	1.84204125 [m^2]

空气动力系数总结

Cd	0.427
CdA	0.786
Cl	0.368
Clf	0.269
Clr	0.099

空气动力系数分解

部件	部件 Cd	部件 Cl
wheels_RR_AMI_MRF_Coupe	0.004	-0.001
body_COUPE-diffuser	0.021	-0.082

图18-14　结果显示